教育部职业教育与成人教育司推荐教材
中等职业教育技能型紧缺人才教学用书

市政工程基础

(市政施工专业)

本教材编审委员会组织编写

主编 马 玫
主审 程 群 韦帮森

中国建筑工业出版社

图书在版编目（CIP）数据

市政工程基础/本教材编审委员会组织编写，马玫主编. —北京：中国建筑工业出版社，2006
教育部职业教育与成人教育司推荐教材·中等职业教育技能型紧缺人才教学用书
ISBN 7-112-08075-4

Ⅰ. 市… Ⅱ. ①本…②马… Ⅲ. 市政工程-高等学校：技术学校-教材 Ⅳ. TU99

中国版本图书馆 CIP 数据核字（2006）第 036386 号

教育部职业教育与成人教育司推荐教材
中等职业教育技能型紧缺人才教学用书
市政工程基础
（市政施工专业）
本教材编审委员会组织编写
主编 马 玫
主审 程 群 韦帮森

*

中国建筑工业出版社出版（北京西郊百万庄）
新华书店总店科技发行所发行
霸州市顺浩图文科技发展有限公司制版
北京市彩桥印刷有限责任公司印刷

*

开本：787×1092 毫米 1/16 印张：17½ 字数：423 千字
2006 年 7 月第一版 2006 年 7 月第一次印刷
印数：1—2 500 册 定价：**24.00 元**
ISBN 7-112-08075-4
（14029）

版权所有 翻印必究
如有印装质量问题，可寄本社退换
（邮政编码 100037）

本社网址：http://www.cabp.com.cn
网上书店：http://www.china-building.com.cn

本书是根据教育部、建设部组织编制的"中等职业学校建设行业技能型紧缺人才市政施工专业培养方案"编写的。全书共分四篇。第一篇为市政工程概述，主要讲述：市政工程的主要内容，以及道路工程、桥梁工程、市政管道工程概述。第二篇为工程识图，主要讲述：工程制图的国家标准和有关规定，工程识图的基本知识，点、直线、平面、立体的投影，剖面图和断面图，市政工程图的识读。第三篇为工程力学基础，主要讲述：静力学基础，材料力学基础，体系组成的几何分析。第四篇为工程材料基础，主要讲述：砂石材料，无机胶凝材料，水泥混凝土和砂浆，沥青材料，沥青混合料，建筑钢材。

　　本书突出中等职业教育特色，实用性、针对性强，除可作为建筑类中等职业学校市政工程专业的教材外，也可作为从事市政工程工作的中等技术管理施工人员学习的参考书。

* * *

责任编辑：朱首明　王美玲
责任设计：董建平
责任校对：王雪竹　张　虹

本教材编审委员会名单
（市政施工专业）

主 任 委 员： 陈思平
副主任委员： 邵建民　胡兴福
委　　　员：（按姓氏笔画为序）

马　玫　　王智敏　　韦帮森　　白建国　　邢　颖　　刘文林
刘西南　　刘映翀　　汤建新　　牟晓岩　　杨玉衡　　杨时秀
李世华　　李海全　　李爱华　　张宝军　　张国华　　陈志绣
陈桂德　　邵传忠　　谷　峡　　赵中良　　胡清林　　程和美
程　群　　楼丽凤　　戴安全

出 版 说 明

为深入贯彻落实《中共中央、国务院关于进一步加强人才工作的决定》精神，2004年10月，教育部、建设部联合印发了《关于实施职业院校建设行业技能型紧缺人才培养培训工程的通知》，确定在建筑（市政）施工、建筑装饰、建筑设备和建筑智能化四个专业领域实施中等职业学校技能型紧缺人才培养培训工程，全国有94所中等职业学校、702个主要合作企业被列为示范性培养培训基地，通过构建校企合作培养培训人才的机制，优化教学与实训过程，探索新的办学模式。这项培养培训工程的实施，充分体现了教育部、建设部大力推进职业教育改革和发展的办学理念，有利于职业学校从建设行业人才市场的实际需要出发，以素质为基础，以能力为本位，以就业为导向，加快培养建设行业一线迫切需要的技能型人才。

为配合技能型紧缺人才培养培训工程的实施，满足教学急需，中国建筑工业出版社在跟踪"中等职业教育建设行业技能型紧缺人才培养培训指导方案"（以下简称"方案"）的编审过程中，广泛征求有关专家对配套教材建设的意见，并与方案起草人以及建设部中等职业学校专业指导委员会共同组织编写了中等职业教育建筑（市政）施工、建筑装饰、建筑设备、建筑智能化四个专业的技能型紧缺人才教学用书。

在组织编写过程中我们始终坚持优质、适用的原则。首先强调编审人员的工程背景，在组织编审力量时不仅要求学校的编写人员要有工程经历，而且为每本教材选定的两位审稿专家中有一位来自企业，从而使得教材内容更为符合职业教育的要求。编写内容是按照"方案"要求，弱化理论阐述，重点介绍工程一线所需要的知识和技能，内容精炼，符合建筑行业标准及职业技能的要求。同时采用项目教学法的编写形式，强化实训内容，以提高学生的技能水平。

我们希望这四个专业的教学用书对有关院校实施技能型紧缺人才的培养具有一定的指导作用。同时，也希望各校在使用本套书的过程中，有何意见及建议及时反馈给我们，联系方式：中国建筑工业出版社教材中心（E-mail：jiaocai@cabp.com.cn）。

中国建筑工业出版社
2006年6月

前 言

为深入贯彻落实《中共中央国务院关于进一步加强人才工作的决定》精神，满足建设行业发展对施工、生产、服务一线技能型人才的需求，根据教育部、建设部关于实施职业院校建设行业技能型紧缺人才培训工程通知精神，参照中等职业学校技能型紧缺人才市政施工专业培养方案编写了本教材。本教材包括市政工程概述、市政施工图基础、工程力学基础、工程材料基础等内容，并通过实例和算例帮助读者理解和领会。通过本课程的学习，要求学生对市政工程有初步了解，掌握有关制图标准，能识读市政工程图纸；能分析物体的受力并画受力图，解决静力平衡问题以及简单结构构件的承载能力问题；掌握市政工程材料的种类、性能、质量标准等。

本教材由天津市市政工程学校马玫主编，其中第1篇由马玫编写，第2篇由赵桂荣编写，第3篇由陈和明、戴惠如编写，第4篇由张学文编写。本教材由上海城市建设工程学校的程群和徐州市市政工程设计研究院的韦帮林主审。

本教材在编写过程中，参考了有关书籍和资料，特借此对这些作者表示感谢。

由于时间和水平有限，不当之处在所难免，希望读者、专家给予指正。

目 录

第1篇 市政工程概述

一、道路工程概述 ··· 1
二、桥梁工程概述 ··· 3
三、市政管道工程概述 ··· 5

第2篇 工程识图

单元1 工程制图的国家标准和有关规定 ·· 8
 课题1 图纸幅面 ·· 8
 课题2 图线 ··· 10
 课题3 字体 ··· 11
 课题4 比例 ··· 11
 课题5 尺寸标注 ··· 12
 课题6 符号 ··· 16
 复习思考题 ··· 17

单元2 工程识图的基本知识 ··· 18
 课题1 投影的基本概念 ·· 18
 课题2 正投影的基本性质 ··· 19
 课题3 形体的三面投影图 ··· 20
 复习思考题 ··· 22

单元3 点、直线、平面、立体的投影 ·· 23
 课题1 点的投影 ··· 23
 课题2 直线的投影 ·· 27
 课题3 平面的投影 ·· 29
 课题4 立体的投影 ·· 33
 复习思考题 ··· 42

单元4 剖面图和断面图 ··· 43
 课题1 剖面图 ·· 43
 课题2 断面图 ·· 49
 复习思考题 ··· 51

单元5 市政工程图的识读 ·· 52
 课题1 道路路线工程图 ·· 52
 课题2 桥涵工程图 ·· 65

课题3　室外排水管道工程图 ……………………………………………… 73
　　复习思考题 ……………………………………………………………………… 78

第3篇　工程力学基础

单元6　静力学基础 ………………………………………………………… 79
　　课题1　静力学的基本概念 ……………………………………………… 80
　　课题2　力的合成与分解 ………………………………………………… 84
　　课题3　约束与约束反力 ………………………………………………… 87
　　课题4　物体的受力分析及受力图 ……………………………………… 90
　　课题5　工程结构计算简图和分类 ……………………………………… 93
　　课题6　力矩和力偶 ……………………………………………………… 95
　　课题7　平面汇交力系的平衡 …………………………………………… 98
　　课题8　平面一般力系的平衡 …………………………………………… 99
　　课题9　平面平行力系的平衡 …………………………………………… 103
　　课题10　静定平面桁架 ………………………………………………… 104
　　复习思考题 …………………………………………………………………… 107
　　习题 …………………………………………………………………………… 108

单元7　材料力学基础 …………………………………………………… 111
　　课题1　材料力学基本概念 …………………………………………… 111
　　课题2　轴向拉伸和压缩 ……………………………………………… 113
　　课题3　剪切和挤压 …………………………………………………… 117
　　课题4　扭转 …………………………………………………………… 118
　　课题5　弯曲内力 ……………………………………………………… 121
　　课题6　弯曲应力 ……………………………………………………… 131
　　课题7　梁的变形和刚度条件 ………………………………………… 134
　　课题8　组合变形的强度计算 ………………………………………… 138
　　课题9　压杆稳定 ……………………………………………………… 140
　*课题10　动荷载简介 …………………………………………………… 144
　　复习思考题 …………………………………………………………………… 145
　　习题 …………………………………………………………………………… 147

单元8　体系组成的几何分析 …………………………………………… 150
　　课题1　几何不变体系组成规则 ……………………………………… 150
　　课题2　几何组成分析方法简介 ……………………………………… 152
　　复习思考题 …………………………………………………………………… 153

第4篇　工程材料基础

单元9　砂石材料 ………………………………………………………… 162
　　课题1　石料的技术性质和技术标准 ………………………………… 162
　　课题2　骨料的技术性质 ……………………………………………… 169

  课题3 矿质混合料的组成设计 …………………………………… 177
  复习思考题 ……………………………………………………………… 180

单元10 无机胶凝材料 …………………………………………………… 181
  课题1 石灰 ………………………………………………………… 181
  课题2 水泥 ………………………………………………………… 186
  复习思考题 ……………………………………………………………… 198

单元11 水泥混凝土和砂浆 …………………………………………… 199
  课题1 普通水泥混凝土 …………………………………………… 199
  课题2 其他功能混凝土 …………………………………………… 228
  课题3 建筑砂浆 …………………………………………………… 230
  复习思考题 ……………………………………………………………… 235
  习题 ……………………………………………………………………… 236

单元12 沥青材料 ………………………………………………………… 237
  课题1 石油沥青 …………………………………………………… 237
  课题2 煤沥青 ……………………………………………………… 246
  课题3 乳化沥青 …………………………………………………… 248
  复习思考题 ……………………………………………………………… 250

单元13 沥青混合料 ……………………………………………………… 251
  课题1 沥青混合料的概论 ………………………………………… 251
  课题2 热拌沥青混合料 …………………………………………… 252
  课题3 沥青混合料的配合比 ……………………………………… 258
  复习思考题 ……………………………………………………………… 261

单元14 建筑钢材 ………………………………………………………… 262
  课题1 钢材的分类及其技术性质 ………………………………… 262
  课题2 化学成分对钢材性能的影响 ……………………………… 265
  课题3 桥梁建筑用钢的技术标准 ………………………………… 266
  复习思考题 ……………………………………………………………… 269

主要参考文献 ……………………………………………………………… 270

第1篇 市政工程概述

知 识 点：市政工程所包含的主要内容。
教学目标：通过对市政工程的初步了解，提高学生对市政专业的认识，为今后学习各专业课程起到铺垫作用。

随着我国国民经济的发展，城市建设已成为建设社会主义物质文明的基础。全国一大批中心城市的崛起和发展，使城市处于越来越重要的地位，而市政工程是城市基础设施的主要组成部分，它包含道路、桥梁、隧道与轨道交通、给水、排水、热力等多个专业工程，是城市赖以生存和发展的物质基础，是现代化城市的重要标志，而且是随着社会生产力的发展而发展的。

一、道路工程概述

道路是供各种车辆和行人等通行的工程设施。我国幅员辽阔、物产丰富、人口众多，为促进国民经济的发展，提高人民的物质文化生活水平，确保国防安全，必须有一个四通八达和完善的交通运输网。现代交通运输由铁路运输、水上运输、航空运输、管道运输及道路运输组成，其中铁路运输适用于远程大宗货物及人流运输，它是一种以钢轨引导列车运行的运输方式，主要特点是运输速度高、运载能力大、运输成本低，但固定设施费用高，基础投资大；水上运输是利用船或其他浮运工具在河、湖、人工水道及海洋上运送客、货的运输方式，它利用天然资源，是廉价运输；航空运输与其他运输比较，速度快、灵活性大、运输里程短捷、舒适性好，但运输成本高；管道运输仅适用于液态、气态运输（石油、煤气等）；道路运输有高度的灵活性，能够在需要的时间、规定的地点迅速地集中和分散货物，能深入到货物集散点进行直接装卸而不需要中转，可节约时间和费用。

道路因其所处位置、交通性质及使用特点不同，可分为公路、城市道路、厂矿道路及林业道路等。

城市道路是指城市内部的道路，是城市组织生产、安排生活、搞活经济、物质流通所必须的车辆行人交通往来的道路，是连接城市各个功能分区和对外交通的纽带。城市道路也为城市通风、采光以及保持城市生活环境提供所需要的空间，并为城市防火、绿化提供通道和场地。

1. 城市道路的功能

城市道路是在城市范围内，供车辆及行人通行的具备一定技术条件和设施的道路。它不仅是组织城市交通运输的基础，而且是城市中设置公用管线、街道绿化、组织沿街建筑和划分街坊的基础。把城市的各个不同功能组成部分（市中心区、工业区、居住区、机场、码头、车站、公园等）通过城市道路加以连接起来，同时还具有美化城市的功能。

2. 城市道路的组成

（1）车行道：供各种车辆行驶。其中供机动车行驶的车道称为机动车道；供非机动车行驶的车道称为非机动车道。

（2）人行道：专供行人步行交通使用（地下人行道、人行天桥）。

（3）交通基础设施：交通广场、停车场、公共汽车停靠站台、出租车上下客站等。

（4）交通安全设施：为了便于组织交通，保证交通的安全（如：交通信号灯、交通标志、标线、交通岛、护栏、各种电子信号显示设备等）。

（5）排水系统：用于排除地面水（如：街沟、边沟、雨水口、窨井、雨水管）。

（6）沿街景观设施。（灯柱、电杆、邮筒、电话亭、清洁箱、公共厕所、行人座椅等）

（7）具有卫生、防护和美化作用的绿化带。（包括：中央分隔带、机非分隔带、人行道绿化带等）

3. 城市道路的特点

城市道路与其他道路相比较，有其自身的特点，它不仅受地形地质条件的影响，而且受到城市现状、人们活动方式等多种因素的影响，城市道路横断面组成复杂，城市道路上行驶车辆多，且类型复杂、车速差异大，道路交叉口多，易发生交通阻滞和交通事故，需要大量的附属设施和交通管理设施。

4. 城市道路系统的结构形式和特点

城市道路系统是由城市辖区范围内各种不同功能道路组成的，包括附属设施。城市道路网是随着城市发展，为满足城市交通、土地利用及其他要求而形成与发展的。

（1）方格网式道路系统（又称棋盘式）

方格网式道路系统其主要形式是各主干道相互平行，间距 800～1000m，适于平原地区中小城市及大城市局部地区。它的优点是：布局整齐，有利于建筑布置和方向识别，交叉口一般由两条道路相交而成，道路定线方便，交通组织简便、灵活，不会造成市中心交通压力过大。主要不足为对角线方向交通不利，市内两点间的行程增加。

（2）放射环形式道路系统

放射环形式道路系统其主要形式是以市中心区为中心，环绕中心布置若干条放射线和环形干道，由市中心向外辐射路线，四周以环路沟通。其特点是中心区与各区及市区与郊区有短捷的交通联系，但街道划分不规则，如交通规划不当时容易造成市中心交通压力过重，交通集中。

（3）自由式道路系统

自由式道路系统的形式多以结合地形为主，路线弯曲无一定几何图形。它可充分结合自然地形，节省道路工程造价，线形流畅，自然活泼。但城市中不规则街坊多，建筑用地分散。

（4）混合式道路系统

混合式道路系统是以上三种形式的组合，是一种扬长避短的较合理道路网形式。

5. 城市道路分类

我国城市道路根据道路在其城市道路系统中所处的地位、交通功能、沿线建筑物的服务功能分为四类：

（1）快速路

为城市中大量、长距离、快速交通服务。快速路对向车行道之间应设中间分隔带，其进出口应采用全控制或部分控制。快速路两侧不应设置吸引大量车流、人流的公共建筑物的进出口。两侧一般建筑物的进出口应加以控制。

快速路与高速公路、快速路、主干道相交采用立体交叉（如图1所示）；与交通量较大的次干路可采用立体交叉，与交通量较小的采用展宽式信号灯管理平面交叉；与支路不能直接相交；禁止行人和非机动车进入快速车道。

图1　道路与道路立体交叉

（2）主干路

城市道路网的骨架，是连接城市各主要分区的交通干道，以交通功能为主。主干路两侧不应设置吸引大量车流、人流的公共建筑物的进出口。交叉口一般采用平面交叉，交通量较大时采用扩大渠化交叉口以提高通行能力。流量特大的主干道交叉口可设置立体交叉。当自行车交通量大时，宜采用机动车与非机动车分隔形式。

（3）次干路

城市中较多的一般交通道路，配合主干路组成城市干道网，起集散交通的作用，兼有服务功能。其主要特征是交叉口一般采用平面交叉；部分交叉口采用扩大交叉口；街道两侧允许布置吸引人流的公共建筑。

（4）支路

次干路与街坊路的连接线，解决局部地区交通，以服务功能为主。

二、桥梁工程概述

桥梁是当道路遇到障碍时修筑的跨越障碍物（如河流、沟谷、道路、铁路等）的构筑物。一方面要保证桥上的车辆运行，同时也要保证桥下水流的宣泄、船只的通航或车辆的运行。大力发展交通运输事业，建立四通八达的现代交通，对于加强全国各族人民的团结，发展国民经济，促进文化交流和巩固国防等方面都具有非常重要的作用。在公路、铁路、城市和农村道路交通以及水利等建设中，为了跨越各种障碍必须修建各种类型的桥梁与涵洞，因此桥涵又成了陆路交通中的重要组成部分。在经济上，桥梁和涵洞的造价一般说来平均占公路总造价的10%～20%。特别是在现代高级公路以及城市高架道路的修建中，桥梁不仅在工程规模上十分巨大，而且也往往是保证全线早日通车的关键。在国防上，桥梁是交通运输的咽喉，在需要高度快速、机动的现代战争中具有非常重要的地位。此外，为了保证已有公路的畅通运营，桥梁的养护与维修工作也十分重要。

1. 桥梁结构

桥梁一般由上部结构、下部结构和附属结构组成，如图2所示。

上部结构：包括承重结构和桥面系（桥面铺装、防水和排水设施、伸缩缝、人行道、栏杆、灯柱等），是线路中断时跨越障碍的主要承重结构，它的作用是承受车辆荷载，并通过支座将荷载传给墩台。

下部结构：由桥墩（单孔桥没有桥墩）、桥台和基础组成，其作用是支承上部结构，并将结构的重力传给地基，桥台还与路堤连接并抵御路堤土压力。

附属结构：包括桥头锥形护坡、护岸以及导流结构物等。它的作用是抵御水流的冲刷，防止路堤填土坍塌。

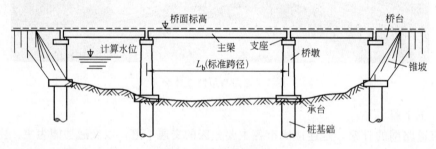

图2 桥梁的基本组成

2. 桥梁的主要类型

（1）按桥梁上部构造所用材料分

木桥：木桥修建速度快，适应性强，但耐久性差，耐火性差，因此适宜做临时性桥梁。

钢桥：由于钢材力学性能好，因此大跨径桥梁通常采用钢桥。

钢筋混凝土桥和预应力混凝土桥：采用钢筋和混凝土修建的桥梁，钢筋混凝土桥梁和预应力混凝土桥梁目前在我国得到广泛的应用。

圬工桥：砖、石、混凝土为圬工材料。用圬工材料修建的桥梁为圬工桥。

（2）按桥梁的长度和跨径大小分

按桥梁的长度和跨径大小分为特大桥、大桥、中桥、小桥，划分标准见表1。

（3）按桥梁主要承重构件的受力情况分

梁桥：主要承重构件是梁（或板）。梁式桥是一种在竖向荷载作用下无水平反力的结

按单孔跨径或多孔跨径总长　　　　　　　　表1

桥梁分类	多孔跨径总长(m)	单孔跨径总长(m)	桥梁分类	多孔跨径总长(m)	单孔跨径总长(m)
特大桥	$L_d>1000$	$L_b>150$	中桥	$100>L_d>30$	$40>L_b\geqslant 20$
大桥	$1000\geqslant L_d\geqslant 100$	$150\geqslant L_b\geqslant 40$	小桥	$30>L_d\geqslant 8$	$20>L_b\geqslant 5$

注：1. 单孔跨径系指标准跨径；
　　2. 梁式桥、板式桥的多孔跨径总长多为标准跨径的总长；拱式桥为两岸桥台内侧起拱线间的距离；其他形式桥梁为桥面系行车道长度；
　　3. 管涵及箱涵不论管径和跨径大小，孔数多少，均称为涵洞；
　　4. 标准跨径：梁式桥、板式桥以两桥墩中线之间桥中心线长度或桥墩中线与桥台台背前缘线之间桥中心线长度为准；拱式桥和涵洞以净跨径为准。

构，外力的作用方向与承重结构的轴线接近垂直，梁内产生的弯矩很大。图3为一钢筋混凝土梁桥。

图3　钢筋混凝土梁桥

拱桥：主要承重构件是主拱圈。拱式桥的主要承重结构是拱圈或拱肋，这种结构在竖向荷载作用下，桥墩或桥台将承受水平推力。

钢架桥：上部构造和墩台（支柱）彼此连成一个整体。钢架桥的主要承重结构是梁式板和立柱或竖墙整体结合在一起的刚架结构，梁和柱的连接处具有很大的刚性。在竖向荷载作用下，梁内主要受弯，而在柱脚处也具有水平反力，其受力状态介于梁桥与拱桥之间。

吊桥：以缆索作为主要承重构件。

组合体系桥：将上述两种或两种以上进行组合。

(4) 按桥梁行车道的位置分

上承式桥：行车道位于主要承重构件之上。

中承式桥：行车道位于主要承重构件中间。

下承式桥：行车道位于主要承重构件之下。

(5) 按桥梁用途分

公路桥、铁路桥、公铁两用桥、人行桥、渡槽、栈桥。

三、市政管道工程概述

市政管道系统主要包括给水排水管道系统和城镇燃气管道系统。

1. 给水排水管道系统

给水排水管道系统是给水排水工程设施的重要组成部分，是由不同材料的管道和附属设施构成的输水网络。根据其功能可以分为给水管道系统和排水管道系统，二者均应具有水量输送、水量调节、水压调节的功能。给水排水管道系统具有一般网络系统的特点，即分散性、连通性、传输性、扩展性等，同时又具有与一般网络系统不同的特点，如隐蔽性强、外部干扰因素多、容易发生事故、基建投资费用大、扩建改建频繁、运行管理复杂等。

（1）给水管道系统

给水管道系统承担城镇供水的输送、分配、压力调节和水量调节任务，起到保障用户用水的作用。给水管道系统一般是由输水管、配水管网、水压调节设施（泵站、减压阀）及水量调节设施（清水池、水塔、高位水池）等构成。常用的给水管道材料有铸铁管、钢管、钢筋混凝土管、塑料管等，还有一些新型管材如球墨铸铁管、预应力钢筋混凝土管、玻璃纤维复合管等。管道材料的选用应综合考虑管网内的工作压力、外部荷载、土质情况、施工维护、供水可靠性要求、使用年限、价格及管材供应情况等因素，因此，必须掌握水管材料的种类、性能、规格、供应情况、使用条件等，才能做到合理选用管材，以保证管网安全供水。

（2）排水管道系统

排水管道系统承担污（废）水的收集、输送或压力调节和水量调节任务，起到防止环境污染和防治洪涝灾害的作用。排水管道系统一般由废水收集设施、排水管道、水量调节池、提升泵站、废水输水管（渠）和排放口等组成。常用排水管渠材料有：混凝土、钢筋混凝土、石棉水泥、陶土、铸铁、塑料等。管渠材料要有以下几点要求：必须具有足够的强度，以承受土壤压力及车辆行驶造成的外部荷载和内部的水压，以保证再运输和施工过程中不致损坏；应具有较好的抗渗性能，以防止污水渗出和地下水渗入；应具有良好的水力条件，管渠内壁应整齐光滑，以减少水流阻力，使排水畅通；应具有抗冲刷、抗磨损及抗腐蚀的能力，以使管渠经久耐用；排水管渠的材料，应就地取材，可降低管渠的造价，提高进度，减少工程投资。排水管渠材料的选择，应根据污水性质，管道承受的内、外压力，埋设地区的土质条件等因素确定。

2. 城镇燃气管道系统

城镇燃气管网系统一般由以下几部分组成：各种压力的燃气管网；用于燃气输配、储存和应用的燃气分配站、储气站、压送机站、调压计量站等各种站室；监控及数据采集系统。燃气管道的作用是为各类用户输气和配气，根据管道材质可分为：钢燃气管道，铸铁燃气管道，塑料燃气管道，复合材料燃气管道；根据输气压力可分为：四种（高压、次高压、中压、低压）七级（高压A、B，次高压A、B，中压A、B，低压）；根据敷设方式可分为：埋地燃气管道和架空燃气管道；根据用途可分为：长距离输气管道，城镇燃气管道和工业企业燃气管道，其中城镇燃气管道包括分配管道、用户引入管和室内燃气管道。布置各种压力级别的燃气管网，应遵循下列原则：（1）应结合城市总体规划和有关专业规划，并在调查了解城市各种地下设施的现状和规划基础上，布置燃气管网；（2）管网规划布线应按城市规划布局进行，贯彻远近结合、以近期为主的方针，在规划布线时，应提出分期建设的安排，以便于设计阶段开展工作；（3）应尽量靠近用户，以保证用最短的线路长度，达到最好的供气效果；（4）应减少穿、跨越河流，水域，铁路等工程，以减少投资；（5）为确保供气可靠，一般各级管网应成环路布置。

随着社会的不断进步与发展，高科技技术不断涌现，市政管道系统包括的内容不断增加，如光缆管道等，所以，应做好管道系统的规划，减少施工次数，减少对城市交通的影响。

为更好的学习市政工程专业知识，首先应学好理论基础知识，必须学会看工程图纸，了解各种工程材料的性能，了解结构构件的受力情况等，为今后专业课程的学习打下坚实的基础。

第2篇 工程识图

市政技术人员要进行市政建设,除了具备道路、桥梁、排水等有关理论知识外,还要看懂它们的工程图,以便更好的去完成工作。因此,作为市政技术人员要掌握基本的制图标准、投影的基本知识和原理以及市政工程图的特点、组成、阅读等有关知识。

单元1 工程制图的国家标准和有关规定

知 识 点:本单元内容在《道路工程制图标准》(GB 50162—92)、《给水排水制图标准》(GB/T 50160—2001)的基础上,主要介绍有关图纸幅面、图线、字体、比例、尺寸标注、符号等一些规定。

教学目标:通过学习本单元,掌握国家标准中对工程图的图纸幅面、图线、字体、比例、尺寸标注等有关规定。

课题1 图纸幅面

1.1 图纸幅面规格

为了合理使用图纸,便于保管和装订图纸,图幅大小均作了统一规定,见表1-1。表中尺寸是裁边后的尺寸,从表中可以看出,1号图幅是0号图幅的对裁,2号图幅是1号图幅的对裁,依次类推。

幅面及图框尺寸(mm) 表1-1

尺寸代号＼幅面代号	A0	A1	A2	A3	A4
$b \times l$	841×1189	594×841	420×594	297×420	210×297
a	35	35	35	30	25
c	10	10	10	10	10

图纸幅面通常有两种放置方式:横式和立式。图纸以短边作为垂直边称为横式,以短边作为水平边称为立式。一般A0~A3图纸宜横式使用,必要时,也可立式使用,如图1-1和图1-2所示。

同时,图幅的长边可加长,短边不得加长。长边加长的长度为:图幅A0、A2、A4应为150mm的整数倍;图幅A1、A3应为210mm的整数倍。

1.2 图框线

在图幅上必须用粗实线画出图框线,无论图纸是否装订,均应画出图框线。图框线与图纸幅面线的间距 a 和 c 应符合表 1-1 的规定。图框线如图 1-1 和图 1-2 所示。

1.3 标题栏和会签栏

1.3.1 标题栏

每张图纸的右下角,必须画有图纸标题栏。标题栏在图纸中位置如图 1-1 和图 1-2 所示。标题栏的格式及尺寸如图 1-3 所示。

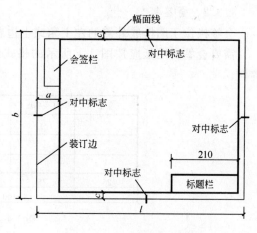

图 1-1 A0~A3 横式幅面

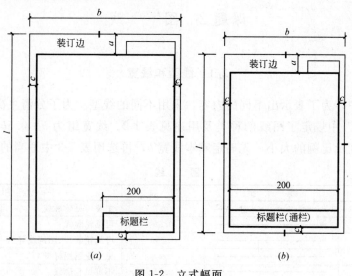

图 1-2 立式幅面
(a) A0~A3;(b) A4

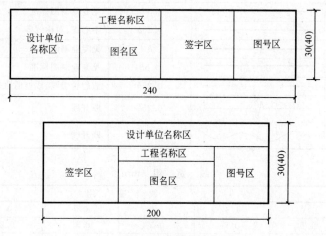

图 1-3 标题栏

1.3.2 会签栏

会签栏位于图框线外侧的左上角或上边右角,如图 1-1 和 1-2 所示。

需要会签的图纸应按图 1-4 所示的格式绘制会签栏;不需要会签的图纸,可不设会签栏。

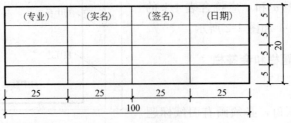

图 1-4 会签栏

课题 2 图 线

2.1 线型和线宽

在工程图中,为了表示出不同的内容,采用不同的线型。为了分清主次,采用了不同的粗细。"国标"中规定了图线的种类及用途见表 1-2。线宽组为 $b:0.5b:0.25b$。根据图样的复杂程度及比例的大小,先确定基本线宽 b,再选用表 1-3 中适当的线宽组。

图 线   表 1-2

名 称		线 型	线 宽	一 般 用 途
实线	粗	———————	b	主要可见轮廓线
	中	———————	$0.5b$	可见轮廓线
	细	———————	$0.25b$	可见轮廓线、图例线等
虚线	粗	- - - - - -	b	见专业制图标准
	中	- - - - - -	$0.5b$	不可见轮廓线
	细	- - - - - -	$0.25b$	不可见轮廓线、图例线
点划线	粗	—·—·—·—	b	见专业制图标准
	中	—·—·—·—	$0.5b$	见专业制图标准
	细	—·—·—·—	$0.25b$	中心线、对称线等
双点划线	粗	—··—··—	b	见专业制图标准
	中	—··—··—	$0.5b$	见专业制图标准
	细	—··—··—	$0.25b$	假想轮廓线、成型前原始轮廓线
折断线		—/\—	$0.25b$	断开线
波浪线		～～～	$0.25b$	断开线

线 宽 组(mm)   表 1-3

线 宽 比	线 宽 组					
b	2.0	1.4	1.0	0.7	0.5	0.35
$0.5b$	1.0	0.7	0.5	0.35	0.25	0.25
$0.25b$	0.5	0.35	0.25	0.18(0.2)	0.13(0.15)	0.13(0.15)

2.2 图线的使用

如图 1-5 所示为一个被剖开的方盒,就是用三种粗细不同的线来表示。
如图 1-6 所示为被遮挡住的线用虚线表示。
如图 1-7 所示为点画线表示一物体的中心位置或轴线位置。

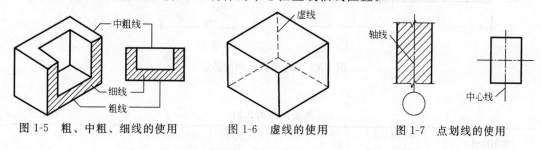

图 1-5 粗、中粗、细线的使用　　　图 1-6 虚线的使用　　　图 1-7 点划线的使用

课题 3　字　体

在工程图中,除了图形以外,还要注写数字、文字和符号等,数字和文字均应笔划清晰、字体端正、排列整齐;标点符号应清楚正确。因此,"国标"对文字和数字作了规定。

3.1　汉　字

工程图上的汉字应写成长仿宋体,并应采用国家正式公布的简化字。长仿宋体汉字的宽度与高度之比为 2:3,字体的高度代表字体的字号。如字高是 7mm 的字,称为 7 号字。汉字的高度不小于 3.5mm。常用字号见表 1-4。

常　用　字　号　　　　　　　　　　　　　　　表 1-4

字　号	3.5	5	7	10	14	20
字高×字宽(mm×mm)	3.5×2.5	5×3.5	7×5	10×7	14×10	20×14

3.2　数字和字母

数字和字母可以写成斜体和直体。斜体字的字头向右倾斜,与水平基准线成 75°。数字和字母分 A 型和 B 型,A 型字体的笔划宽度为字高的 1/14,字宽一般为 $0.4\sim0.5h$;B 型字体的笔划宽度为字高的 1/10,字宽一般为 $0.5\sim0.6h$。

课题 4　比　例

图样的比例,应为图形与实物相对应的线性尺寸之比。比例的符号为":",比例应用阿拉伯数字表示,如 1:1、1:2、1:100 等。比例的大小,是指其比值的大小。如 1:50 大于 1:100。

图 1-8 是对同一图形用三种不同比例画出的,其中 1:1 表示图形与实物大小相同;1:2 和 1:3 分别表示图形是实物的 1/2 和 1/3。

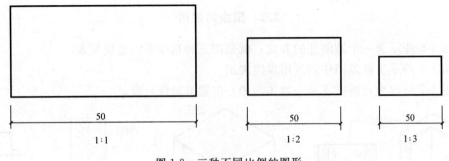

图 1-8 三种不同比例的图形

绘图所用的比例 表 1-5

常用比例	1:1、1:2、1:5、1:10、1:20、1:50、1:100、1:150、1:200、1:500、1:1000、1:2000、1:5000、1:10000、1:20000、1:50000、1:100000、1:200000
可用比例	1:3、1:4、1:6、1:15、1:25、1:30、1:40、1:60、1:80、1:250、1:300、1:400、1:600

工程构筑物有的大、有的小，无法按实际的大小作图，绘图时就需要依图样的用途和被绘对象的复杂程度，常常选择一个合适的比例，表 1-5 中提供了常用比例，只有特殊情况才允许选择可用比例。

同一张图纸内的各图样采用比例相同时，将比例注写在标题栏内；如果各图比例采用不同，那么将比例注写在每个图样的图名右下侧，且字号比图名字号小一号

图 1-9 比例的注写

或二号，如图 1-9 所示。

课题 5 尺寸标注

工程图上的图形仅表达了物体的形状，在图上还必须标注出物体的各部分尺寸。尺寸是施工的重要依据，应注写完整、准确、清楚。无论图形是缩小还是放大，图形上的尺寸应按物体实际的尺寸数值注写。

5.1 尺寸组成

图样上的尺寸，包括尺寸界线、尺寸线、尺寸起止符号和尺寸数字，如图 1-10 所示。

5.1.1 尺寸界线

尺寸界线应用细实线绘制，一般应与被注线段垂直，其一端应离开图样轮廓线不小于 2mm，另一端应超出尺寸线 2～3mm。图样轮廓线可作尺寸界线，如图 1-11 所示。

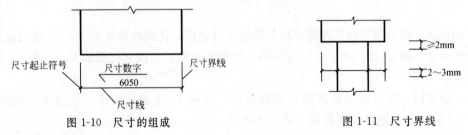

图 1-10 尺寸的组成　　　　　　　图 1-11 尺寸界线

5.1.2 尺寸线

尺寸线应用细实线绘制，应与被注线段平行。图样本身的任何图线均不得作尺寸线，如图1-10所示。

5.1.3 尺寸起止符号

尺寸起止符号一般用中粗斜短线绘制，其倾斜方向应与尺寸界线顺时针45°角，长度宜为2~3mm。半径、直径、角度与弧长的尺寸起止符号，宜用箭头表示，如图1-12所示。

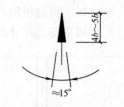

图1-12 箭头尺寸起止符号

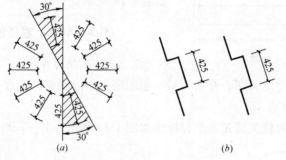

图1-13 尺寸数字的注写方向

5.1.4 尺寸数字

（1）图样上的尺寸，应以尺寸数字为准，不得从图上直接量取。

（2）尺寸数字的注写及读数方向：当尺寸线为水平时，尺寸数字注写在尺寸线上方中部，尺寸数字朝左注写；当尺寸线为竖直时，尺寸数字注写在尺寸线的左侧中部，尺寸数字朝左注写；当尺寸线为倾斜时，尺寸数字垂直朝上注写，如图1-13（a）规定注写。应尽量避开在30°阴影范围内注写尺寸，若需在30°阴影范围内注写尺寸，宜采用图1-13（b）形式注写。

（3）尺寸数字一般应依据其方向注写在靠近尺寸线上方中部。如没有足够的注写位置，最外边的尺寸数字可注写在尺寸界线的外侧，中间相邻的尺寸数字可错开注写。如图1-14所示。

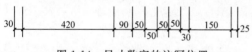

图1-14 尺寸数字的注写位置

5.2 尺寸的排列与布置

（1）尺寸宜标注在图样轮廓线以外，不宜与图线、文字及符号等相交。如图1-15

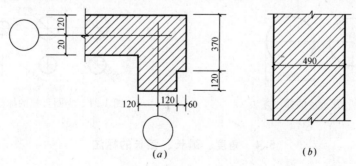

图1-15 尺寸数字的注写

13

(a)所示；如不可避免时，应将尺寸数字处的图线断开，如图1-15（b）所示。

（2）互相平行的尺寸线，应从被注写的图样轮廓线由近向远整齐排列，较小尺寸应离轮廓线较近，较大尺寸应离轮廓线较远，如图1-16所示。

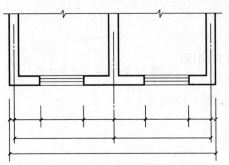

（3）图样轮廓线以外的尺寸线，距图样最外轮廓线之间的距离，不宜小于10mm。平行排列的尺寸线的距离，宜为7～10mm，并保持一致，如图1-16所示。

图1-16 尺寸的排列

5.3 半径、直径的尺寸标注

5.3.1 半径的标注

半径的尺寸线一端应从圆心开始，另一端画箭头指向圆弧。半径数字前应加注半径符号"R"，如图1-17所示。

较小圆弧的半径和较大圆弧的半径标注如图1-18和图1-19所示。

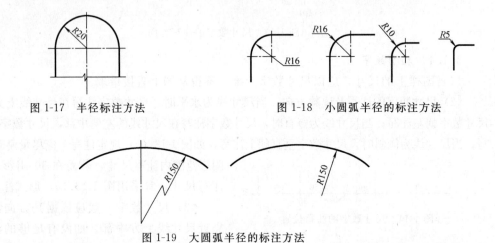

图1-17 半径标注方法　　　　图1-18 小圆弧半径的标注方法

图1-19 大圆弧半径的标注方法

5.3.2 直径的标注

标注圆的直径尺寸时，直径数字前应加直径符号"ϕ"。在圆内标注的尺寸线应通过圆心，两端画箭头指至圆弧，如图1-20所示。

较小圆的直径尺寸，可标注在圆外，如图1-21所示。

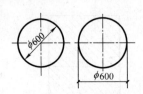 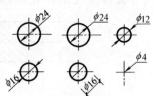

图1-20 圆直径的标注方法　　　　图1-21 小圆直径的标注方法

5.4 角度、弧长、弦长的标注

（1）角度的尺寸线应用圆弧表示。该圆弧的圆心应是该角的顶点，角的两边为尺寸界线。起止符号应用箭头表示，角度数字宜写在尺寸线上方中部。当角度太小时，可将尺寸线标注在角的两条边的外侧。角度数字宜按图1-22所示标注。

（2）标注圆弧的弧长时，尺寸线应与该圆弧同心的圆弧线表示，尺寸界线应垂直于圆弧的弦，起止符号用箭头表示，弧长数字上方应加注圆弧符号"⌒"，如图1-23所示。

（3）标注圆弧的弦长时，尺寸线应平行于该弦的直线表示，尺寸界线应垂直于该弦，起止符号用中粗斜短线表示，如图1-24所示。

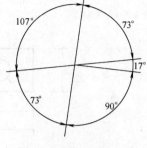

图1-22 角度标注方法

图1-23 弧长标注方法

图1-24 弦长标注方法

5.5 坡度的标注

标注坡度时，应加注坡度符号"◣"，该符号为单面箭头，箭头应指向下坡方向。如图1-25（a）、(b)所示。坡度也可用直角三角形的形式标注，如图1-25（c）所示。

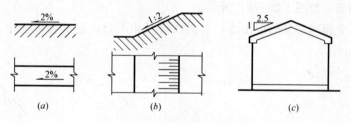

图1-25 坡度标注方法

5.6 尺寸的简化标注

（1）杆件或管线的长度，在单线图（桁架简图、钢筋简图、管线简图）上，可直接将尺寸数字沿杆间或管线的一侧注写，如图1-26所示。

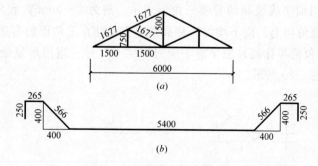

图1-26 单线图尺寸标注方法

(2) 连续排列的等长尺寸，可用"个数×等长尺寸＝总长"的形式标注，如图1-27所示的4×11＝44。

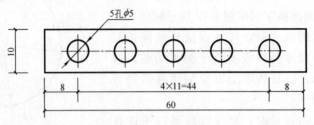

图1-27 等长尺寸简化标注和等距圆孔尺寸标注

(3) 构配件内的构造要素（如孔、槽等）如相同，可仅标注其中一个要素的尺寸，如图1-27所示的5孔ϕ5。

课题6 符 号

6.1 引 出 线

构筑物的某些部位需要用文字或详图加以说明时，可用引出线从该部位引出。引出线用细实线绘制。可采用水平方向的直线或与水平方向成30°、45°、60°、90°的直线。或经上述角度再折为水平线。文字说明可注写在水平线的上方，如图1-28（a）所示。也可注写在水平线的端部，如图1-28（b）所示。

同时引出几个相同部分的引出线，引出线可互相平行，也可画成集中一点的放射线，如图1-29所示。

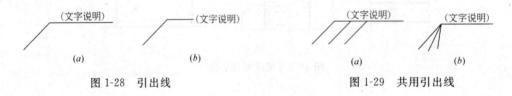

图1-28 引出线　　　　　　　　图1-29 共用引出线

6.2 标 高

6.2.1 标高标注

标高符号应采用细实线绘制的等腰三角形表示。高为2～3mm，底角为45°。顶角应指至被注的高度，顶角向上、向下均可。标高数字宜标注在三角形的右边。负标高应冠以"一"号，正标高（包括零标高）数字前不应冠以"＋"号。当图形复杂时，也可采用引出线形式标注，如图1-30所示。

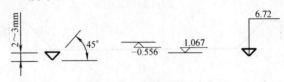

图1-30 标高标注

6.2.2 水位标注

水位符号应由数条上长下短的细实线及标高符号组成。细实线间的间距宜为 1mm，如图 1-31 所示。其标高符号应符合图 1-30 所示。

6.3 对称符号

如果构件对称，那么绘图时在图形对称中心画出对称符号。对称符号由细点画线和两端的两对平行线组成。平行线用细实线绘制，其长度为 6～10mm，每对间距为 2～3mm。如图 1-32 所示。

图 1-31 水位标注　　　　　　　　图 1-32 对称符号

6.4 连接符号

一个较长的构件，如图纸绘制位置不够，可分成几个部分绘制，并在断开处用连接符号表示。连接符号用折断线表示，并在折断线两端靠图样一侧，用大写拉丁字母表示连接编号。两个被连接的图样，必须用相同的字母编号，如图 1-33 所示。

6.5 指北针

指北针用细实线绘制，其直径为 24mm，指北针下端的宽为 3mm，指针尖端处要注明"北"，如图 1-34 所示。

图 1-33 连接符号　　　　　　　　图 1-34 指北针

复习思考题

1. 图纸幅面规格有几种？有何规律？
2. 图线的种类有几种？其线宽组是多少？试说出各种不同线型的用途。
3. 比例的定义是什么？在图样上标注的尺寸与画图比例有无关系？
4. 尺寸的四要素是什么？并说明每种要素的基本规定。
5. 熟悉各种图形的尺寸标注及各种符号的用途。

单元 2 工程识图的基本知识

知 识 点：主要介绍投影原理、基本性质及三面投影图的形成和规律。

教学目标：通过学习本单元，掌握形体三面投影图的投影原理、正投影的性质及形体三面投影图的形成和投影规律。

课题 1 投影的基本概念

1.1 投影法的基本概念

在日常生活中，经常看到这样一种现象：物体在灯光或阳光的照射下，在墙面或地面上产生影子。人们从这些现象中认识到光线、物体和影子之间存在着一定的内在联系。例如，灯光照射一本书，在桌面上产生的影子比实际大，如图 2-1（a）所示。

如果灯在桌面正上方距离愈远则影子就愈接近实际大小，设想把灯移到无限远的高度，在地面上产生的影子就和实际大小一样，如图 2-1（b）所示。

图 2-1 投影的形成

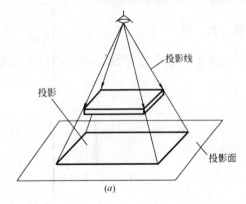

图 2-2 中心投影法

这种将空间形体的投影绘制在平面纸上，以表示其形状和大小的方法，称为投影法。在投影中，桌子面称为投影面，在桌面上产生的影子称为投影，把光线称为投影线。

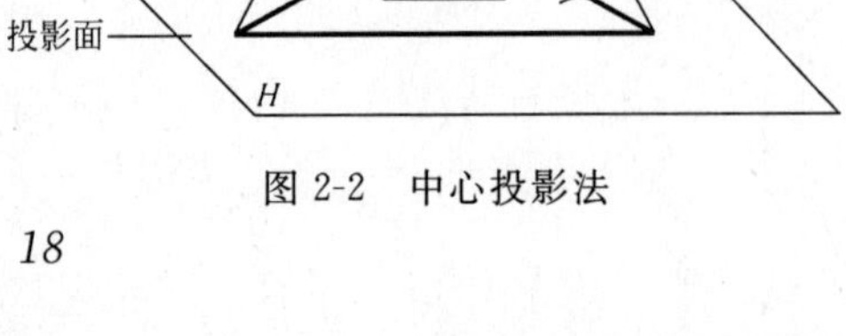

1.2 投影法分类

投影法按投影线的不同分中心投影法和平行投影法两大类。

1.2.1 中心投影法

所有投影线从一点引出的，称为中心投影

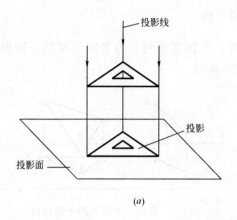
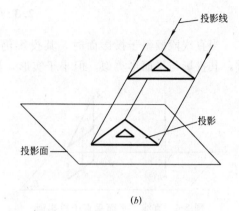

图 2-3 平行投影法
(a) 正投影法；(b) 斜投影法

法，如图 2-2 所示。

1.2.2 平行投影法

所有投影线互相平行的，称为平行投影法。平行投影法又分两类。

(1) 正投影法：投影线垂直于投影面的投影法，如图 2-3 (a) 所示。

(2) 斜投影法：投影线倾斜于投影面的投影法，如图 2-3 (b) 所示。

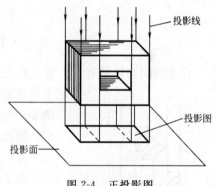

图 2-4 正投影图

一般工程图都是采用正投影法绘制的，称为正投影图。为了把物体内、外形状都反映在投影图上，假设投影线具有穿透力，可见轮廓线画实线，不可见的轮廓线画虚线，如图 2-4 所示。

课题 2 正投影的基本性质

正投影法是平行投影法的一种，由于空间直线段和平面形，对投影面所处的位置不同，其正投影有以下三种性质。

2.1 全 等 性

当直线段平行于投影面时，其投影反映实长；当平面形平行于投影面时，其投影反映实形，如图 2-5 所示。

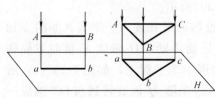

图 2-5 直线、平面平行于投影面

2.2 积 聚 性

当直线段垂直于投影面时，其投影积聚成一点；当平面形垂直于投影面时，其投影积聚成一直线，如图 2-6 所示。

2.3 类 似 性

当直线段倾斜于投影面时,其投影仍是直线,但比实长短;当平面形倾斜于投影面时,其投影与平面形类似,但小于实形,如图 2-7 所示。

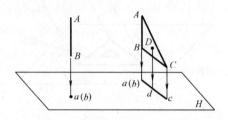

图 2-6 直线、平面垂直于投影面

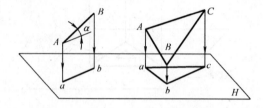

图 2-7 直线、平面倾斜于投影面

课题 3 形体的三面投影图

3.1 三面投影图形成

由于空间物体是有长、宽、高三个向度,而一个投影图只能反映出物体长、宽、高三个向度中的两个向度,也就不能真实反映出物体的形状,如图 2-8 所示。工程图是要准确地反映物体的各部分形状和大小,因此必须采用三面投影图来反映空间形体。

3.1.1 三投影面体系的建立

为了能确切地反映空间形体的形状和大小,要建立一个由三个相互垂直的平面组成的三投影面体系,如图 2-9 所示。水平位置的平面称为水平投影面,简称水平面或 H 面;正立位置的平面称为正立投影面,简称正面或 V 面;侧立位置的平面称为侧立投影面,简称侧面或 W 面。三个投影面的交线 OX、OY、OZ 称为投影轴,三个投影轴的交点 O 称为原点。

3.1.2 三面投影图的形成

将长方体置于三投影面体系中,运用正投影法和正投影的基本性质,用三组分别垂直于投影面的投影线,将长方体投影到三个投影面上。从上向下投影在水平投影面上得到水平投影或 H 面投影;从前向后投影在正投影面上得到正面投影或 V 面投影;从左向右投影在侧立投影面上得到侧面投影或 W 面投影,如图 2-10(a)所示。

同时,还必须将三个投影面展开成一个平面,如图 2-10(b)所示。展开时,规定 V 面不动,H 面绕 X 轴向下旋转 90°,W 面绕 Z 轴向右旋转 90°,使它们与 V 面展开在同一个平面上,如图 2-10(c)所示,即为长方体的三面投影图。这时,Y 轴分成两条,一条随 H 面旋转到与 OZ 轴成一铅垂线,即 Y_H 轴;另一条随 W 面旋转到与 OX 轴成一水平线,即 Y_W 轴。

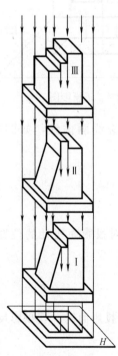

图 2-8 形体的单面投影

投影图的大小与投影面无关,况且平面是可无限延伸,故画图时,投影面的边框不画。在工程图中投影轴同样不画。

3.2 三面投影图的投影规律

在图 2-10（c）中可以看出,在 V 面投影中,反映形体的长和高;在 H 面投影中,反映形体的长和宽;在 W 面投影中,反映形体的宽和高。在三面投影图中,V 面投影和 H 面投影反映了形体的长度,即长对正;H 面投影和 W 面投影反映了形体的宽度,即宽相等;V 面投影和 W 面投影反映了形体的高度,即高平齐。由此得出,形体三面投影图的投影规律为:长对正,宽相等,高平齐。也称为"三等关系"。

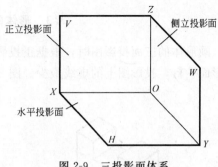

图 2-9 三投影面体系

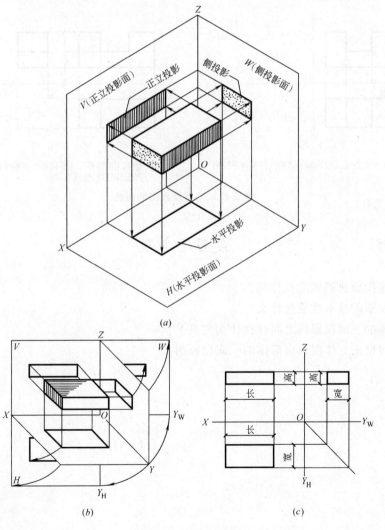

图 2-10 三面投影图
(a) 直观图；(b) 展开；(c) 投影图

3.3 形体的三面投影图的画法

画形体的三面投影图时，根据正投影的基本性质来画，而且，尽量使形体的各个面与投影面平行，投影图上的虚线最少。图2-11所示为形体三面投影图的画法和步骤。

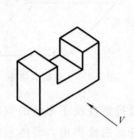

(a) 已知形体的直观图并确定正面投影的方向

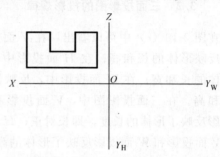

(b) 画投影轴，并根据V方向画出形体的正面投影

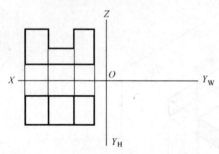

(c) 根据正面投影和形体的宽作其水平投影

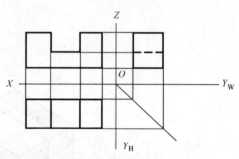

(d) 根据正面投影和水平投影作其侧面投影。擦去作图线，整理描深。

图2-11 三面投影图的画法

复习思考题

1. 简述投影法的概念及分类。
2. 正投影的基本性质是什么？
3. 物体的三面投影图之间存在什么关系？
4. 如何根据立体图画出形体的三面投影图。

单元 3 点、直线、平面、立体的投影

知 识 点：点、线、面、体的投影规律和投影图的读图。
教学目标：通过本单元学习，掌握点、线、面、体的投影及投影规律，同时可根据形体的投影图想像出形体的空间形状，为识读专业图打基础。

课题 1 点 的 投 影

1.1 点的三面投影

点的投影仍是点。通常规定：空间点用大写字母表示，如 A、B、C……。投影面上的点用小写字母来表示，H 面投影用 a、b、c、……表示；V 面投影用 a'、b'、c'……表示；W 面投影用 a''、b''、c''……表示。

假设我们把空间点 A 置于三投影面体系中，分别向三个投影面作投影。过 A 点作 H 面投影，其投影线与投影面的交点 a 即为 A 点的水平投影；过 A 点作 V 面投影，其投影线与投影面的交点 a' 即为 A 点的正面投影；过 A 点作 W 面投影，其投影线与投影面的交点 a'' 即为 A 点的侧面投影，如图 3-1（a）所示。展开，即得 A 点的三面正投影图，如图 3-1（b）所示。

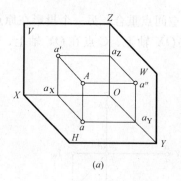 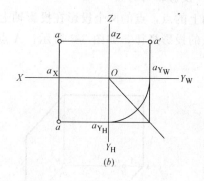

图 3-1 点的三面投影
（a）直观图；（b）投影图

1.2 点的投影规律

从点的三面投影图中分析，可得出以下规律：
（1）点的 V 面投影和 H 面投影的连线，必垂直于 OX 轴，即 $a'a \perp OX$ 轴；
（2）点的 V 面投影和 W 面投影的连线，必垂直于 OZ 轴，即 $a'a'' \perp OZ$ 轴；
（3）点的 H 面投影到 OX 轴的距离，等于点的 W 面投影到 OZ 轴的距离，

即 $aa_X = a''a_Z$。

1.3 特殊位置的点

前面讲的 A 点是空间点，如果点在投影面上、投影轴上、原点上，它们的三面投影图是怎样的呢？

1.3.1 投影面上的点

投影面上的点，点的一个投影在投影面上与空间点重合，另两个投影在投影轴上。其投影仍符合点的投影规律，如图 3-2 所示，M 点在 H 面上、F 点在 V 面上、G 点在 W 面上。

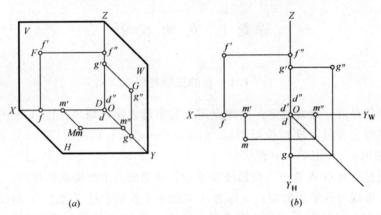

图 3-2 投影面上的点
(a) 直观图；(b) 投影图

1.3.2 投影轴上的点

投影轴上的点，点的两个投影在投影轴上与空间点重合，另一个投影在原点上。其投影仍符合点的投影规律，如图 3-3 所示，A 点在 OX 轴上、C 点在 OY 轴上、B 点在 OZ 轴上。

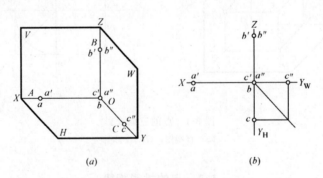

图 3-3 投影轴上的点
(a) 直观图；(b) 投影图

1.3.3 原点上的点

空间点在原点上，则点的三个投影都在原点上，与空间点重合。如图 3-2 所示，D 点在原点上。

1.4 点的投影与坐标

如果把三面投影体系当作直角坐标体系，那么各投影面就是坐标面，各投影轴就是坐标轴，投影的原点就是坐标原点。点到投影面的距离就是相应的坐标数值，如图3-4所示。

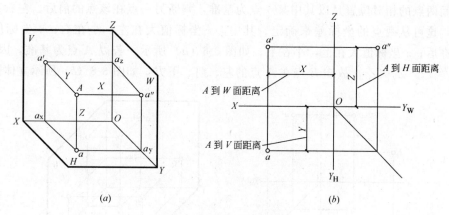

图3-4 点的投影与坐标
(a) 直观图；(b) 投影图

即：A 点到 W 面的距离表示为 X 坐标；A 点到 V 面的距离表示为 Y 坐标；A 点到 H 面的距离表示为 Z 坐标。

A 点的投影用坐标表示，可写成 $A(x, y, z)$ 的形式。

一点的三面投影与点的坐标关系为：

A 点的 H 面投影 a 可反映该点的 x 和 y 坐标；

A 点的 V 面投影 a' 可反映该点的 x 和 z 坐标；

A 点的 W 面投影 a'' 可反映该点的 z 和 y 坐标；

由此得出：根据点的三面投影可在图上量出该点的三个坐标；同样根据点的三个坐

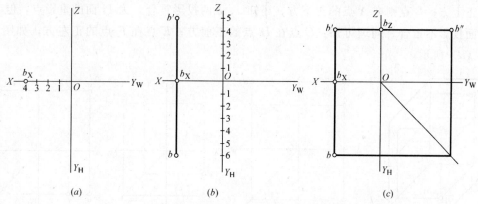

图3-5 已知点的坐标求作点的三面投影

(a) 画出投影轴后，在 X 轴上自 O 点向左量取4个单位得 b_X 点；(b) 过 b_X 引 OX 轴的垂线，由 b_X 向上量取 Z 坐标5个单位，得 V 面投影 b'；向下量取 Y 坐标6个单位，得 H 面投影 b；(c) 根据点的投影规律，由 b' 和 b 求出 b''，即得 B 点的三面投影标，就能作出该点的三面投影图。

举例：已知 B（4，6，5），求 B 点的三面投影，如图 3-5 所示。

1.5 两点的相对位置及重影点

1.5.1 两点的相对位置

空间两点的相对位置是以其中某一点为基准，判断另一点在该点的前后、左右和上下的位置，这可从两点的坐标差来确定。其中，x 坐标值大在左，小在右；y 坐标值大在前，小在后；z 坐标值大在上，小在下，如图 3-6（a）所示，若以 A 点为基准，因 $X_b > X_a$，$Y_b > Y_a$，$Z_b < Z_a$，故知 B 点在 A 点的左、前、下方，如图 3-6（b）所示立体图。

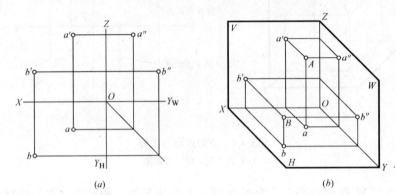

图 3-6 两点的相对位置
(a) 投影图；(b) 立体图

1.5.2 重影点及其可见性的判别

(1) 重影点

当空间两点位于某一投影面的同一投射线上时，则此两点在该投影面上的投影重合。此重合的投影称为重影点。

如图 3-7（a）、（b）所示，A、B 两点在同一垂直 H 面的投射线上，这时称 A 点在 B 点的正上方；B 点则在 A 点的正下方。还知 a、b 两投影重合，为 H 面的重影点，但其他两同面投影不重合。同理可知：C 点在 D 点的正前方；E 点在 F 点的正左方，如图 3-7（c）、（d）所示。

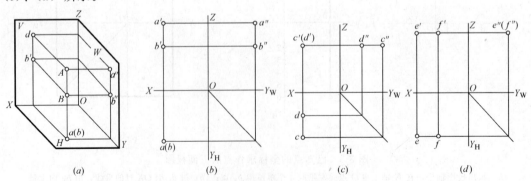

图 3-7 重影点及其可见性的判别
(a) 立体图；(b)、(c)、(d) 投影图

（2）重影点可见性的判别

一般根据比较两点的不重影的同面投影的坐标值来判断，坐标值大的点可见，坐标值小的点不可见。为区别不可见的点，凡不可见的投影其字母写在后面，并加括号表示。如 a、b 两点的可见性，可从图 3-7（b）的 V 面投影（或 W 面投影）进行判别。因 $Z_a > Z_b$，即 A 点在 B 点之正上方，故 a 为可见，b 为不可见。同理：c 为可见，d 为不可见；e 为可见，f 为不可见，如图 3-7（c）、（d）所示。

课题 2　直线的投影

直线的投影，在一般情况下仍是直线，特殊情况下是一点。两点的连线可确定一直线，由此，直线的三面投影，可以由它两端点的同一投影面上的投影连线而得到。

直线在三投影面体系中与投影面的相对位置不同，直线分为：一般位置直线、投影面平行线、投影面垂直线。下面主要介绍这三种类型直线的投影特性。

2.1　一般位置直线

对三个投影面都处于倾斜位置的直线称为一般位置直线，如图 3-8 所示。倾斜于三个投影面的直线与投影面之间的夹角，称为直线对投影面的倾角。直线对 H 面、V 面和 W 面的倾角，分别用 α、β 和 γ 表示。

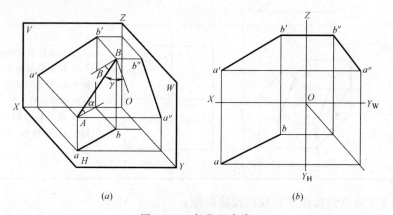

图 3-8　一般位置直线
（a）直观图；（b）投影图

由图 3-8 得出一般位置直线的投影特性：

直线的三个投影与投影轴都成为倾斜位置，且不反映实长；其投影与投影轴的夹角，也不反映直线对投影面的倾角。

2.2　投影面平行线

（1）平行于某一个投影面，而倾斜于另两个投影面的直线，称为投影面平行线。见表 3-1，投影面平行线有三种情况：

1）水平线：平行于 H 面，而倾斜于 V 面、W 面的直线；

2）正平线：平行于 V 面，而倾斜于 H 面、W 面的直线；

3）侧平线：平行于 W 面，而倾斜于 H 面、V 面的直线。
(2) 投影面平行线的投影特性，见表 3-1。

投影面平行线的投影特性　　　　　表 3-1

名　称	直　观　图	投　影　图	投　影　特　性
水平线	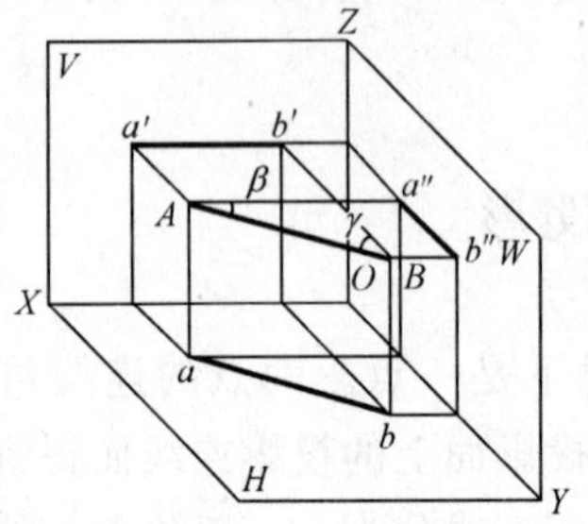	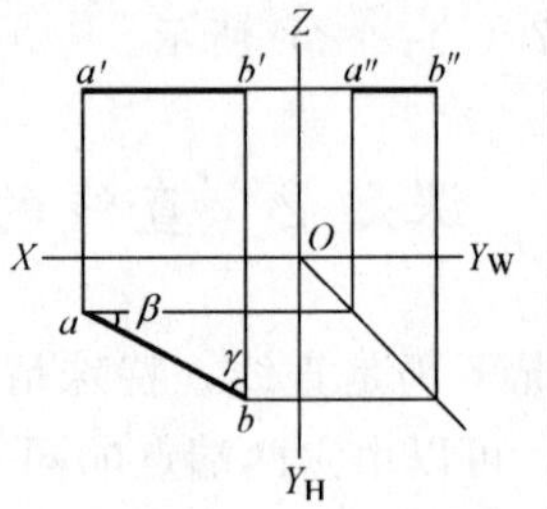	1. 水平投影反映实长 2. 水平投影与 OX 轴和 OY_H 轴的夹角，分别反映直线与 V 面和 W 面的倾角 β 和 γ 3. 正面投影和侧面投影分别平行于 OX 轴和 OY_W 轴，但不反映实长
正平线	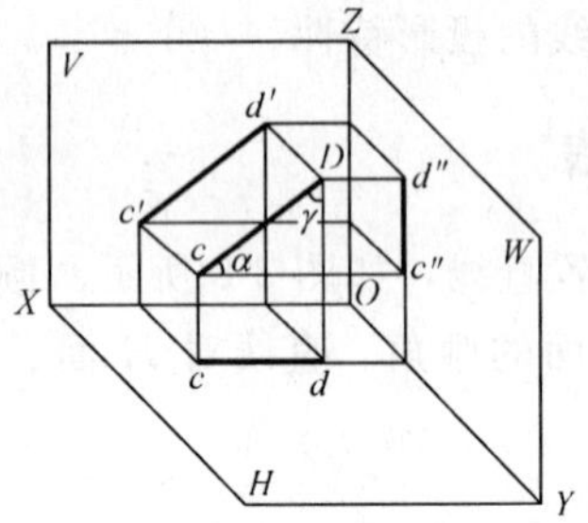	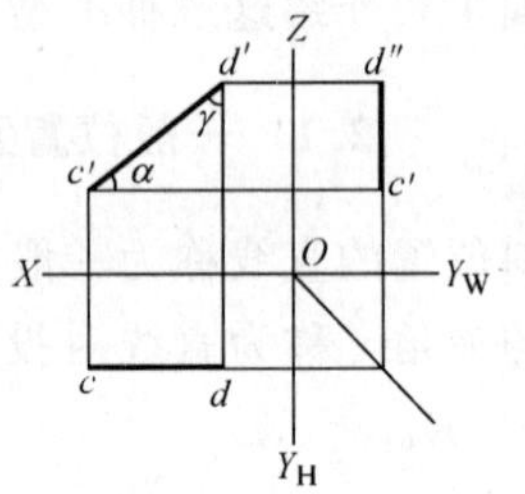	1. 正面投影反映实长 2. 正面投影与 OX 轴和 OZ 轴的夹角，分别反映直线与 H 面和 W 面的倾角 α 和 γ 3. 水平投影和侧面投影分别平行于 OX 轴和 OZ 轴，但不反映实长
侧平线	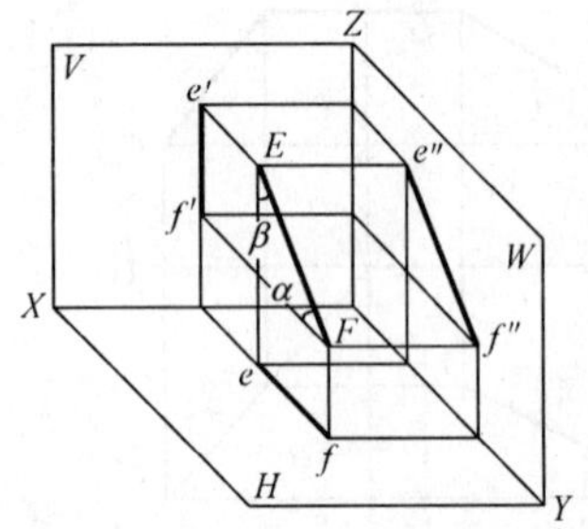	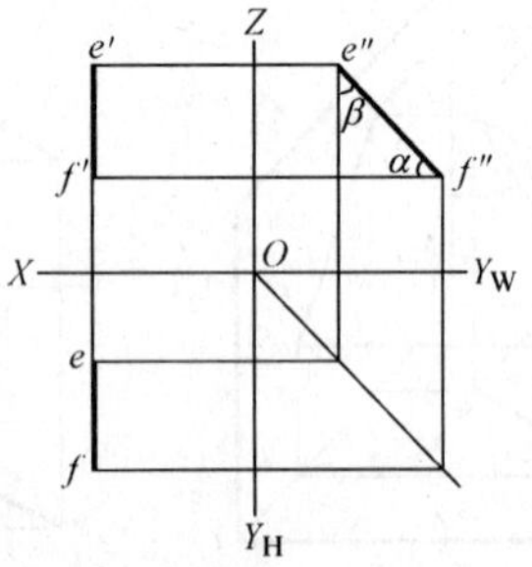	1. 侧面投影反映实长 2. 侧面投影与 OY_W 轴和 OZ 轴的夹角，分别反映直线与 H 面和 V 面的倾角 α 和 β 3. 水平投影和正面投影分别平行于 OY_H 轴和 OZ 轴，但不反映实长

综合表 3-1 得出投影面平行线的投影特性：

直线平行于某投影面，则在该投影面上的投影，反映直线实长以及直线对其他两个投影面的倾角。在另外两个投影面上的投影，分别平行于相应的投影轴，但不反映实长。

2.3　投影面垂直线

(1) 垂直于某一个投影面，而平行于另两个投影面的直线，称为投影面垂直线。见表 3-2，投影面垂直线有三种情况：

1）铅垂线：垂直于 H 面，与 V 面、W 面平行的直线；
2）正垂线：垂直于 V 面，与 H 面、W 面平行的直线；
3）侧垂线：垂直于 W 面，与 H 面、V 面平行的直线。
(2) 投影面垂直线的投影特性，见表 3-2。

投影面垂直线的投影特性 表 3-2

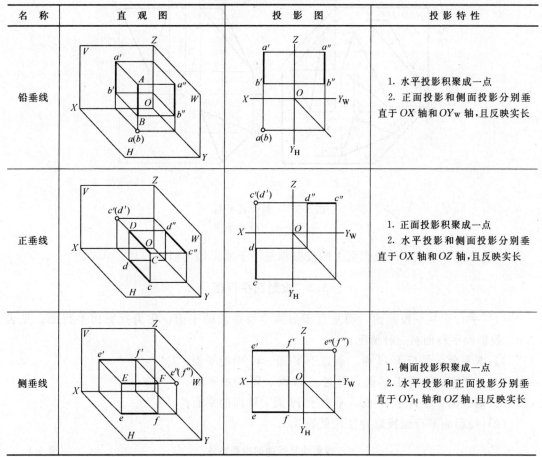

综合表 3-2 得出投影面垂直线的投影特性：

直线垂直于某投影面，则在该投影面上的投影积聚成一点；在另外两个投影面上的投影，分别垂直于相应的投影轴，且反映实长。

综合分析了各种位置线的投影及特性，在此基础上，根据直线的投影图，可以判断出直线与三个投影面的相对位置。

课题 3 平面的投影

平面的投影，一般情况下仍是平面，特殊情况下积聚成一直线。

平面在三投影面体系中，与投影面的相对位置不同，平面分为：一般位置平面、投影面平行面、投影面垂直面。下面主要介绍这三种类型平面的投影及投影特性。

3.1 一般位置平面

倾斜于三个投影面的平面，称为一般位置平面，如图 3-9 所示。一般位置平面与投影面之间的夹角，称为倾角。平面对 H 面、V 面和 W 面的倾角，分别用 α、β 和 γ 表示。

由图 3-9 可得出一般位置平面的投影特性：

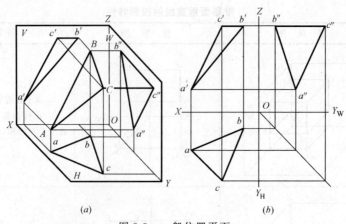

图 3-9 一般位置平面
(a) 直观图；(b) 投影图

一般位置平面在三个投影面上的投影都是小于实形的类似形。

3.2 投影面平行面

(1) 平行于某一投影面，而垂直于另两个投影面的平面，称为投影面平行面。见表 3-3，投影面平行面有三种情况：

1) 水平面：平行于 H 面，垂直于 V 面、W 面的平面；
2) 正平面：平行于 V 面，垂直于 H 面、W 面的平面；
3) 侧平面：平行于 W 面，垂直于 H 面、V 面的平面。

(2) 投影面平行面投影特性，见表 3-3。

投影面平行面的投影特性　　　　　　表 3-3

名 称	直 观 图	投 影 图	投 影 特 性
水平面			1. 水平投影反映实形。 2. 正面投影和侧面投影积聚成一直线，且分别平行于 OX 轴和 OY_W 轴
正平面			1. 正面投影反映实形。 2. 水平投影和侧面投影积聚成一直线，且分别平行于 OX 轴和 OZ 轴

续表

名 称	直 观 图	投 影 图	投 影 特 性
侧平面	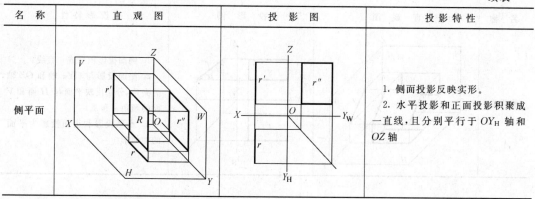		1. 侧面投影反映实形。 2. 水平投影和正面投影积聚成一直线，且分别平行于 OY_H 轴和 OZ 轴

综合表 3-3 得出投影面平行面的投影特性：

平面平行于某投影面，则在该投影面上的投影反映实形；在另外两个投影面上的投影积聚成直线，且分别平行于相应的投影轴。

3.3 投影面垂直面

(1) 垂直于某一个投影面，而倾斜于另两个投影面的平面，称为投影面垂直面。见表 3-4，投影面垂直面有三种情况：

1) 铅垂面：垂直于 H 面，倾斜于 V 面、W 面的平面；
2) 正垂面：垂直于 V 面，倾斜于 H 面、W 面的平面；
3) 侧垂面：垂直于 W 面，倾斜于 H 面、V 面的平面。

(2) 投影面垂直面的投影特性，见表 3-4。

投影面垂直面的投影特性　　　　　表 3-4

名 称	直 观 图	投 影 图	投 影 特 性
铅垂面			1. 水平投影积聚成一直线。 2. 水平投影与 OX 轴和 OY_H 轴的夹角，分别反映平面与 V 面和 W 面的倾角 β 和 γ。 3. 正面投影和侧面投影为平面的类似形
正垂面			1. 正面投影积聚成一直线。 2. 正面投影与 OX 轴和 OZ 轴的夹角，分别反映平面与 H 面和 W 面的倾角 α 和 γ。 3. 水平投影和侧面投影为平面的类似形

续表

名 称	直 观 图	投 影 图	投 影 特 性
侧垂面	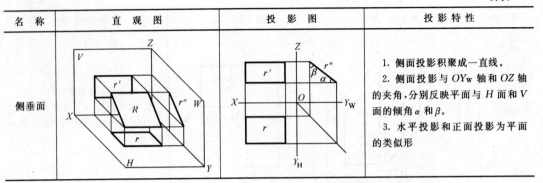		1. 侧面投影积聚成一直线。 2. 侧面投影与 OY_W 轴和 OZ 轴的夹角,分别反映平面与 H 面和 V 面的倾角 α 和 β。 3. 水平投影和正面投影为平面的类似形

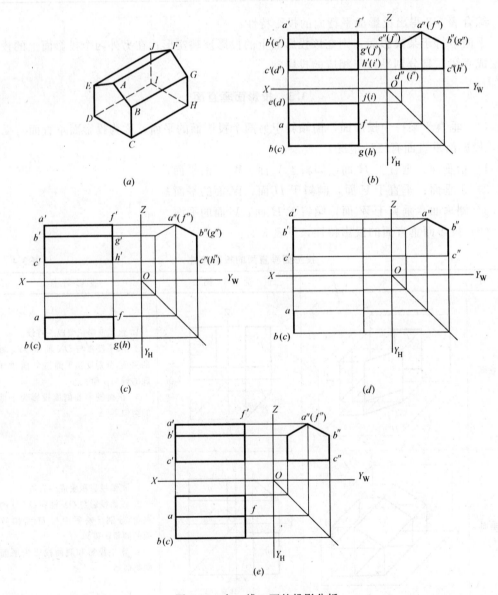

图 3-10 点、线、面的投影分析

综合表3-4得出投影面垂直面的投影特性：

平面垂直于某投影面，则在该投影面上的投影积聚成一直线，此直线与两投影轴的夹角反映平面对其他两投影面的倾角。在另外两个投影面上的投影为平面的类似形。

以上分析了点、线、面在三投影面体系中的投影和投影特性，那么根据投影特性和投影图，就应该能判断出点、线、面在空间的位置。

现举例分析图3-10（a）、（b）所示组成立体的面、线、点的空间位置。

分析点、线、面的空间位置时，要根据其投影特性，并对照它们的三面投影图，否则很难准确判断。

1）分析面 ABGF 和面 BCHG 的空间位置，如图3-10（c）所示。

形体上面 ABGF，在 V 面投影 $a'b'g'f'$ 和在 H 面投影 $abgf$ 都是四边形，并与实形类似。W 面投影 $a''b''g''f''$ 积聚成一直线。根据面的投影特性，断定面 ABGF 在空间是一侧垂面。用同样方法判断出面 BCHG 在空间是一正平面。

2）分析线 AB 和线 BC 的空间位置，如图3-10（d）所示。

形体上直线 AB，V 面投影 $a'b'$ 和 H 面投影 ab 分别平行于 Z 轴和 Y 轴，其 W 面投影是与轴倾斜的直线 $a''b''$，根据直线的投影特性，断定直线 AB 在空间是一条侧平线。用同样的方法判断出直线 BC 是一条铅垂线。

3）分析点 B 和 C 的空间位置，如图3-10（e）所示。

形体上点 B 和 C 位于线 BC 两端，而线 BC 是铅垂线，H 面投影 b 和 c 重合，位于上端的点 B，下端的点 C，写成 b(c)，那么它们的空间位置是 B 点在 C 点的正上方，或者 C 点在 B 点正下方。

以上分析看出，在识图时必须认真对三个投影图进行分析，根据它们的投影特性，才能准确分析出投影图中一个面、一条线和两个点的空间位置。

课题4　立体的投影

在土建工程中，经常会遇到各种形状的构件和配件，它们的形状虽然多种多样，但是

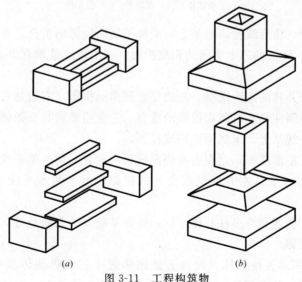

图3-11　工程构筑物
(a) 台阶；(b) 杯形基础

加以分析，都可以看成是有几种简单的基本几何体组成，如图 3-11 所示。要想掌握各种构、配件的投影，首先要掌握基本体的投影特点和分析方法。

4.1 基本体的投影

基本体包括平面体和曲面体。

4.1.1 平面体的投影

平面体是表面由若干个平面形围成的立体，如棱柱体、棱锥体等。作平面体的投影实际上就是作组成立体的各个平面形的投影。

（1）棱柱体的投影

如图 3-12（a）所示三棱柱体，现将三棱柱体置于三投影面体系中去，上、下底面为水平面，左、右两侧面为铅垂面，后侧面为正平面。其投影如图 3-12（b）、（c）所示。

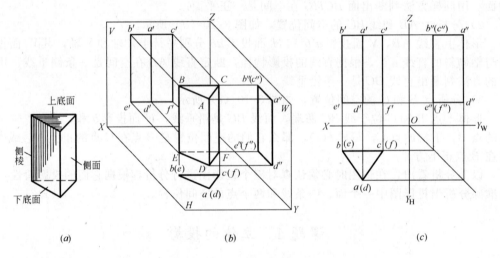

图 3-12 三棱柱体的投影
（a）三棱柱体；（b）直观图；（c）投影图

水平投影是一个三角形线框，它是上底面和下底面投影的重合，并反映实形。三角形的三条边，是垂直于 H 面的三个侧面的积聚投影，三个顶点是垂直于 H 面的三条侧棱的积聚投影。

正面投影是两个并排的矩形线框，左边是左侧面的投影，右边是右侧面的投影，两个矩形的外围线框是后侧面与左右侧面投影的重合。三条铅垂线是三条侧棱的投影，反映实长。上、下两条水平线是上、下底面的积聚投影。

侧面投影是一个矩形线框，是左右两侧面投影的重合，两条铅垂线中左边一条是后侧面的积聚投影；右边一条是左右两侧面交线的投影。上下两水平线是上下底面的积聚投影。

在实际工作中，会遇到许多柱状体，如：桥台基础、挡土墙身等，如图 3-13 所示。

（2）棱锥体的投影

如图 3-14（a）所示五棱锥体，现将五棱锥体置于三投影面体系中去，底面为水平面，后侧面为侧垂面，其余都是一般位置平面。其投影如图 3-14（b）、（c）所示。

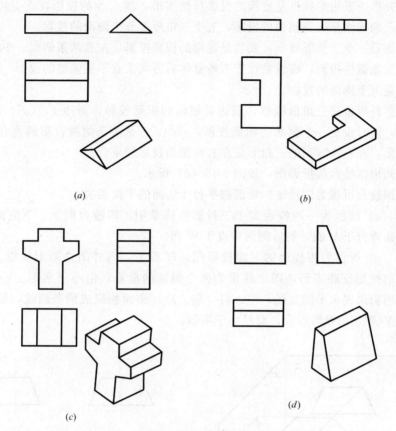

图 3-13 工程构筑物投影
(a) 坡屋面；(b) 桥台基础；(c) 花篮梁；(d) 挡土墙墙身

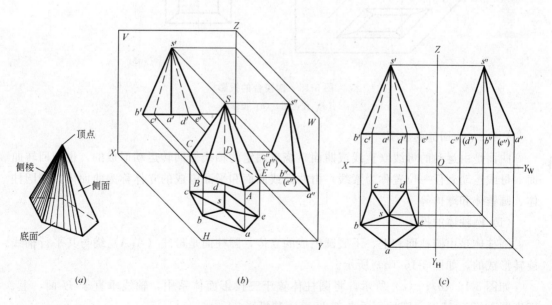

图 3-14 五棱锥体的投影
(a) 五棱锥体；(b) 直观图；(c) 投影图

水平投影中外形正五边形线框是底面的投影反映实形，顶点 S 的投影在正五边形的中心，它与五个角点的连线是五条侧棱的投影，五个三角形是五个侧面的投影。

正面投影是一个三角形线框，底边是底面的积聚投影，左右两条斜线、中间铅垂线和两条虚线是五条侧棱投影，虚线是位于五棱锥体后方两条看不见侧棱的投影。线框内的小三角形分别是五个侧面的投影。

侧面投影外形也是三角形线框，底边是底面的积聚投影，斜边 $s''c''(d'')$ 是两条侧棱投影的重合，同时也是一个侧面的积聚投影，$s''b''(e'')$ 是两条侧棱投影的重合，$s''a''$ 是一条侧棱的投影，左右两并列的三角形是左右两侧面投影的重合。

举例：画出四棱台的投影图，如图 3-15（a）所示。

分析：四棱台可视为四棱锥的顶部被平行于底面的平面切去。

图 3-15（a）所示为一四棱台置于三投影面体系中。四棱台的上、下底面平行于 H 面，左右侧面垂直于 V 面，前后侧面垂直于 W 面。

图 3-15（b）所示为四棱台的三面投影图，H 面上，内外闭合矩形线框为四棱台的上、下底面的投影反映实形，四个梯形为四个侧面的投影，但小于实形。V（W）面上，上下底面分别积聚成水平的直线，左、右（前、后）侧面积聚成两条斜线，前、后（左、右）侧面在 V（W）面投影重合，而且小于实形。

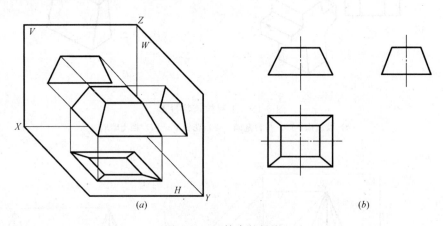

图 3-15 四棱台的投影
(a) 直观图；(b) 投影图

4.1.2 曲面体的投影

曲面是由运动的母线（直线或曲面）绕着固定的轴线做回转运动形成的，也叫回转曲面。母线运动到任一位置称为素线。由曲面或曲面和平面围成的立体称为曲面体，如圆柱体、圆锥体和球体等。

(1) 圆柱体的投影

圆柱体是由圆柱面和上、下底圆围成的立体，圆柱面是母线（A_1A）绕与其平行轴线旋转形成的，如图 3-16（a）所示。

如图 3-16（b）、（c）所示，将圆柱体置于三投影面体系中，轴线垂直于 H 面，上、下底圆平行于 H 面，圆柱面垂直于 H 面。其投影：

水平投影为一圆，是上、下底圆投影的重合，并反映实形。圆周是圆柱面的积聚投影。

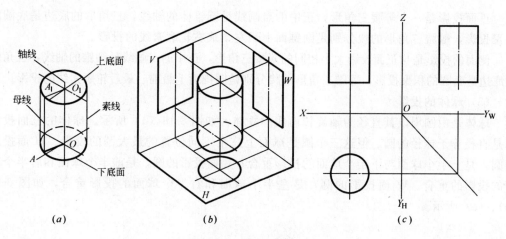

图 3-16 圆柱体的投影
(a) 形成；(b) 直观图；(c) 投影图

正面投影是一矩形线框，正中的点画线是圆柱体的轴线，上、下两条水平的直线分别是圆柱体上下底圆的积聚投影，左、右两条垂直线分别是圆柱面上最左、最右两条轮廓素线的投影。

侧面的投影是与 V 面投影相同大小的矩形线框，正中的点画线是圆柱体的轴线，上、下两条水平的直线分别是上、下两个底圆的积聚投影，左、右两条垂直线分别是圆柱面上最后最前两条轮廓素线的投影。

(2) 圆锥体的投影

圆锥体是由圆锥面和底圆围成的立体。圆锥面是母线（SA）绕与其相交轴线旋转形成的，如图 3-17 (a) 所示。

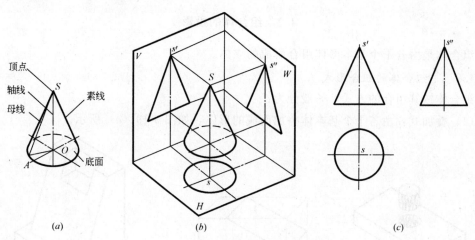

图 3-17 圆锥体的投影
(a) 形成；(b) 直观图；(c) 投影图

如图 3-17 (b) 所示，将圆锥体置于三投影面体系中，轴线垂直于 H 面，底圆平行于 H 面。其投影如图 3-17 (c) 所示。

水平投影为一圆，该圆是圆锥面和底圆投影的重合，反映底圆的实形。

正面投影是一个等腰三角形，正中的点画线是圆锥体的轴线，三角形的底边是底圆的积聚投影，等腰三角形的腰分别是圆锥面上最左、最右轮廓素线的投影。

侧面的投影是与正面投影大小相同的等腰三角形，正中的点画线是圆锥的轴线，三角形的底边是底圆的积聚投影，等腰三角形的腰分别是圆锥面上最前、最后轮廓素线的投影。

（3）球体的投影

球体是由圆周以其直径为轴旋转而成的立体，如图 3-18（a）所示。球体的三面投影都是直径等于球径的圆。但这三个圆是球面上三个不同位置的最大圆的投影。H 面投影的圆，是上半个球面与下半个球面的投影重合；V 面投影的圆，是前半个球面和后半个球面的投影的重合。W 面投影的圆，是左半个球面和右半个球面的投影重合，如图 3-18（b）、（c）所示。

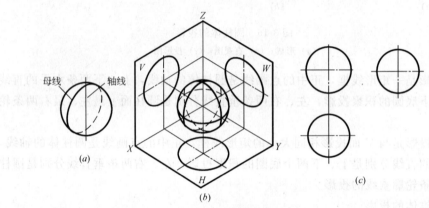

图 3-18 球体的投影
(a) 形成；(b) 直观图；(c) 投影图

4.2 组合体的投影

组合体是由若干个基本形体组合而成的立体。

4.2.1 组合体的组合形式

组合体按其组合的方式，一般分为：

（1）叠加式：由若干个基本体叠加而成的形体，如图 3-19（a）所示。

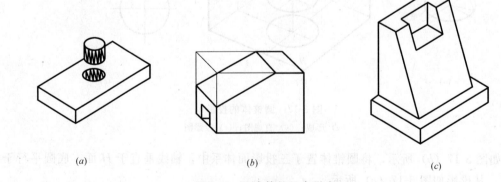

图 3-19 组合体的组合形式
(a) 叠加式；(b) 切割式；(c) 混合式

（2）切割式：指一个基本体被切割后形成的形体，如图 3-19（b）所示。

（3）混合式：既有叠加又有切割后形成的形体，如图 3-19（c）所示。

4.2.2　组合体投影的画法和步骤

现以图 3-20 所示组合体为例，说明其投影图的画法和步骤：

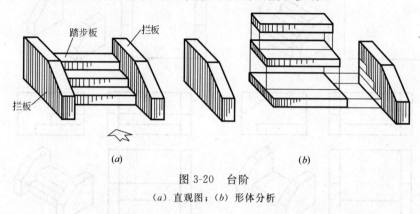

图 3-20　台阶
(a) 直观图；(b) 形体分析

（1）形体分析：把组合体分解成几个基本体，分析并确定它们的组合形式和相互的位置关系，再将基本体的投影图按其相对位置进行组合，这样就可以得到组合体的投影图。从图中看出，台阶是由三块四棱柱体的踏步板和两块五棱柱体的拦板叠加靠在一起的，三块踏步板按大小由下而上顺序叠加在一起，两块拦板紧靠在踏步板的左右两侧。

（2）确定组合体在投影体系中的安放位置：作图前，应先确定正面投影方向。一般正面投影最能反映构筑物的特征，并将主要面放置与投影面平行，使更多面的投影反映实形。如该图最好选箭头所指的方向为正面投影方向。

（3）确定组合体的投影数量：用几个投影图才能完整地表达组合体的形状，要根据组合体复杂程度来确定。该台阶要求画三面投影图。

（4）布置投影图的位置：画出各个投影图的基准线，如中心线、对称线、轴线等，如果形体不是对称的，应先根据总长、总宽、总高画出三个投影图的外形轮廓线，如图 3-21（a）所示。

（5）按形体分析的结果，分别画出各基本体的投影图。画台阶投影图时，先画两侧拦板，再画踏步板，踏步板自下而上逐一画出，如图 3-21（b）、（c）、（d）、（e）所示。

（6）检查、修改底图，并加深线型，如图 3-21（f）所示。

4.3　组合体投影图的读图方法

读图是根据正投影原理，通过对图样分析，想像出形体的空间形状。读图的方法有形体分析法和线面分析法。

4.3.1　形体分析法

形体分析法就是根据基本形体投影特性，在投影图上分析组合体各组成部分的形状和相对位置，然后综合起来想像出组合体的形状。

读图时，一般先从具有特征性的 V 面投影图入手，按长对正、宽相等、高平齐的投影规律，把投影图分解成几个部分，再把各部分的投影图联系起来思考，想像出各部分的内外形状。

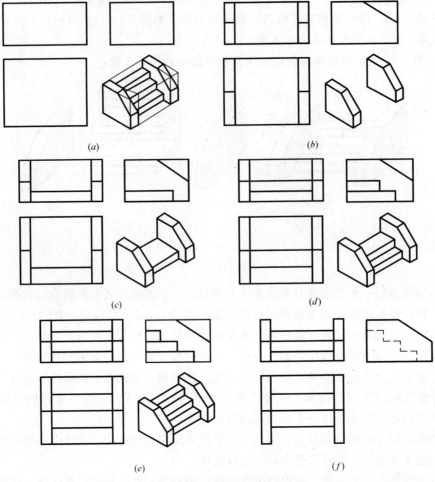

图 3-21 台阶投影图的作图步骤

图 3-22（a）所示为组合体的两面投影，从 V 面投影看出，形体分为上、下两部分。根据长对正，对应 H 面投影，其下部分为图 3-22（b）所示下部底板的两面投影，再根据这两面投影，想像出此体为四棱柱体被切掉右侧两个角。其上部分图 3-22（c）所示上部分的两面投影，为一个梯形底面的柱体。如图 3-22（d）所示，上、下叠加起来，就得到该组合体。

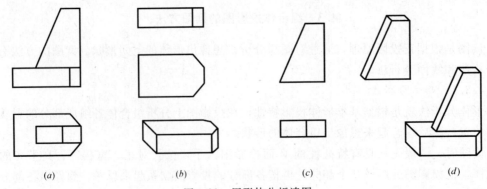

图 3-22 用形体分析读图

在一般情况下，根据一个投影图是不能正确判断组合体的空间形状。如图3-23所示，它们的V面投影形状和大小都一样，通过几个投影图分析后，得知长方体中部：(a)图是凸出的；(b)图是凹形的；(c)图则是空洞。

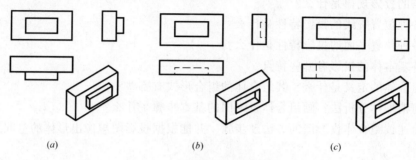

图 3-23　几个投影图对照读图

4.3.2　线面分析法

线面分析法是根据线、面的投影特性，把组合体投影图分解成若干个线、面，找出它们对应的投影。分析出它们的空间位置及相对位置，从而想像出组合体的空间形状。

线面分析法关键是要分析投影图中每一线段和每一线框所表示的内容。如图3-24所示的三个两面投影图，线段分析：ab表示一个面的积聚投影；cd表示平面与斜面的交线的投影；ef表示半圆柱与水平面交线的投影。线框分析：p线框表示水平面的投影；q线框表示斜面的投影；r线框表示半圆柱面的投影。

读较复杂的形体时，一般先用形体分析法看懂形体的形状，再用线面分析法分析局部某线、面的投影特征，这样才能更好地读懂组合体。

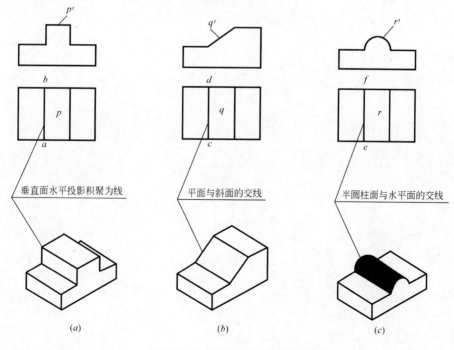

图 3-24　用线面分析法读图

复习思考题

1. 点的投影规律是什么？
2. 各种位置直线的投影特性是什么？
3. 各种位置平面的投影特性是什么？
4. 各基本体的投影有哪些特点？
5. 组合体的定义是什么？其组合体的组合形式有哪些？
6. 何谓形体分析法？画组合体投影图的基本步骤是什么？
7. 简述读组合体投影图的方法及步骤。并能根据投影图想像出形体的空间形状。

单元 4 剖面图和断面图

知 识 点：剖面图和断面图的形成及剖面图和断面图的各种图示方式。
教学目标：通过本单元学习，掌握采用剖面图和断面图表达形体的目的，剖面图和断面图的形成及图示方法，为阅读专业图打下基础。

课题 1 剖 面 图

1.1 剖面图的形成

如图 4-1（a）所示，假想用一个剖切平面将物体剖开，并移去剖切平面前面的部分，然后画出剖切平面后面部分的投影图，称为剖面图，如图 4-1（b）所示。

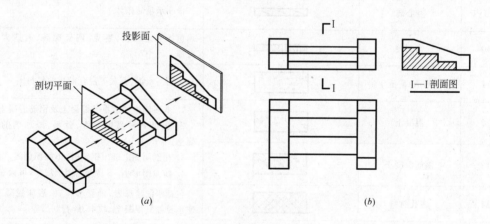

图 4-1 剖面图形成
（a）立体图；（b）剖面图表示法

剖面图中，剖切平面与物体接触部分的轮廓线用粗实线表示，并且画上平行等距 45°的细实线，称为剖面线，如果知道它的材料，也可画上材料图例，材料图例见表 4-1。剖切平面后面部分作投影时，可见的轮廓线画中粗实线，不可见的轮廓线不画。

剖面图本身不能反映剖切平面的位置，必须在其他投影图上标注出剖切符号，表示剖切物体的位置。剖面图的剖切符号由相互垂直的剖切位置线和剖视方向（投影方向）线组成，均用粗实线绘制，剖切位置线的长度一般为 6~10mm，剖视方向线的长度一般为 4~6mm，剖切符号的编号数字应注写在剖视方向线的端部。在剖面图下面标注与剖切符号的编号一致，以便对照读图。

常用建筑材料图例 表4-1

序号	名称	图例	备注
1	自然土壤		包括各种自然土壤
2	夯实土壤		
3	砂、灰土	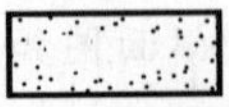	靠近轮廓线绘较密的点
4	砂砾石、碎砖三合土	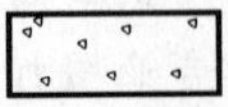	
5	石材		
6	毛石		
7	普通砖	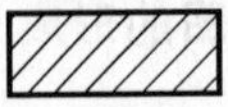	包括实心砖、多孔砖、砌块等砌体。断面较窄不易绘出图例线时,可涂红
8	耐火砖		包括耐酸砖等砌体
9	空心砖		指非承重砖砌体
10	饰面砖		包括铺地砖、马赛克、陶瓷锦砖、人造大理石等
11	焦渣、矿渣	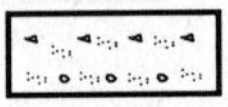	包括与水泥、石灰等混合而成的材料
12	混凝土	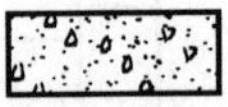	1. 本图例指能承重的混凝土及钢筋混凝土。 2. 包括各种强度等级、骨料、添加剂的混凝土。 3. 在剖面图上画出钢筋时,不画图例线。 4. 断面图形小,不易画出图例线时,可涂黑
13	钢筋混凝土	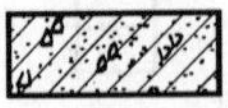	
14	多孔材料	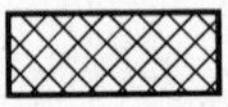	包括水泥珍珠岩、沥青珍珠岩、泡沫混凝土、非承重加气混凝土、软木、蛭石制品等
15	纤维材料	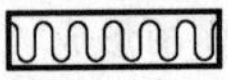	包括矿棉、岩棉、玻璃棉、麻丝、木丝板、纤维板等
16	泡沫塑料材料	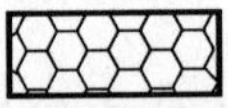	包括聚苯乙烯、聚乙烯、聚氨酯等多孔聚合物类材料
17	木材	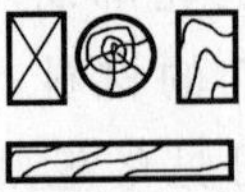	1. 上图为横断面,上左图为垫木、木砖或木龙骨。 2. 下图为纵断面
18	胶合板		应注明为X层胶合板

1.2 剖面图的剖切方法

为了使剖面图表达的形体更清楚,可以采用不同的剖切平面的形式。下面介绍一些常用剖面图的剖切方法。

1.2.1 全剖面图

用一个剖切平面完全地剖切形体后所画出的剖面图,称为全剖面图。图 4-2 所示 1-1 剖面图为全剖面图,把形体内部构造表达清楚了,再与水平投影图组合在一起,就能看清楚形体的内外形状。

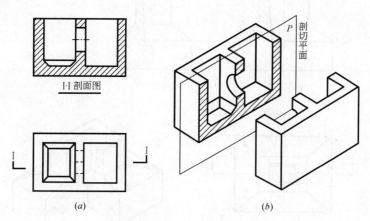

图 4-2 全剖面图
(a) 投影图;(b) 直观图

图 4-3 所示为重力式桥台的全剖面图。

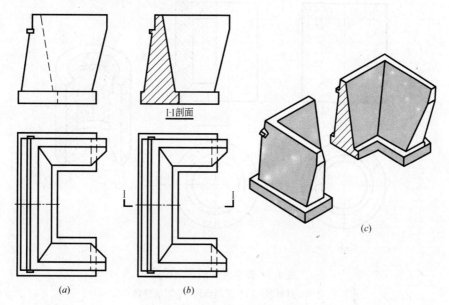

图 4-3 重力式桥台的全剖面图
(a) 投影图;(b) 全剖面图;(c) 立体图

全剖面图适用于形状不对称或外形简单内部结构比较复杂的形体。

1.2.2 半剖面图

当形体具有对称平面,且内、外形状都比较复杂时,就在对称平面垂直的投影面上的投影图,以对称线为界一半画外形图,一半画剖面图,这种剖面图称为半剖面图。

半外形图和半剖面图的分界线用细点画线表示,通常在半外形图中不画虚线,仅画外形。半剖面图一般画在分界线右边或下边。

图 4-4 所示为杯形基础的半剖面图。同时表示出形体的外部形状和内部构造。

图 4-5 所示为圆形沉井的半剖面图。

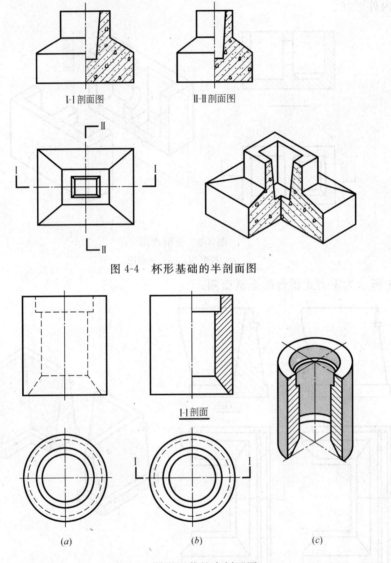

图 4-4 杯形基础的半剖面图

图 4-5 圆形沉井的半剖面图
(a) 投影图；(b) 半剖面图；(c) 立体图

1.2.3 阶梯剖面图

用两个或两个以上的平行剖切平面剖切形体后，所画出的剖面图，称为阶梯剖面图。如图 4-6 (a) 所示，形体有两个孔洞，但这两个孔洞不在同一平面上，如果仅作全剖面图，不能同时剖切到两个孔洞。因此采用阶梯剖面图，图 4-6 (b) 所示为剖面图，同时反映出两个孔洞。

注意画阶梯剖面图时，剖切平面是假想的，剖切平面转折处所产生的交线不画。

例题：读窨井的投影图

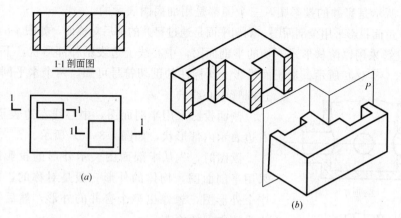

图 4-6 阶梯剖面图
(a) 投影图;(b) 直观图

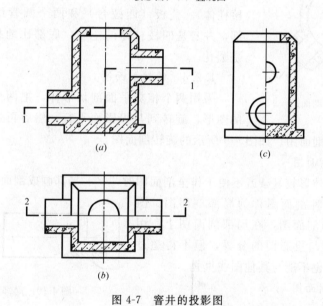

图 4-7 窨井的投影图
(a) 全剖面图;(b) 阶梯半剖面图;(c) 半剖面图

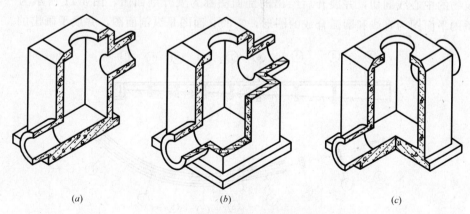

图 4-8 窨井各剖面图的剖切位置
(a) 全剖;(b) 阶梯半剖;(c) 半剖

图4-7所示是窨井的投影图,三个图都是用剖面图表示的。

分析：正面投影采用全剖面图,剖切平面是通过窨井的前后对称面,如图4-8（a）所示。

水平投影采用以阶梯形式剖切的半剖面图,中心线上边表示外部形状,下边表示内部形状,如图4-8（b）所示。从正面投影上所标注的剖切符号可知,两个水平剖切平面是通过圆管中心线的。

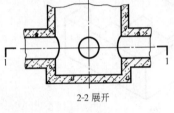

2-2 展开

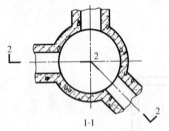

1-1

图4-9 旋转剖面图

侧面投影采用半剖面图,中心线左边表示外部形状,右边表示内部形状,如图4-8（c）所示。

读图时,先从半剖面图表示外形的投影图开始,因采用半剖面图,物体的外形一般是对称的,所以可根据半个外形图,想像出整个窨井的外形,然后再从剖面图中弄清内部的构造。

从图中可知,窨井是由底板（四棱柱体）、井身（四棱柱体）、盖板（四棱台）和两个圆管组成的。它的内部,井身是四棱柱体的空腔,底部比地板高,盖板中间是圆孔。

1.2.4 旋转剖面图

采用两个相交平面剖切形体,把两个平面剖切得到的图形,旋转到与投影面平行,然后再进行投影所得到的投影图,叫旋转剖面图。如图4-9所示的旋转剖面图。

1.2.5 局部剖面图

当一个形体的外形较复杂或不便于作全剖面图时,将一局部画成剖面图,其余部分仍画外形投影图,这种剖面图称为局部剖面图。图4-10所示为一局部剖面图,在局部剖面图上,用波浪线作为剖面图与投影图的分界,但不得超过投影图的轮廓线,也不能与其他图线重叠。

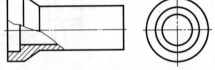

图4-10 局部剖面图

1.2.6 展开剖面图

剖切面是由曲面、平面组合而成的,它沿工程构筑物的中心线剖切,并展开后绘出的剖面图称为展开剖面图。图4-11所示为一弯道桥,桥的平面图为直线和圆弧合成的图形,它的立面图是纵剖面图,并展平画出的。

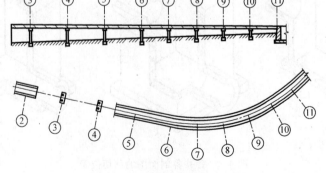

图4-11 弯桥的展开剖面图

课题2 断 面 图

2.1 断面图的形成

如图4-12（a）所示，假想用一个剖切平面将物体剖开，并移去剖切平面前的部分，只画出剖切平面切到部分的图形称为断面图，或称为截面图，如图4-12（b）所示。

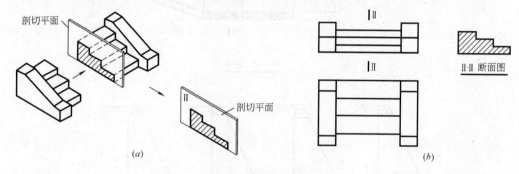

图4-12 断面图的形成
（a）立体图；（b）断面图表示法

断面图主要用来表示物体的断面形状。断面图的剖切符号只有剖切位置线，一般长度为8~10mm的粗实线，编号写在投影方向一侧，剖切符号编号与其图下方标注应一致。

2.2 断面图根据在投影图上的位置不同划分的三种画法

2.2.1 移出断面图

移出断面图就是把断面图画在投影图的外面。图4-13所示为一工字柱的移出断面图。

移出断面图一般画在投影图附近，以便对照阅读。根据需要，也可将比例放大画出。

图4-14所示为挡土墙的工程图。为了表示各个不同断面的形状，可在投影图中根据需要剖切在不同位置上，标出剖切平面的编号，在投影图外适当位置把断面图画出，并对应注上Ⅰ-Ⅰ、Ⅱ-Ⅱ等图名。本图中挡土墙的各个断面，均采用放大比例画出。

2.2.2 重合断面图

在不影响投影图清晰的情况下，断面图画在投影图内，这种断面图称为重合断面图。重合断面图的轮廓线用细实线，当投影图的轮廓线与断面图的轮廓线重叠时，投影图的轮廓线仍需完整地画出，不可间断，如图4-15（a）、（b）所示。

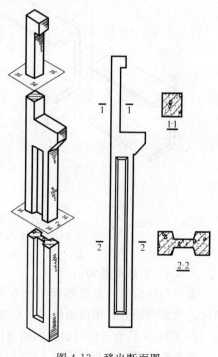

图4-13 移出断面图

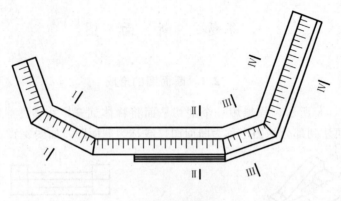

挡土墙工程图

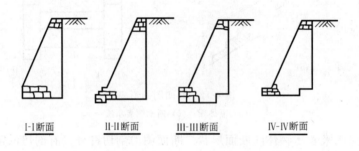

图 4-14 挡土墙的移出断面图

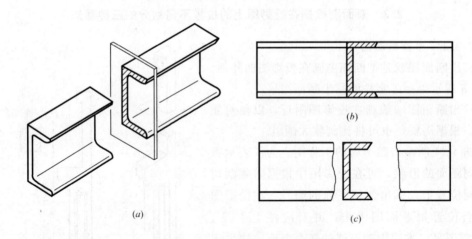

图 4-15 重合断面图和中断断面图
(a) 立体图；(b) 重合断面图；(c) 中断断面图

2.2.3 中断断面图

有些构件较长，就把断面图画在投影图的中断处，称为中断断面图，如图 4-15（c）所示。投影图断开处用波浪线或折断线。

图 4-16 所示为一角钢的中断断面图。

重合断面图和中断断面图不需任何标注。

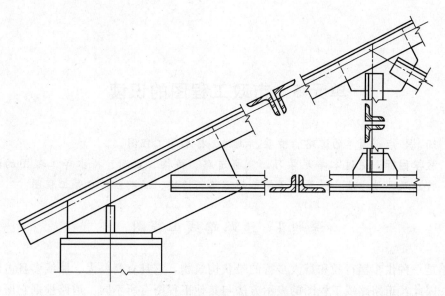

图 4-16　角钢的中断断面图

复习思考题

1. 什么是剖面图？它的标注方法是什么？
2. 剖面图的剖切方法有几种？
3. 什么是断面图？它的标注方法是什么？
4. 剖面图和断面图的主要区别是什么？

单元5　市政工程图的识读

知　识　点：简单的道路、桥梁、涵洞、排水等工程图。

教学目标：通过本单元学习，掌握道路、桥梁、涵洞、排水等工程图的组成、特点及阅读方法，并能看懂简单的道路、桥梁、涵洞、排水等工程图。

课题1　道路路线工程图

道路是一种供车辆行驶和行人步行的带状构筑物，它具有高差大、曲线多且占地狭长的特点。因此，道路路线工程图的表示方法与其他工程图有所不同。道路根据它所在的位置、功能特点及构造组成不同，可分为公路和城市道路两种。城市道路是位于城市范围以内的道路，公路是位于城市郊区及以外的道路。

道路路线的线型，是受地形、地物和地质条件的限制，在平面上是由直线和曲线组成，在纵面上是由平坡、上坡和下坡等组成。从整体上来看，道路路线是一条空间曲线。

道路路线工程图是由路线平面图、路线纵断面图、路线横断面图和构造详图组成。其图示特点是：从投影上看，路线平面图是在原地形图上画出的路线水平投影；路线纵断面图是用垂直剖切面沿道路中心线将路线剖开而画出的断面图；路线横断面图是垂直于道路中心线剖开而画出的断面图；道路路线的长度尺寸是以里程桩号表示；道路路线工程图采用缩小比例尺绘制的，为了在图中能清晰地反映出路线的变化情况，可采用不同的比例，道路路线工程图的比例较小，地物在图中一般采用统一图例表示。

1.1　城市道路路线工程图

城市道路主要由机动车道、非机动车道、人行道、绿化带、分隔带、交叉口及桥梁等各种交通设施所组成。城市道路路线工程图主要由道路平面图、道路纵断面图、横断面图和路面结构图等组成。

1.1.1　道路平面图

城市道路平面图是根据正投影的原理，将道路设计的平面结果绘制在原地形图上所得到的图样。主要是用来表示城市道路的方向、平面线型、道路的布置以及沿线两侧一定范围内的地形和地物情况的图样。以图5-1道路平面图为例，分析道路平面图的图示内容和阅读方法。

城市道路平面图分地形和路线两部分内容。

（1）地形部分

1）图名、说明：看图首先要看图名，然后再看图中必要的说明，了解到该图是道路平面图、采用的比例、尺寸的单位以及图例的说明。

2）比例：根据地形、地物情况的不同，采用不同的比例。城市道路平面图的比例一

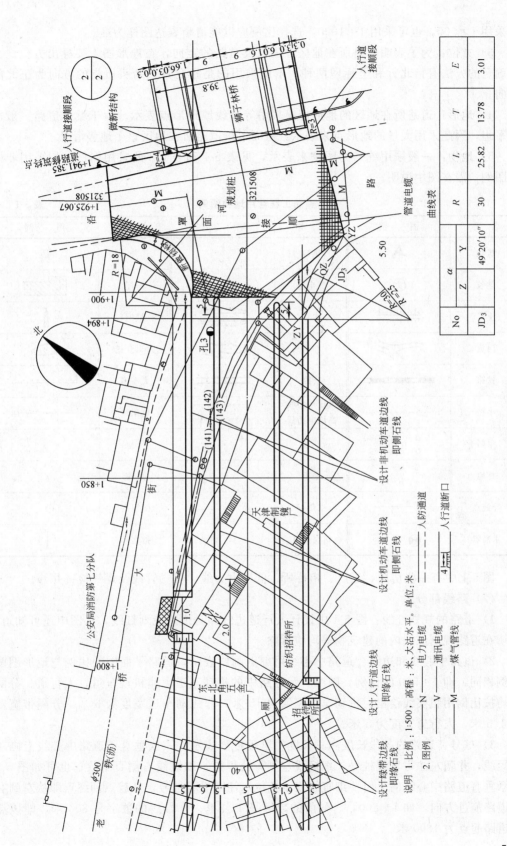

图 5-1 道路平面图

般采用1:500，也可采用1:1000，选择比例应以能清晰表达图样为准。

3）方位：为了表明道路所在地区方位以及道路的走向，在地形图上要标出方位。方位确定的方法有指北针和坐标网两种。本图采用的是指北针，箭头所指的方向为正北的方向。

4）地形：道路所在地区的地形情况采用等高线或地形点表示。由于城市道路一般比较平坦，因此采用大量的地形点来表示，从而了解道路所在地区整个地势情况。

5）地物：一般采用统一的图例来表示，见表5-1和表5-2的常用图例。如采用非标准图例，需在图中说明。

道路工程常用地物图例　　　　　　　　　　　　表5-1

名称	图例	名称	图例	名称	图例
机场		港口		井	
学校		变电室		房屋	
土堤		水渠		烟囱	
河流		冲沟		人工开挖	
铁路		公路		大车道	
小路		低压电力线 高压电力线		电讯线	
果园		旱地		草地	
林地		水田		菜地	
导线点		三角点		图根点	
水准点		切线交点		指北针	

图 5-1 中有一些房屋、工厂、招待所、低压电力线、煤气管线及煤气检查井等。

(2) 路线部分

1）道路的规划红线：图5-1中设计人行道边线即为道路规划红线，从图中还可知道，一切在道路规划红线内的建筑物等均应拆除。

2）道路中心线和边线：道路中心线用细点画线表示，道路平面图的比例与地形图的比例相同，即1:500的比例。图中所示道路中的机动车道、非机动车道、人行道、分隔带均按比例用粗实线绘出。机动车道宽度为15米，非机动车道宽度为6米，分隔带宽度为1.5米，人行道宽度为5米。

3）桩号：道路的各段长度和总长度用里程桩号表示。一般垂直于道路中心线上画一细短线，并朝左注写里程桩号，细短线左侧为公里数、细短线右侧百米数；也可如图5-1所示垂直道路中心线向上引一细直线表示桩位，注写里程桩号。从起点到终点即从左到右为道路前进方向，如1+800，+号前的数字是1公里；+号后的数字是800米，即该点距道路起点为1800米。

道路工程常用结构物图例　　　　　　　　　　　　　　　　　表 5-2

序号	名称	图例	序号	名称	图例
1	涵洞	─>──< ─	6	通道	
2	桥梁（大、中桥按实际长度绘制）		7	分离式交交 (a)主线上跨； (b)主线下穿	(a) (b)
3	隧道	─)─ ─ ─(─	8	互通式立交（采用形式）	
4	养护机构	⌐	9	管理机构	⌐
5	隔离墩	■■■■■	10	防护栏	▲▲▲▲

4）路线定位：根据指北针，确定该道路的走向为由西南到东北。

5）平曲线：当车辆从直线段进入弯道时，保证车辆行驶安全，在道路路线转弯处设置平曲线。在直线段与圆曲线之间插入一段缓和曲线的称为缓和曲线，如图 5-2 所示为一缓和曲线。在平面图中是沿前进方向，按顺序将路线的转点进行编号的。即图中 JD1 表示为第一个路线转点。α 角为偏转角，它是沿路线前进方向向左或向右偏转的角度。R 为圆曲线的半径，T 为切线长，E 为外矢距。曲线控制点有：ZH 为直缓交点，也为曲线的起点，HY 为缓圆交点，QZ 为曲线的中点，YH 为圆缓交点，HZ 为缓直交点，也为曲线的终点。如果是圆曲线时，控制点为：ZY、QZ、YZ。

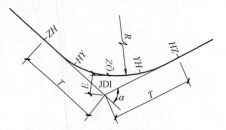

图 5-2　缓和曲线要素

图中在转弯处设置的是圆曲线，即 JD1，其有关参数见图 5-1 中曲线表。

1.1.2　道路纵断面图

道路纵断面图是通过道路中心线用假想的铅垂面进行剖切展开后所得到的断面图。由于道路中心线是直线和曲线所组成，因此剖切面既有平面又有曲面。道路纵断面图主要表达道路中心线沿纵向设计高程变化以及地面起伏、地质变化和沿线设置构筑物的概况。以图 5-3 道路纵断面图为例，分析道路纵断面图的图示内容和阅读。

城市道路纵断面图分图样和资料表两部分内容：

（1）图样部分

1）比例：图样中水平方向表示里程，垂直方向表示高程。由于路线纵向高度变化比长度小的多，图中为了能显示出路线垂直方向起伏变化，一般规定垂直方向的比例比水平方向的比例放大十倍。如水平方向采用 1∶1000，则垂直方向采用 1∶100。本图垂直方向的比例放大了二十倍。水平方向采用 1∶1000，垂直方向采用 1∶50。为了便于读图，一般在纵断面图的左侧按竖向比例画上高程尺。

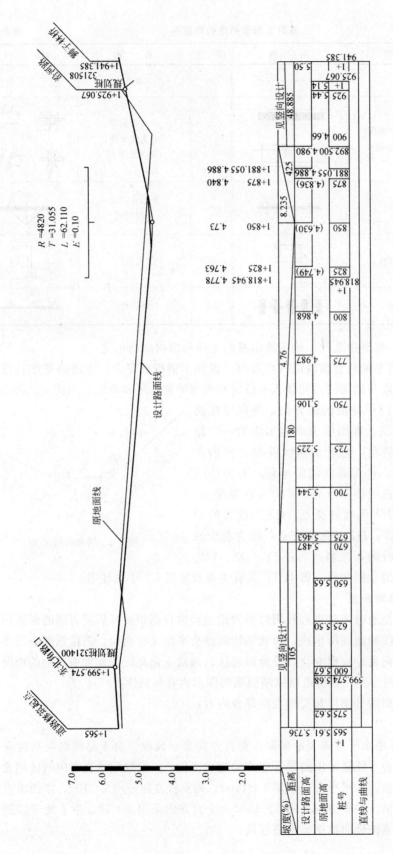

图 5-3 道路纵断面图（竖 1∶50，横 1∶1000）

2) 地面线：图中不规则的细折线为设计中心线处的纵向地面线，它是根据一系列中心桩的地面高程连接而成的。对照左侧高程尺，可知道每一桩号处的地面标高。

3) 设计高程线：图中规则的直线和曲线组成的粗实线是路面中心线处的设计高程线。它与地面线结合，可了解道路的填挖情况。

4) 竖曲线：在纵断面图上，按车辆前进方向分上坡和下坡，当道路纵向坡度发生变化处称为变坡点或转坡点。当设计高程线纵向坡度变更处的相邻坡度之差的绝对值超过一定数值时，为了便于车辆行驶，在变坡处需设置圆形竖曲线。竖曲线分凹形竖曲线和凸形竖曲线，在设计高程线上方用"⌎─⌏"符号表示凹形竖曲线，用"⌐─⌐"符号表示凸形竖曲线，符号中部的竖线应对准变坡点，符号的水平线两端应对准竖曲线的起点和终点。并在符号处注明竖曲线的半径 R、切线长 T、曲线长 L、外矢距 E。本图中在桩号为 1+850 处设一凹形竖曲线，其 $R=4820$m、$T=31.055$m、$L=62.110$m、$E=0.10$m。

5) 构筑物：当路线有桥梁、涵洞、立交桥、道路交叉口等构筑物时，应在相应的设计高程线上方，构筑物的中心位置引出线标出构筑物的桩号、名称等。本图在桩号为 1+599.574 处有东北角路口和桩号为 1+925.067 处有沿河路。

6) 水准点：沿线设置的水准点，按其所在里程注在设计高程线的上方，并注明编号及高程和相对路线的位置。

(2) 资料表部分

道路路线纵断面图的资料表设置在图样下方与图样对应，格式有多种，视具体道路路线情况而定。资料表主要包括以下内容：

1) 地质情况：道路路段土质变化情况，注明各段土质名称及土的主要性质。

2) 坡度、坡长：是指设计高程线的纵向坡度和其水平距离。表格中的对角线表示坡度方向，左下至右上表示上坡；左上至右下表示下坡，坡度和距离分别标注在对角线的上下两侧。本图 $\underset{180}{\diagdown^{4.76}}$ 表示此段路线是下坡，坡度为 4.76‰，坡长是 180m。

3) 设计高程：注明各里程桩的路面中心设计高程，单位为米。

4) 原地面标高：根据测量结果填写各里程桩处路面中心的原地面标高，单位为米。各对应的设计路面标高与原地面标高之差的绝对值就是填方或挖方的高度值。

5) 里程桩号：按比例从左向右标注桩号，并标注在相应的位置。

6) 直线与曲线：表示该路段的平面线型，通常画出道路中心线示意图。如"────"表示直线段；"⌐┘"表示右偏转的平曲线；"┘⌐"表示左偏转的平曲线，再注上平曲线的几何要素。综合纵断面图，从而想像出路线的空间形状。

1.1.3 道路横断面图

道路横断面图是垂直于道路中心线剖开所得到的断面图，图中主要表示车行道、人行道、绿化带、分隔带的横向布置及路面横向坡度的情况。

(1) 道路横断面的基本形式

根据机动车道和非机动车道不同的布置形式，道路横断面的布置有以下四种基本形式：

1) 单幅路：也称"一块板"，把所有车辆都组织在同一车行道上行驶，但规定机动车在中间，非机动车在两侧，如图 5-4 (a) 所示。

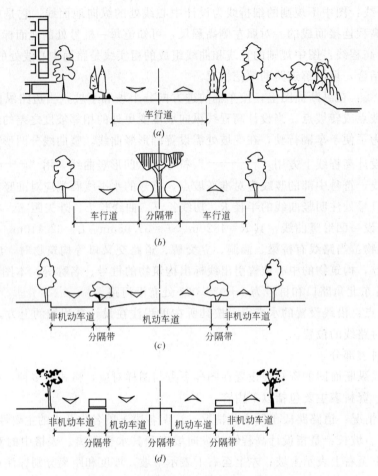

图 5-4 道路横断面布置的基本形式
(a) 单幅路；(b) 双幅路；(c) 三幅路；(d) 四幅路

2）双幅路：也称"两块板"，用一条分隔带或分隔墩从道路中央分开，使往返交通分离，但同向交通仍在一起混合行驶，如图 5-4（b）所示。

3）三幅路：也称"三块板"，用两条分隔带或分隔墩把机动车和非机动车交通分离，把车行道分隔为三块，中间为双向行驶的机动车道，两侧为方向彼此相反的单向行驶的非机动车道，如图 5-4（c）所示。

4）四幅路：也称"四块板"，在三幅路的基础上增设一条中央分隔带，使双向行驶的机动车分离行驶，如图 5-4（d）所示。

（2）道路横断面图

道路横断面图的设计结果用标准横断面设计图表示，就是在图中绘出道路用地宽度、车行道、绿地、照明、新建或改建的地下管道等各组成的位置和宽度。图 5-5 所示为城市道路横断面图中，主要表示车行道、人行道及分隔带等各组成部分的构造和相互关系。其主要图示内容如下：

1）比例：一般采用 1∶100～1∶200 的比例尺，本图采用 1∶200。

2）道路中心线用细点画线表示，机动车道、非机动车道、人行道用粗实线表示，分

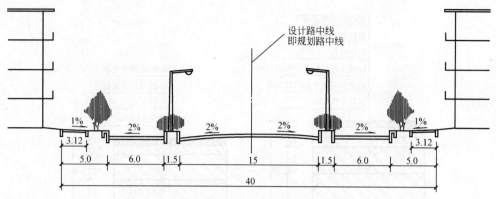

图 5-5 城市道路横断面图

隔带用中粗实线表示。

3）由于比例较小，路面的结构也是示意性表示出来。机动车道、非机动车道、人行道上标出了横向排水坡度和流水方向，如图5-5所示。

4）用图例表示分隔带上的树木、路灯以及路两侧的房屋建筑等。

5）标注各部分的尺寸，单位为米。本图中机动车道宽15m，非机动车道宽6m，人行道宽3.12m，道路总宽为40m。道路横断面是三幅路断面形式。

6）道路下面的地下设施，如地下电缆、污水管、煤气管等用图例表示，并用文字加以说明。

（3）路拱大样图

路拱是路面横断面的两端与中间形成一定坡度的拱起形状。一般车行道路拱的形状多采用双向坡面，由路中央向两边倾斜形成。路拱曲线所采用基本形式：抛物线形、直线接抛物线形和折线形三种。路拱采用什么曲线形式，应在图中予以说明。现以抛物线型的路拱为例，说明路拱大样图的图示内容，如图5-6所示。

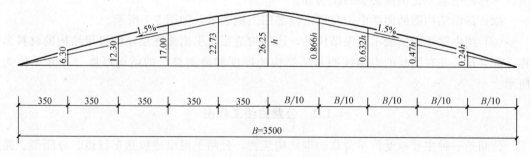

图 5-6 路拱大样示意图

抛物线型的路拱是以大样的形式绘出，并在图中标出其纵、横坐标，每段的横坡度和平均横坡度，以供施工放样使用。

1.1.4 道路路面结构图

在道路横断面图中，由于比例较小，路面结构没有表示清楚，因此用道路路面结构图来表示路面的结构。

路面结构形式分为两大类，即：柔性路面和刚性路面。在这里只讲柔性路面的路面结构图，如图5-7所示，其图示内容如下：

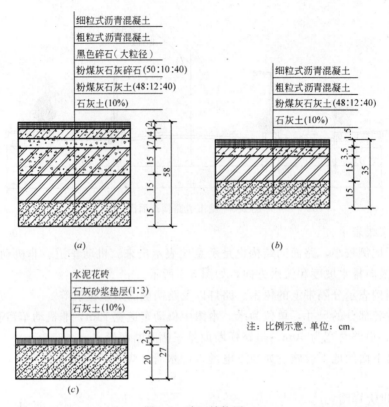

图 5-7 路面结构图

(a) 机动车道路面结构图；(b) 非机动车道路面结构图；(c) 人行道路面结构图

（1）沥青类路面属于柔性路面，有多层结构组成的。在同一车行道的结构层沿宽度一般无变化，不同车道结构一般也不相同，因此，不同车道结构不同时可分别绘制路面结构图。并标注图名、比例及必要的说明等。

（2）路面结构图的图样中，每层结构都用图例表示，如图 5-7 所示。

（3）图中除用图例表示每层结构外，还用构造层次引出线逐层注明每层结构的材料名称、配合比，并在图样的右侧注明每层结构的厚度和路面整个的结构厚度，尺寸单位为厘米。

1.2 公路路线工程图

公路是一种主要承受汽车荷载的带状构筑物，公路平面组成包括车行道、分隔带、路肩、边坡和边沟等。公路路线工程图主要由路线平面图、路线纵断面图、路基横断面图等组成。

1.2.1 路线平面图

路线平面图主要表达了路线的走向、平面线型（直线和曲线）以及沿线两侧一定范围内地形、地物的情况。以图 5-8 所示从 K0＋000 至 K1＋700 段的公路路线平面图为例，分析公路路线平面图的图示内容和读图方法：路线平面图的内容包括地形和路线两部分。

（1）地形部分

1）比例：根据地形起伏情况的不同，采用不同的比例。一般在山岭地区采用

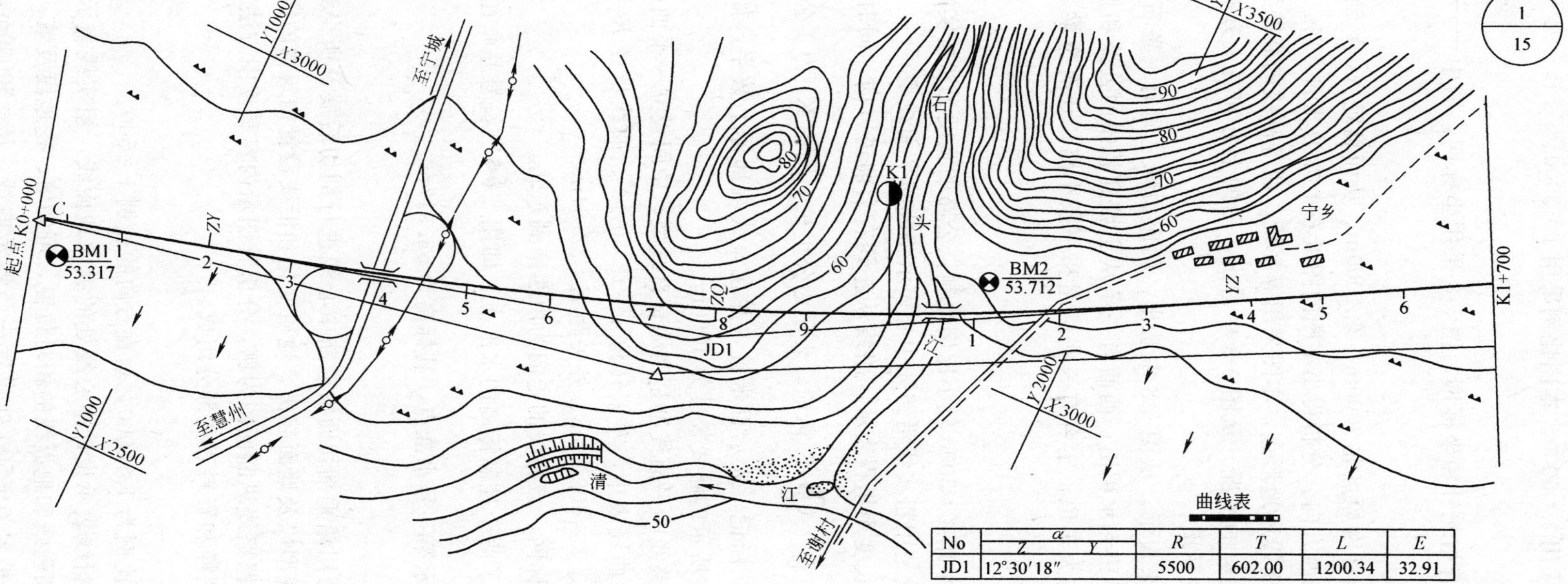

图 5-8 公路路线平面图

No	α	R	T	L	E
JD1	12°30′18″	5500	602.00	1200.34	32.91

1:2000；丘陵和平原地区采用1:5000。本图比例采用1:5000。

2) 方位：方位的确定有指北针和坐标网。图5-8采用坐标网，图中 $\dfrac{Y2000}{}\Big|\, X3000$ 表示

两垂直线的交点坐标为距坐标网原点北3000m、东2000m。从而确定 X、Y 轴，X 轴方向为南北方向，Y 轴方向为东西方向。分析得出本图的图纸右上方为北的方向。

3) 地形：一般采用等高线和地形点，本图采用等高线。两等高线的高差为2m，可根据等高线的疏密程度判断地势的情况。从图5-8中看出：图的上方和右上方有两座山峰，西面、南面和东南面地势较平坦。

4) 地物：常采用图例来表示。从图5-8中看出：两座山峰之间有一条石头江由北向南流入清江；分别有两片旱田和水稻田；西面有一条从宁城到慧州的公路和低压电力线；东面有一条从宁乡到谢村的大车道；宁乡有一些房屋和一条小路；还有桥梁、立体交叉、堤坝及沙滩等。

(2) 路线部分

1) 由于路线平面图所采用1:5000较小比例绘制，公路的宽度无法按实际尺寸画出，因此在路线平面图中，路线是用粗实线沿路线中心表示路线的平面线型。

2) 里程桩号：路线的长度用里程表示，路线从左到右为前进方向，同时里程桩号从左到右为递增。路线左侧设有"⦶"标记，表示为公里桩，图中K1为1公里。路线右侧及公里桩之间设有"｜"标记，表示百米桩，并在短线端部标上数字，如标2为200米。根据里程桩号，其图中所示的路线长度为1700m。

3) 平曲线：图中所示路线的平面线型是两端是直线型，中间设立一平曲线，即JD1，其有关参数在图5-8右下角曲线表中，左偏转角 $\alpha=12°30'18''$、曲线半径 $R=5500$m、曲线长 $L=1200.34$m、切线长 $T=602.00$m、外矢距 $E=32.91$m。

4) 路线定位：根据坐标网，该路线的走向为由西南到东北。

5) 水准点：图中标出了两个控制标高的水准点，即用"⊗"符号并画在水准点所在位置上，如：$\otimes\dfrac{BM_1}{53.317}$ 表示第一号水准点，其标高为53.317m。

1.2.2 路线纵断面图

路线纵断面图也是假想用铅垂剖切面沿道路中心线进行剖切后展开所得到的断面图。主要表达了路线中心纵向线型以及地面起伏、地质变化和沿线设置构筑物的概况。现以图5-9与路线平面图对应的公路路线纵断面图为例，分析其图示内容和读图方法。

同样路线纵断面图由图样和资料表两部分组成。

(1) 图样部分

1) 比例：水平方向的比例为1:5000，垂直方向的比例1:500。

2) 图样中不规则的细折线表示设计中心线处的纵向地面线，粗实线表示路线中心处的设计高程线。比较设计高程线和地面线的相对位置，可知填、挖地段及填、挖高度。

3) 竖曲线：图样中在桩号0+500处设置一凸形竖曲线，$R=30000$m，$T=225$m，

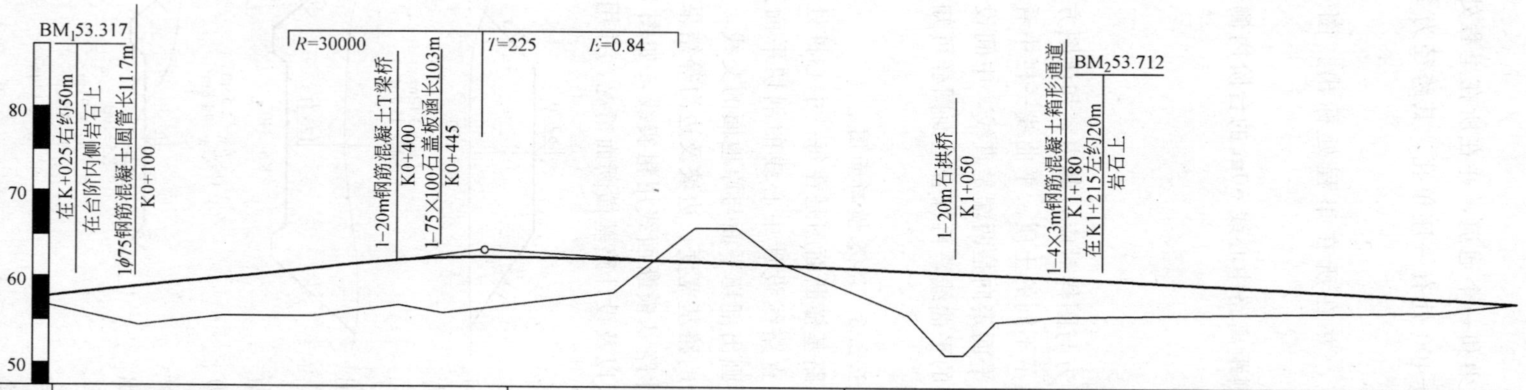

图 5-9 公路路线纵断面图

$E=0.84m$。

4）构筑物：图样中沿线有两个涵洞、两个桥梁和一个通道，并在所在里程处标出。图5-9中：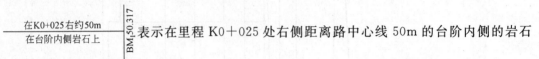表示在里程为K0+400处有一座单孔，其跨径为20m的钢筋混凝土T形梁桥。

5）水准点：图样中沿线还有两个水准点，并在所在里程处标出。图5-9中

表示在里程K0+025处右侧距离路中心线50m的台阶内侧的岩石上有第一号水准点，其高程为53.317m。

(2) 资料表部分

公路路线纵断面图的资料表同样设置在图样下方与图样对应，其内容和读图方法同城市道路纵断面图基本相同。其中地质情况一栏标出了不同的土质。平曲线一栏中看出：该路线平面走向是两端是直线，中间设置一左转弯的平曲线，再综合上面图样可知其空间走向。

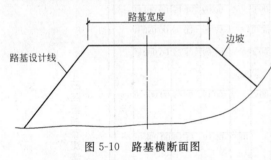

图5-10 路基横断面图

1.2.3 路基横断面图

路基横断面图是在每一中心桩处假想用一垂直路线设计中心线的剖切平面进行剖切，画出剖切平面与原地面的交线，再根据设计的路基宽度、边坡及边沟等结果画出的设计路基横断面线。其中原地面线用细实线，设计路基横断面线用粗实线，如图5-10所示。路基横断面图表达了各中心桩处横向地面起伏以及设计路基横断面情况，并用来计算公路的土石方量作为路基施工的依据。

路基横断面图的基本形式有三种。

(1) 填方路基：也称路堤，如图5-11（a）所示，整个路基全在填方区称为填方路基。在图下方注有该断面的里程桩号、中心线处的填方高度 h_T(m) 以及该断面的填方面积 A_T(m^2)，在图上注出路基中心标高和边坡的坡度。

(2) 挖方路基：也称路堑，如图5-11（b）所示，整个路基全在挖方区称为挖方路基。在图下方注有该断面的里程桩号、中心线处的挖方高度 h_W(m) 以及该断面的挖方面积 A_W(m^2)，在图上注出路基中心标高和边坡的坡度。

(3) 半填半挖路基：如图5-11（c）所示，路基横断面一部分为填方区，一部分为挖方区，是前两种路基的综合。在图下方注有该断面的里程桩号、中心线处的填（或挖）方高度 h(m) 以及该断

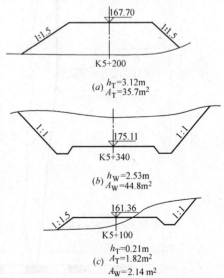

图5-11 路基横断面图的基本形式
（a）填方路基；（b）挖方路基；（c）半填半挖路基

面的填方面积 $A_T(m^2)$ 和挖方面积 $A_W(m^2)$，在图上注出路基中心标高和边坡的坡度。

在图样中应绘出百米桩处的横断面图，有时还根据需要在中间增加一些断面图。路基横断面图在图纸中应沿桩号从下向上、从左向右顺序排列，如图5-12所示。

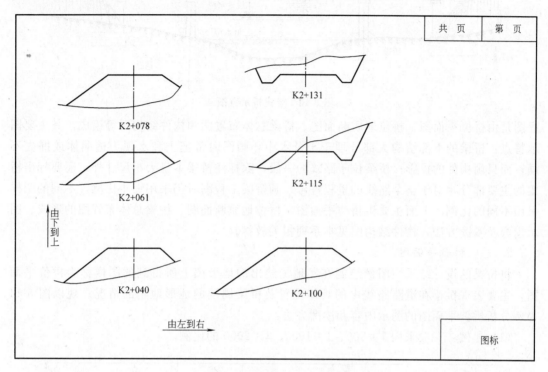

图5-12 路基横断面图排列示意

课题2 桥涵工程图

当道路路线跨越河流、小溪、山谷或与其他路线立体交叉时，需要修筑桥梁或涵洞与道路连成一体，以保证车辆的正常行驶、水流的宣泄及船只的通航。

涵洞与桥梁的主要区别在于跨径的大小，根据《公路工程技术标准》规定，凡单孔跨径小于5m以及圆管涵、箱涵不论管径或跨径大小、孔数多少，均称涵洞。

2.1 桥梁工程图

桥梁的结构形式很多，常见到的有梁桥、拱桥、刚架桥、吊桥和组合体系桥等，采用的建筑材料有钢材、木材、钢筋混凝土、圬工（砖、石、混凝土）等多种材料。

如图5-13所示，桥梁是由上部结构、下部结构和附属结构组成。

上部结构：也称桥跨结构，是路线跨越障碍的主要承重构件，其中包括承重结构和桥面系。

下部结构：是支承桥跨结构的构筑物，包括桥墩和桥台。

附属结构：包括锥形护坡、护岸、导流结构物等。

无论桥梁的形式和使用的材料有何不同，但桥梁工程图的图示方法基本相同。桥梁工

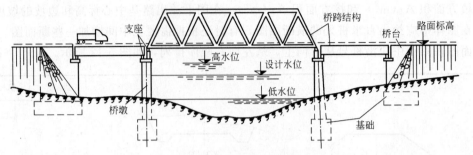

图 5-13 梁式桥示意图

程图是由桥位平面图、桥位地质断面图、桥梁总体布置图和构件结构图等组成。其主要图示特点：桥梁的下部结构大部分埋于土及水中，画图时常把土和水视为透明体或揭去不画，而只画构件的投影；桥梁位于路线的一段，除标注桥梁本身大小尺寸外，还要标出桥梁的主要部分相对于整个路线的里程桩号；画桥梁工程图时仍采用缩小比例，不同的图样采用不同的比例。下面主要讲桥位平面图、桥位地质断面图、桥梁总体布置图的形成、图示内容及阅读方法，构件结构图见本系列相关教材。

2.1.1 桥位平面图

将桥梁的设计结果用图例绘制在实地测绘出的地形图上所得到的图样称为桥位平面图，主要表现桥梁在道路路线中的具体位置及桥梁周围的地形地物的情况。现以图 5-14 为例分析桥位平面图的图示内容和读图方法：

(1) 比例：一般采用 1:500、1:1000、1:2000 的比例。

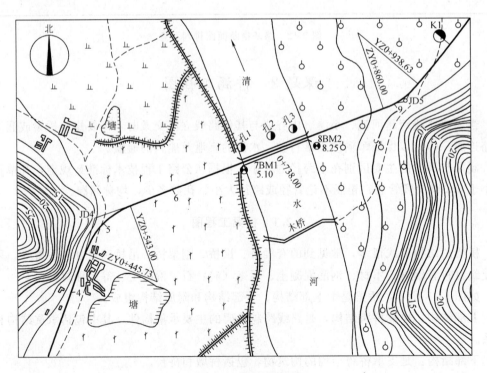

图 5-14 桥位平面图

(2) 方位：本图采用指北针表示，该图纸的上方为正北的方向。

(3) 地形：本图采用等高线表示，桥梁所在地区的西边和东边各有一山峰，中部地势较平坦。

(4) 地物：通过图例了解到桥周围有：一条自南向北流淌的清水河，河上有一木桥，河的西侧有堤坝，河的两侧有一片旱田、一片水稻田和一片果园，还有两片房屋、两个池塘和几条小路。

(5) 路线：从图中看出：有一条自西南向东北的道路，有 JD4、JD5 两个转折点，在路线上标有公里桩和百米桩。当道路通过清水河时，设立了这座桥梁，用图例表示的这座桥梁。从而了解桥梁的位置及与道路连接的情况。

(6) 水准点及钻孔：图中还有两个水准点 BM1、BM2，以及所在的位置、编号和高程；三个钻探孔的位置、编号。

2.1.2 桥位地质断面图

桥位地质断面图是根据水文调查和实地钻探所得到的水文地质资料绘制的，表明桥梁所在河床位置的水文地质断面情况的图样。以图 5-15 所示的桥位地质断面图为例分析其图示内容：

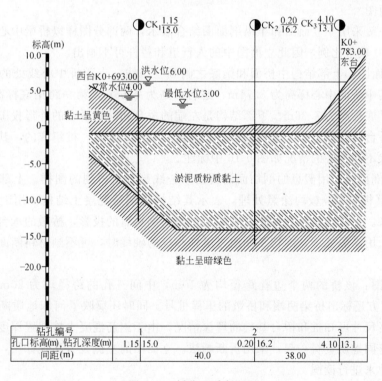

图 5-15 桥位地质断面图

(1) 比例：水平方向表示长度，竖直方向表示标高。为了显示地质及河床深度变化情况，标高方向的比例比水平方向的比例放大数倍。本图水平方向的比例为 1∶500，标高方向的比例为 1∶200。

(2) 图样部分：标出河床三条水位线的位置及标高，即洪水位（6.00m）、常水位（4.00m）、最低水位（3.00m）；河床线下面有三个不同的土层，不仅用粗实线和图例分清不同的土层，而且还注明土质名称，即黏土呈黄色、淤泥质粉质黏土、黏土呈暗绿色；

三个钻探孔的编号、具体位置、钻探深度，即 CK1 $\frac{1.15}{15.0}$ 表示第一个钻探孔，其孔口标高为 1.15m，钻孔深度为 15.0m；标示出河床两岸控制点西台和东台的桩号、位置；同时在图的左侧用 1∶200 的比例画上高程标尺，与右侧图相互对应。

（3）图样下方相应位置注明相关数据，一般标注项目有钻孔编号、孔口标高、钻孔深度、钻孔之间的距离。

2.1.3 桥梁总体布置图

桥梁总体布置图主要表明桥梁的形式、跨径、孔数、总体尺寸，各主要构件的相互位置关系，桥梁各部分的标高、使用材料及总的技术说明等。同时作为施工时确定墩台位置、安装构件和控制标高的依据。

桥梁总体布置图是由立面图、平面图和侧剖面图组成，以图 5-16 所示桥梁总体布置图为例分析其图示内容和读图方法：

该桥为一总长为 90m 的 5 跨钢筋混凝土 T 型梁桥，本图尺寸单位为厘米，标高单位为米。立面图和平面图的比例均采用 1∶200，侧剖面图则采用 1∶100。

（1）立面图

立面图一般采用半立面图和半纵剖面图结合表示，两部分图样以桥梁中心线分界。由于采用 1∶200 较小比例，因此立面图中的人行道和栏杆可不画出。

1) 半立面图：上部结构中桥面和梁底之间画三条线，表示桥中心线处的桥面的厚度和梁的高，其中桥面中心标高为 8.71m、路肩标高为 8.66m，第一跨梁底标高为 7.76m，第二、三跨梁底标高为 7.36m。下部结构是左端的桥台和两根桥墩的外形投影，第一跨梁的左端搭在桥台的台帽上，桥墩自上而下有盖梁、墩柱、承台、桩组成的，其中两根桥墩的盖梁的形状不同、桩的情况如图 5-16 中标注。

2) 半纵剖面图：用假想的剖切面沿桥面中心线剖开所得到的图样。上部结构把剖到的 T 形梁的翼板和横隔板均涂黑处理，表示其结构为钢筋混凝土结构，用剖面线把桥面厚度表示出来。下部结构是右端桥台和两根桥墩的剖切后的投影，桥墩的承台、盖梁、系钢筋混凝土，用涂黑处理，剖切平面通过墩柱和桩的轴线时，可不画材料断面图例，只画外形投影。

3) 立面图：该桥的两个边孔跨径均为 10m，中间三孔的跨径均为 20m，全桥总长 90m。图的上方还标出桥梁两端和桥墩的里程桩号。同时还反映了河床地质断面及水文情况，根据标高尺寸可知桩和桥台基础的埋深情况，由于钢筋混凝土桩埋置深度较大，为了节省图幅，连同地质资料一起，采用折断画法。立面图的左侧设有高程标尺，以便对照各部分标高尺寸来进行读图。

（2）平面图

平面图一般采用半平面图和半墩台桩柱平面图结合表示。半墩台桩柱平面图是根据不同图示内容的需要进行正投影得到的图样，读图时对照立面图进行的。

1) 半平面图部分：从 0+693.00 至 0+728.00 桩号，图示出桥面的构造情况，如桥面中心线、车行道、人行道、栏杆、道路边线、桥台两侧的锥形护坡、变形缝及各部分尺寸等。

2) 从 0+728.00 桩号右面部分，是把上部结构揭去之后所得到的水平投影。图示出

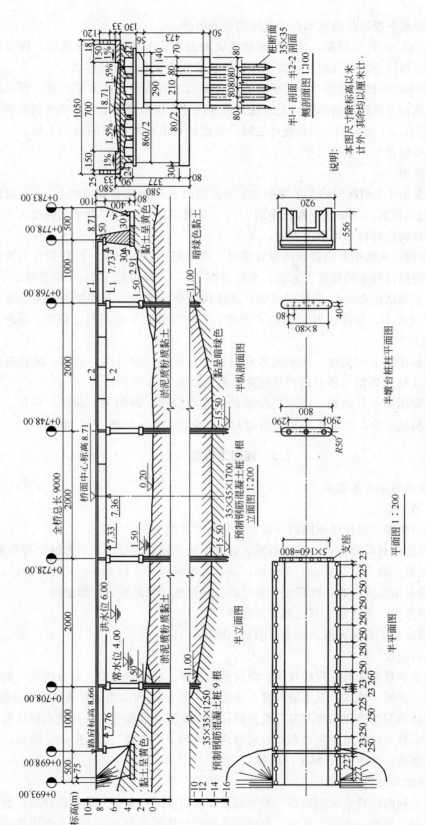

图 5-16 桥梁总体布置图

半个桥墩的盖梁水平投影的形状和六个支座的布置情况。

3）从0+748.00桩号周围，是把桥墩的盖梁揭去之后所得到的水平投影。图示出桥墩是由三根空心圆柱所组成及相互位置尺寸、桥墩承台的水平投影的形状。

4）从0+768.00桩号周围，是把桥墩的承台揭去之后所得到的水平投影。图示出桥墩的九根桩在承台下面的平面布置情况及相互位置尺寸，用虚线表示承台的平面投影。

5）从0+778.00至0+783.00桩号之间，是把桥台上面及周围的回填土揭去，只画出桥台的水平投影及长、宽的尺寸。

(3) 横剖面图

横剖面图是由1-1剖面图的左半部和2-2剖面图的右半部结合而成的，1-1剖面图和2-2剖面图的剖切位置，可根据立面图中的1-1、2-2剖切符号知道。由于比例放大了，因此钢筋混凝土结构的材料可用图例表示。

1）上部结构：从图中看出桥面的布置情况，即车行道、人行道、栏杆的位置及路面的铺设和路面的横向排水的坡度、方向。车行道宽7m，人行道宽1.5m，桥总宽10.5m。还可看出桥的上部结构有六片T形梁组成，其结构为钢筋混凝土并用图例表示。左半部分的T形梁尺寸较小，是跨径为10m的T形梁；右半部分的T形梁尺寸较大，是跨径为20m的T形梁。

2）1-1剖面图的下部结构：图示出桥台的侧立面投影，即台帽、前墙、桥台基础的形状和尺寸，以及T形梁与桥台的相互位置关系，如图5-16所示。

3）1-1剖面图的下部结构：图示出桥墩的侧立面投影，即帽梁、墩柱、承台、桩的形状、尺寸和相互位置，以及T形梁与桥墩的相互位置关系，如图5-16所示。

2.2 涵洞工程图

2.2.1 涵洞的分类和组成

(1) 涵洞的分类

涵洞的种类很多，可按照不同的分类方式分为多种类型。

1）按洞身使用材料分为：砖涵、石涵、混凝土涵、钢筋混凝土涵、木涵、陶管涵等；
2）按构造形式分为：圆管涵、盖板涵、拱涵、箱涵等，工程上多用此类分法；
3）按洞身断面形式分为：圆形涵、卵形涵、拱形涵、梯形涵、矩形涵等；
4）按孔数分为：单孔涵、双孔涵、多孔涵；
5）按涵洞洞身上部有无覆土分为：明涵、暗涵。

(2) 涵洞的组成

涵洞是宣泄少量流水的工程构筑物。涵洞是由洞口、洞身和基础三部分组成，洞口包括端墙或翼墙、护坡、墙基、截水墙和缘石等部分。图5-17所示为圆管涵洞构造分解图。

洞口是保证涵洞基础和两侧路基免受冲刷，使水流顺畅的构造。一般进水洞口和出水洞口均采用同一形式，常用的洞口形式有端墙式，也叫"一字墙"（如图5-17所示）和翼墙式，也叫八字墙（如图5-18所示）两种。

2.2.2 涵洞工程图

一般涵洞工程图包括半纵剖面图、半平面图、洞口立面图和必要的构造详图。涵洞的形状也是狭长的，以水流方向为纵向，立面图采用全剖面图的形式。为使平面图表达更清

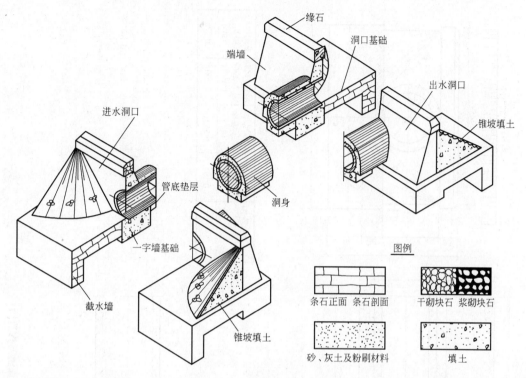

图 5-17 圆管涵洞构造分解图

楚，一般画图时不考虑洞顶覆土，又因为进出水洞口形式一般情况下相同，所以立面图和平面图只画一半，称为半纵剖面图和半平面图。侧面图是表达洞口立面形状的投影图，因此又称洞口立面图。

由于涵洞的构造比较简单，画图时选用的比例比桥梁稍大，一般为1∶50～1∶100。

我们已了解了钢筋混凝土圆管涵洞的构造组成，钢筋混凝土圆管涵洞是道路工程中常用的涵洞形式之一，由于洞身是用预制的钢筋混凝土圆管连接而成，故称钢筋混凝土圆管涵洞。现以图 5-19 钢筋混凝土圆管涵洞构造图为例，分析该图样的图示内容：

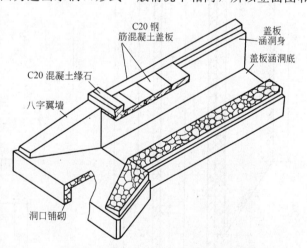

图 5-18 洞口为八字翼墙式钢筋混凝土盖板涵洞示意图

该图比例为 1∶50，单位为厘米，洞口为端墙式。主要图示出涵洞各部分的相对位置、构造形状和结构组成。

(1) 半纵剖面图

半纵剖面图是假设用一垂直剖切平面沿涵洞轴线剖切所得到的剖面图，由于涵洞是对称的，只画出左半部分，故称为半纵剖面图。

1) 图中被剖切到的部分用材料图例表示所使用的材料，如截水墙使用浆砌块石；墙

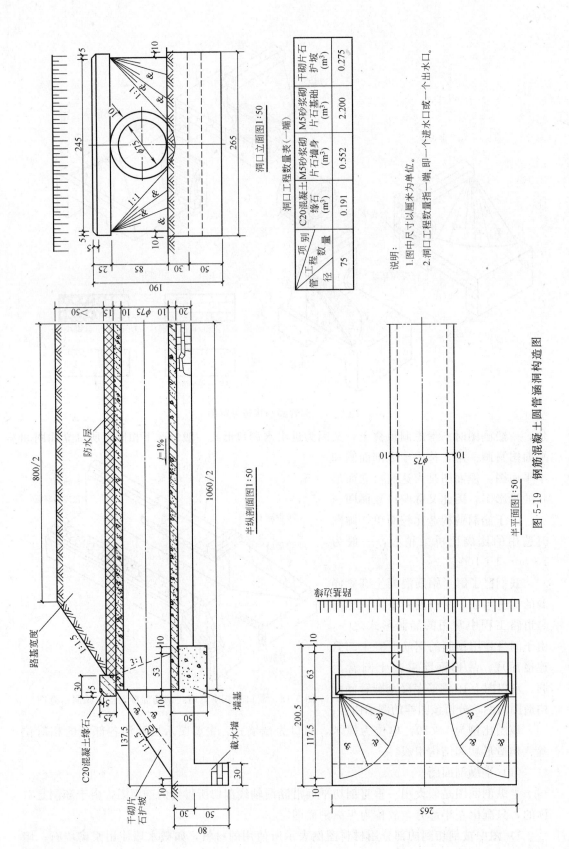

图 5-19 钢筋混凝土圆管涵洞构造图

基使用混凝土；洞身基础使用浆砌块石；缘石和圆管使用钢筋混凝土；防水层使用防水材料及路基是夯实土壤等。

2) 图中钢筋混凝土圆管管壁、洞身及端墙的基础、洞身防水层、覆土情况、端墙、缘石、截水墙及洞口水坡等均用粗实线；钢筋混凝土圆管轴线及竖向对称线用细点画线表示；锥形护坡的轮廓线用中实线表示；锥形护坡厚度线、端墙墙背线用虚线表示。

3) 图中标出各部分尺寸，如管径为75cm、管壁厚10cm、防水层厚15cm、设计流水坡度为1‰，其方向自右向左、洞身长1060cm、洞底铺砌厚20cm、路基覆土厚度大于50cm、路基宽度800cm、锥形护坡顺水方向的坡度与路基边坡一致，均为1：1.5，以及洞口的有关尺寸等。从图中得出涵洞的总长为1335cm。

(2) 半平面图

半平面图是对涵洞进行水平投影所得到的图样，并视覆土为透明体，只画出左侧一半涵洞平面图，故称半平面图。

1) 半平面图与半纵剖面图上下对应，从而看出涵洞各部分的平面形状及相互位置。

2) 图中圆管外轮廓线、端墙、缘石、截水墙的可见轮廓线、道路边线均采用粗实线表示，圆管内轮廓线及其他不可见的轮廓线用虚线表示；圆管轴线及竖向对称线用细点画线表示。

3) 图中路基边缘线上用示坡线表示路基边坡；锥形护坡用图例线和符号表示。

(3) 洞口立面图

洞口立面图是涵洞的侧面投影图，也就是洞口的正面投影图，故称洞口立面图。

1) 图中主要表示圆管孔径和壁厚、洞口缘石、端墙、截水墙、锥形护坡的侧面形状及尺寸。

2) 涵洞圆管、洞口缘石、端墙、截水墙可见轮廓线、路基边线均采用粗实线表示；截水墙、墙基中不可见轮廓线采用虚线表示；锥形护坡轮廓线用中实线表示；图例线用细线表示。

3) 图中还标出涵洞洞口缘石、端墙、截水墙相互位置尺寸及锥形护坡横向坡度为1：1等。

另外，图中还有一个表格为"一端洞口工程数量表"。

课题3 室外排水管道工程图

3.1 概　　述

排水工程是城市建设的基础设施之一。室外排水工程是指雨、污水的排除、污水处理，处理后的污水排入江河湖海等工程。排水工程都是由各种管道及其配件、污水抽升的泵站、污水处理工艺设备等工程组成的。

室外排水工程图表示的范围比较广，可表示一幢建筑物外部的排水工程，也可表示一个区域或一个城市的排水工程。其内容包括室外管道工程图、泵站工程图、水处理工艺设备图。

在排水工程图中所表示的设备装置和管道一般采用统一的图例，见《给水排水制图标准》(GB/T 50106—2001)。因排水管道的截面尺寸与其长度尺寸比甚小,所以在小比例的施工图中,各管道不分粗细都用单线表示,如管道平面布置图。但也有用双线表示,如管道纵断面图。

3.2 室外排水管道工程图

室外排水管道工程图主要表示室外地下各种排水管道的平面及高程布置情况,一般包括管道的平面图、管道的纵断面图和管道上的配件及附属设备图等。

3.2.1 管道平面图

室外排水管道平面图是以道路平面图的内容为基础,表明城区、厂区等某一道路的排水管道平面布置情况的图样。以图5-20玉泉路雨水管道平面图为例,分析其图示内容和读图方法。

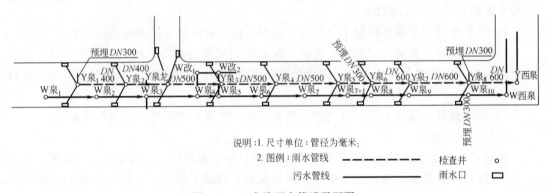

图5-20 玉泉路雨水管道平面图

(1) 比例:一般采用1:1000或1:500的比例。

(2) 方位:一般采用指北针或坐标网表示管道所在区域的方位。

(3) 道路平面图:道路中心线用细点画线表示,道路边线及两侧的地物等均用细实线表示,还应标出道路的里程桩号等内容。该图只画出道路的边线。

(4) 管线:一般情况下,在图中用不同的线型表示不同的管线,有时也用管道代号表示:污水管用"W"、雨水管用"Y"、排水管用"P"。图中管线有两种:用粗实线表示的是污水管线,用粗虚线表示的是雨水管线,管道在图中均用单线画在管道的中心线位置。

(5) 附属构筑物:室外排水管道上有检查井、雨水口等构筑物均用图例画出,并对检查井进行编号。图5-20中Y泉$_1$表示玉泉路上第一个雨水检查井;W泉$_2$表示玉泉路上第二个污水检查井。雨水口主要收集地面雨水,通过支管送到雨水检查井中。

(6) 标注:在两个检查井之间的管道上应标出管道的管径、长度、坡度、水流方向等,该图是雨水管道平面图,因此只标出雨水管道的管径及水流方向。玉泉路的雨水通过雨水管最终送到Y西泉检查井中。

3.2.2 管道的纵断面图

由于地下管道的种类繁多,布置较复杂,因此应按管道的种类分别绘出每一条管道的纵断面图,以显示路面起伏变化,管道敷设的坡度、埋深和管道的交接等情况。

管道纵断面图是沿着管道的轴线铅垂剖开后所画出的断面图,由图样和资料表两部分组成。以图5-21玉泉路雨水管道纵断面图为例,分析其图示内容和读图方法。

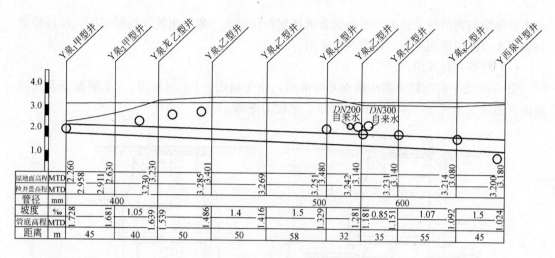

图 5-21 玉泉路雨水管道纵断面图

读图时应将图样部分和资料表部分结合起来阅读，并与管道的平面图对照，最后得出图样中所表示的管道的实际情况。

(1) 图样部分

1) 比例：图样中水平方向表示管道的长度，垂直方向表示管道的直径。由于管道的长度比其直径大得多，一般垂直方向的比例按水平方向比例放大，如水平方向采用 1：1000，则垂直方向可采用 1：100 或 1：50。

2) 图样中不规则的细折线表示原地面线，比较规则的中粗实线表示设计路面线，用两条粗实线表示管道。

3) 检查井的直径与管道长度相比也是小得多，因此用一细实线表示一个检查井，并在上方标出井号和井型。检查井上接路面的检查井盖，下接管道。

4) 与检查井相连的上、下游雨水管道的连接形式有：管顶平接和水面平接。该图采用管顶平接。

5) 与管道交叉的其他管道，应标出管径、管内底标高及管道类型等。另外，还在图样左侧按比例设有高程标尺，以便对照读图，如图 5-21 所示。

(2) 资料表部分

管道纵断面图的资料表设置在图样下方，并与图样对应，具体内容如下：

1) 距离：相邻检查井的中心间距。

2) 管底高程：设计管底标高指检查井进、出口处管道内底标高。如两者相同，只标一个标高；否则，应在该栏纵线两侧分别标有进、出口管底高程。

3) 坡度：两检查井之间管道的坡度，当若干个检查井之间管道的坡度相同时，只标一个。

4) 管径：两检查井之间管道的管径，当若干个检查井之间管道的管径相同时，只标一个。

5) 检查井盖高程：是指检查井盖处的路面标高。

6) 原地面高程：是指检查井盖处的原地面标高。

3.2.3 管道上的配件及附属设备图

管道上的配件是指管道相交处管配件的连接情况；管道上的附属设备图是指检查井、

雨水口等附属物的施工详图，图中的管道按实际绘制，一般采用统一的标准图。现以检查井和雨水口的标准图为例，说明其图示内容。

(1) 检查井标准图

图5-22为一砖砌圆形雨水检查井标准图，由平面图、1-1剖面图、2-2剖面图及说明组成，适用于$DN200\sim600$的雨水管道，单位为毫米。

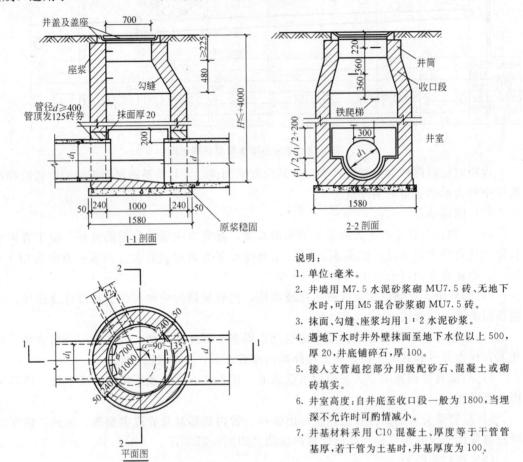

图 5-22　一砖砌圆形雨水检查井标准图

说明：
1. 单位：毫米。
2. 井墙用M7.5水泥砂浆砌MU7.5砖、无地下水时，可用M5混合砂浆砌MU7.5砖。
3. 抹面、勾缝、座浆均用1∶2水泥砂浆。
4. 遇地下水时井外壁抹面至地下水位以上500，厚20，井底铺碎石，厚100。
5. 接入支管超挖部分用级配砂石、混凝土或砌砖填实。
6. 井室高度：自井底至收口段一般为1800，当埋深不允许时可酌情减小。
7. 井基材料采用C10混凝土、厚度等于干管管基厚，若干管为土基时，井基厚度为100。

1) 平面图：表示了检查井进水干管d_1、进水支管d_2、出水干管d平面位置，检查井内径为1000mm，壁厚240mm的砖结构，井盖采用直径为700mm的铸铁制品以及铁爬梯的平面位置，还有两个剖面图的剖切符号。

2) 1-1剖面图：表示检查井基础直径为1580mm，采用C10混凝土，管上200mm以下用1∶2水泥砂浆抹面，厚度为20mm；管上200mm以上用1∶2水泥砂浆勾缝。井盖下面安装铸铁井座，并用1∶2水泥砂浆与井筒连接，井深$H\leqslant 4000$mm。

3) 2-2剖面图：主要表示出井底流水槽的情况、铁爬梯的宽度和间距、井筒高度不能小于225mm及收口段的变化情况等。

(2) 雨水口标准图

图5-23为边沟式单篦雨水口标准图，由平面图、1-1剖面图、2-2剖面图、材料表和

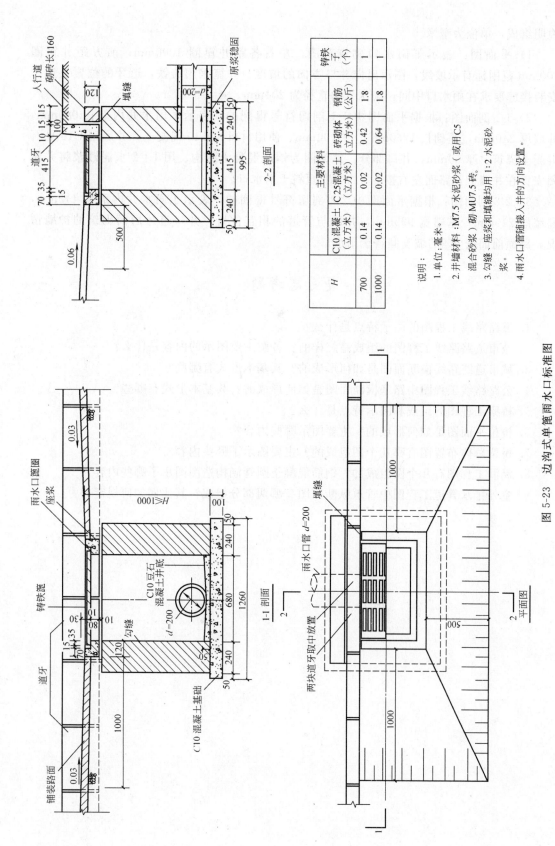

图 5-23 边沟式单篦雨水口标准图

说明组成，单位为毫米。

1）平面图：表示了雨水口砌筑范围，左右各距井箅圈 1000mm；前方距井箅圈 500mm 范围标有示坡线，图示出向井口方向的坡度。井箅采用铸铁，道牙的位置及道牙安装接缝要求在雨水口中间，雨水管的直径为 200mm。

2）1-1 剖面图：根据平面图中 1-1 剖切符号得到的，表示了雨水井内部长 680mm，井墙厚 240mm，基础长 1260mm、厚 100mm、使用材料为 C10 混凝土，井底用 C10 豆石混凝土浇筑、厚 50mm，井口部分：井箅圈为钢筋混凝土结构，用 1：2 水泥砂浆将井箅圈安置在井墙上，路面左右按 3% 的坡度倾斜于雨水口。

3）2-2 剖面图：根据平面图中 2-2 剖切符号得到的，表示了雨水井内部宽 415mm，井墙厚 240mm，基础宽 995mm，井墙与管道的相互位置，井口道牙后面砌筑的护墙情况，路面前面按 6% 的坡度倾斜于雨水口。

复习思考题

1. 道路路线工程图的图示特点是什么？
2. 城市道路路线工程图的组成是怎样的？各图主要图示的内容是什么？
3. 城市道路路线横断面图是如何形成的？其基本形式有哪些？
4. 公路路线工程图中路基横断面图是如何形成的？其基本形式有哪些？
5. 桥梁工程图的组成和图示特点是什么？
6. 桥位平面图是如何形成的？主要图示哪些内容？
7. 桥梁总体布置图有哪几个图组成的？主要图示了哪些内容？
8. 涵洞工程图有几个图组成的？钢筋混凝土圆管涵构造图图示了哪些内容？
9. 室外排水管道工程图中管道纵断面图有哪两部分组成？其比例如何规定的？

第3篇　工程力学基础

建筑物、桥梁、排水工程构筑物等都是由若干部件和零件组合而成的，这些部件或零件称之为构件。构件按一定的规律组合而成的建筑物、桥梁、排水工程构筑物等可统称之为结构。

结构物在使用中，会受到各种力的作用。如桥梁上的车辆重量、制动力、设备重量以及各部分结构的自重，土对桥台的压力，水对桥梁基础的浮力；排水管道受到的上覆土压力及车辆重量传来的力；屋顶上的积雪重量，外墙上的风力，楼面上的人群等。工程上通常将作用在结构或构件上的主动力，称之为荷载。

在研究力学问题时，常以地球为参考体，当物体在空间的位置随时间而改变时，这称为机械运动。物体相对于地球静止或作匀速直线运动，则物体处于平衡状态。如列车在直线轨道匀速直线行驶，起重机吊起物体匀速直线上升、下降或静止在空中，静止是机械运动的特殊状态。

在实际工程中的许多物体，在外力作用下变形都非常微小，对于物体平衡问题的研究影响不大，可忽略不计，这时我们将物体假设为刚体。可叙述为：在任何外力作用下，大小和形状都不改变的物体；但是，当研究物体承受荷载能力时，其变形不能忽略，这时，将物体视为变形固体。

市政工程中主要研究平衡物体。一般情况下，一个物体总是受到多个力的作用，我们把作用在物体上的一组力，称为力系。工程力学的任务之一就是研究物体在力系作用下的平衡规律。

结构和构件在外力作用下，要保证其能够安全正常的工作，还要使其经济合理。每个工程结构必须满足安全、适用与经济的三项基本原则要求。材料力学就是要解决安全与经济的这一矛盾，保证构件有足够的承受荷载的能力，并使结构耐久和适用。

结构在使用中要保证其几何稳定性，这就要研究其几何组成规律。

本教材将工程力学分三个部分：静力学、材料力学和体系的几何组成规律。

工程力学在平衡规律方面，要研究其力系的合成与平衡条件，这属于静力学范畴；在承载能力方面，因其承载能力的大小与构件的材料力学性质，截面几何形状与尺寸、受力情况等因素有关，材料力学将提供科学的理论和计算方法；本书对体系的几何组成规律作简要的介绍。

书中带*号的内容为选学部分。

单元6　静力学基础

知　识　点：市政工程中的结构或构件都是处于平衡状态。静力学就是研究物体在力系作用下的平衡规律。

首先要明确力学的基本知识，什么是力、力的三要素、工程中力的分类和力的分布。合力与分力，力的合成和分解等。力不但对物体有移动效果，还有转动效果。力矩和力偶用来度量力对物体的转动效果。

工程中常见约束的类型，确定约束的计算简图及相应的约束反力。根据外力作用情况和约束的特性画出研究对象的受力图。根据结构特性和受力情况，绘制构件的计算简图。

静力平衡条件用于研究构件的平衡问题，可确定约束反力或其他未知量。在平面力系中，包括平面汇交力系，平面平行力系和平面一般力系的平衡问题。

教学目标：通过本单元的学习，学生了解力的基本概念，力的分布，合力与分力，力的合成与分解，力矩和力偶的区别和特点以及计算方法。掌握工程中常见约束的类型、确定约束的计算简图及相应的约束反力的特点。根据外力作用情况和约束的特性熟练地画出研究对象的受力图。根据结构特性和受力情况，绘制构件的计算简图。利用静力平衡条件解决工程中平面力系的平衡问题，确定其约束反力或其他未知量。

课题1 静力学的基本概念

1.1 什么是力

力是一个物体对另一个物体的作用，它可以使物体的运动状态发生变化。例如：人推小车时，人对小车施加了力，小车从静到动，或速度增大或减少，人同时也感觉到车对人也有力的作用。这种物体间的相互作用，称为机械作用。力不但可以使物体的运动状态发生变化，还可以使物体发生变形。例如：桥梁受到车辆的作用发生弯曲变形。对钢筋加工时，可将钢筋弯成各种所需的形状。综上所述，我们把力的概念概括为：力是物体之间相互的机械作用，它可以使物体的运动状态发生改变，或使物体发生变形。

既然力是物体间的相互作用，所以力总是成对出现的，它不可能脱离物体单独存在。物体间相互作用的这一对力叫做作用力和反作用力，一般将主动力称为作用力，被动力称为反作用力。实验证明：两个物体间的作用力和反作用力总是大小相等，方向相反，作用在一条直线上，这称为作用力和反作用力定律。应当注意的是，作用力和反作用力分别作用在这两个相互作用的物体上。如物体与地球之间具有相互吸引力，而地球对物体的作用力即吸引力，称为重力。

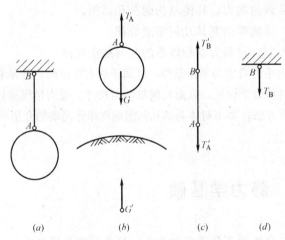

图 6-1 作用力和反作用力
(a) 小球悬挂示意图；(b) 小球受力示意图；
(c) 绳索受力示意图；(d) 天花板 B 点受力示意图

【例 6-1】 如图 6-1 (a) 所示，一悬挂于天花板的小球重力为 G，绳重不计，试分析各物体间的作用力和反作用力。

【解】 小球与地球之间有一对作用力和反作用力。即，作用在小球中心的重力 G 和作用地球中心的 G'，如图 6-1（b）所示；小球和绳索之间有一对作用力 T_A 和 T_A'，分别作用在绳索的 A 点和小球的 A 点，如图 6-1（b）、（c）所示；绳索与天花板之间有作用力 T_B 和 T_B'，分别作用在天花板的 B 点和绳索的 B 点，如图 6-1（c）、（d）所示。

1.2 力的三要素

力对物体的作用效果取决于力的大小，力的方向和力的作用点，将其称为力的三要素。

所谓要素，是因为改变其中任何一个因素其作用效果都会发生变化。实践可知，要移动质量小的物体比移动质量大的容易，也就是说移动质量小的用较小的力，移动质量大的物体则需较大的力；要使物体前进或后退，就需施加向前或向后的力；当力的作用点发生改变时，其运动效果也会发生变化，如图 6-2 所示受力物体，当力的大小、方向、作用点改变时，其效果都将改变。所以力的三要素中，改变任何一个因素都会使物体产生不同的效果，因此，在描述一个力时，必须全面表明力的三要素。

由于力是具有大小和方向的量，所以力是矢量，我们可以用一个带箭头的线段来表示力的三要素。线段的长度按照一定的比例尺表示力的大小，线段与某一直线间的夹角 α 表示力的方位，带箭头线段的起点或终点表示力的作用点。沿着力方向画出的一条直线叫做力的作用线，如图 6-3 所示。书中用黑体字母表示矢量，如力 **F**。用细体字母表示矢量的大小，如 F。

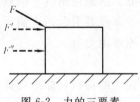

图 6-2　力的三要素

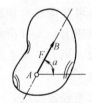

图 6-3　力矢量

在静力学中，我们将物体视为刚体，若作用在刚体上的力系使其原有的运动状态或平衡状态保持不变，这种力系称为平衡力系。那么，在刚体上加上或去掉任何一个平衡力系，都不改变原力系对刚体的作用效果。如图 6-4 所示，力 F 作用于刚体上的 A 点，如图 6-4（a）所示，在其作用线上任选一点 B。要使力 F 从 A 点移动到 B 点，可在 B 点加上一对平衡力，如图 6-4（b）所示，并使 F、F_1、F_2 的数值相等。由于 F、F_2 的数值相

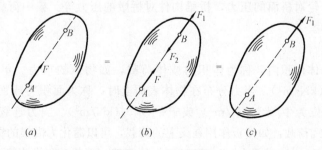

图 6-4　力的可传性

等，方向相反，也是一对平衡力，可以去掉。这样只剩下作用在 B 点的一个力 F_1，如图 6-4(c) 所示，它与作用在 A 点的力的效果相同，这样，就将作用在刚体上 A 点的力沿其作用线移动到了 B 点。即：作用于刚体上的力可沿其作用线移动到刚体内任一点，而不改变该力对刚体的作用效果。

力的这个性质称为力的可传性。所以，在静力学中，力的三要素可改写为：力的大小、力的方向和力的作用线。

力的单位在国际单位制（SI）中规定为牛顿，简称为牛，用符号 N 表示，即 1 牛（1N），或千牛顿，称为千牛，用符号 kN 表示。

$$1 千牛(kN) = 1000 牛(N) = 10^3 牛(N)$$

即：1000N＝1kN

1.3 荷载简介

1.3.1 荷载分类

作用在工程结构上的荷载，根据其作用特点可分为三类。

（1）永久荷载

永久荷载是指长期作用在结构上的不变荷载，在结构使用期间，其值不随时间而改变。例如结构自重、土重及土的自重产生的侧向压力、静水压力与浮力，预应力结构中的预应力，超静定结构中因混凝土收缩徐变和基础变位而产生的影响力。

（2）可变荷载

指经常作用而作用位置可移动和量值可变化的荷载，按其对结构物的影响程度可分为活载（或称为基本可变荷载）和其他可变荷载两部分。活载包括汽车荷载及其引起的冲击力、离心力及土侧压力，人群荷载，平板挂车或履带车及其引起的土侧压力。其他可变荷载包括汽车制动力、风力、流水压力、冰压力及支座摩阻力等。

（3）偶然荷载

偶然荷载是指不经常出现，一旦出现，其值较强大的荷载，如地震荷载，船只或漂流物的撞击力等。

上述各种荷载及作用力的计算方法在规范中均有具体规定。

1.3.2 荷载分布

根据荷载的分布情况，还可以将荷载分为集中荷载和分布荷载。

（1）集中荷载

当力的作用范围相对很小时，认为作用在一个点上，作用在点上的力称为集中力或集中荷载。例如：车轮对桥面的压力，桥梁构件对桥墩的压力等。集中荷载的单位一般用牛（N）或千牛（kN）。

（2）分布荷载

当力分布在物体体积内，称为体积力或体荷载，如物体的重力。单位为牛/米³（N/m³）或千牛/米³（kN/m³）。当力分布在物体表面上时，称为面积力或面荷载，如作用在楼板上的荷载，单位为牛/米²（N/m²）或千牛/米²（kN/m²）。当力连续分布在一定长度上，这种荷载称为线荷载，如楼板作用在梁上的荷载，可以简化为沿梁的纵向对称平面的线荷载，单位牛/米（N/m）或千牛/米（kN/m）。体荷载、面荷载和线荷载统称为分布荷载。

分布荷载根据分布是否均匀,可分为均匀分布荷载和非均匀分布荷载,并简称为均布荷载和非均布荷载。线均布荷载在工程中经常应用。

例如,如图 6-5 所示等截面均质梁的长为 $l=6\text{m}$,宽为 $b=200\text{mm}$,高为 $h=500\text{mm}$,梁的材料的重力密度为 $\gamma=25\text{kN/m}^3$,则梁所受的线均布荷载为:

首先求出梁的自重　$Q=\gamma \times l \times b \times h=25 \times 6 \times 0.2 \times 0.5=15\text{kN}$

则线均布荷载为　$q=Q/l=\gamma A=25 \times 0.2 \times 0.5=2.5\text{kN/m}$

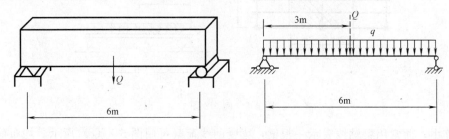

图 6-5　线均布荷载

图 6-6（a）所示等厚度板,长度 l（m）、宽度 b（m）、厚度 t（m）、重度 γ（kN/m³）,则板的自重 $Q=\gamma \times l \times b \times t$。因此,每平方米板的重量相等,也可以用面均布荷载 p 表示,如图 6-6（b）所示。

$$p=Q/bl=\gamma t \ (\text{kN/m}^2)$$

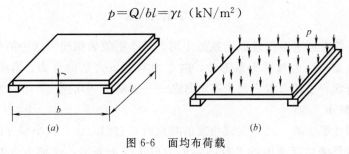

图 6-6　面均布荷载

若将面分布荷载化为沿长度 l 方向的线分布荷载,则为

$$q=Q/l=\gamma \times b \times t = \frac{p \times b \times l}{l} = p \times b \ (\text{kN/m})$$

【例 6-2】　某结构的预制板由矩形梁支撑,梁则支撑在柱子上,梁、柱的间距如图 6-7（a）所示。已知板与面层的自重一共是 2.5kN/m^2,板上受到使用荷载为 2kN/m^2,矩形梁截面尺寸 $b \times h=200\text{mm} \times 500\text{mm}$,梁的材料的重力密度为 25kN/m^3。试计算梁上所受的线荷载。

【解】　梁受到板传来的荷载及本身自重。由于梁的间距 4m,所以每根梁承担板的荷载范围如图 6-7（a）阴影线区所示,即承担范围为 4m。因此沿梁长度方向每 1m 所承受的荷载为:

板传来线均布荷载　　　$q_1=p \times b=(2.5+2) \times 4=18\text{kN/m}$

梁自重线均布荷载　　　$q_2=\gamma \times A=25 \times 0.2 \times 0.5=2.5\text{kN/m}$

总计线均布荷载　　　　$q=q_1+q_2=18+2.5=20.5\text{kN/m}$

梁所受的线荷载可以简化为作用在梁面的中心线上或梁的轴线上,如图 6-7（b）所

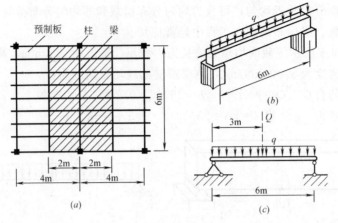

图 6-7 例 6-2 图

示。计算中，通常用梁轴线表示一根梁，梁受的线荷载可用图 6-7（c）所示。均布荷载的总和（合力）$Q=6q=6\times20.5=123\mathrm{kN}$，作用在均布荷载的中点。

课题 2 力的合成与分解

2.1 力的合成

如果用一个简单的力系代替原力系的作用，其作用效果相同。这一简单力系与原力系为等效力系。如果一个力与原力系等效，这个力叫做该力系的合力。求解合力的这一过程，就是力的合成。力的合成的两个基本方法——图解法（几何法）和数解法（解析法）。

2.1.1 图解法

（1）平行四边形法则。两个互成角度的共点力，它们的合力大小和方向，可以用表示这两个力的线段作邻边所画出的平行四边形的对角线来表示，这称为力的平行四边形法则，如图 6-8 所示。

*（2）力多边形法则。如图 6-9（a）所示，将作用在物体上的一组力 F_1、F_2、F_3、F_4，按照一定的比例，依次平移各矢量，并使其矢量首尾相接，然后连接第一个力的起点指向最后一个力的终点的线段，此线段的长度则表示合力的大小，箭头指向表示合力的方向，这种作图的方法称为力的多边形法则，如图 6-9（b）所示。

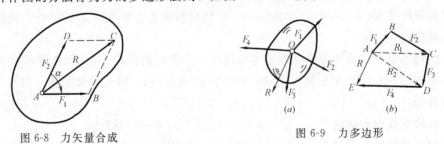

图 6-8 力矢量合成　　　　图 6-9 力多边形

【例 6-3】 一圆环受三根绳索拉力的作用，其大小分别为 $T_1=300\mathrm{N}$，$T_2=600\mathrm{N}$，$T_3=1500\mathrm{N}$，力的方向如图 6-10（a）所示，用图解法求合力的大小和方向。

【解】（1）由于拉力 T_1、T_2、T_3 的作用线汇交圆环中心 O，为一平面汇交力系。

（2）选定比例尺，按力多边形法则作图。任选一点 a，依次量取 T_1、T_2、T_3 并作图，如图 6-10（b）所示，按比例尺量得 $R=1650\text{N}$，$\alpha=16°10'$。合力与方向如图 6-10（a）所示。

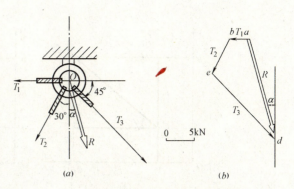

图 6-10 圆环受力及力矢量合成
（a）圆环受力图；（b）力矢量合成

2.1.2 数解法

作用在物体上的一组力如图 6-9（a）所示，F_1、F_2、F_3……F_n，其合力为：

$$F = F_1 + F_2 + F_3 + \cdots\cdots + F_n \tag{6-1}$$

注意上式为矢量加法，不能用简单的代数加法。

2.2 力 的 分 解

将一个力可以分解为若干个力，其作用效果相同，这若干个力叫做原力的分力，将一个力分解若干个力的过程称为力的分解。在力的分解时，经常将一个力分解为两个分力，特别是分解为两个相互垂直的分力。如图 6-11 所示。将合力 F 分解为 F_x 和 F_y 两个力，按三角关系可得：

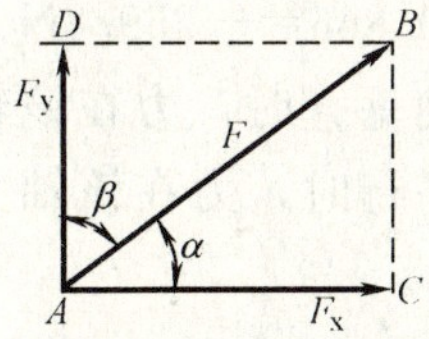

$$\left.\begin{array}{l} F_x = F\cos\alpha \\ F_y = F\sin\alpha \end{array}\right\} \tag{6-2}$$

图 6-11 力的分解

应当注意，合力并不一定比分力大，当 F_x、F_y 二力夹角越大，它们的合力就越小。

2.3 力的投影及用力的投影求合力

2.3.1 力在坐标轴上的投影

作用在物体上某点的力 F，使其在直角坐标系 xoy 的坐标轴 ox 和 oy 轴上投影，如图 6-12 所示。从力 F 的两端点 A 和 B 分别向坐标轴 x、y 作垂线，垂线在坐标轴 x、y 上所截取的线段 $ab(a'b')$，并加上正号或负号，称为力 F 在坐标轴 $x(y)$ 轴上的投影 F_x 和（F_y）。并且规定：当从力的始端的投影 a 到末端的投影 b 的方向与投影轴的正向一致时，力的投影取正值，如图 6-12（a）所示。反之，取负值，如图 6-12（b）所示。

力 F 与坐标轴 x 的夹角通常按锐角来计算，其正号或负号可根据上述规定直接判断得到。由图 6-12 可得，其投影 F_x 和 F_y，用公式可表示为：

$$\left.\begin{array}{l} F_x = \pm F\cos\alpha \\ F_y = \pm F\sin\alpha \end{array}\right\} \tag{6-3}$$

【例 6-4】 求图示 6-13 中各力在 x 轴和 y 轴上的投影。已知 $F_1=50\text{N}$，$F_2=100\text{N}$，$F_3=200\text{N}$，$F_4=300\text{N}$，各力的方向如图 6-13 所示。

【解】 由式（6-3）可得出各力在 x、y 轴上的投影为：

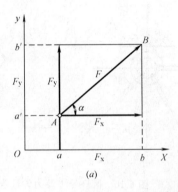
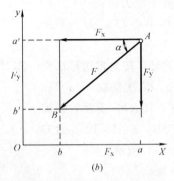

图 6-12 力在直角坐标轴上的投影

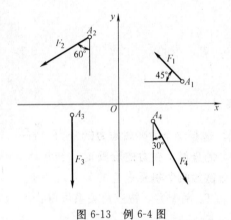

图 6-13 例 6-4 图

$F_{x1} = -F_1\cos45° = -50 \times 0.707 = -35.35\text{N}$

$F_{y1} = F_1\sin45° = 50 \times 0.707 = 35.35\text{N}$

$F_{x2} = -F_2\cos30° = -100 \times 0.866 = -86.6\text{N}$

$F_{y2} = -F_2\sin30° = -100 \times 0.5 = -50\text{N}$

$F_{x3} = F_3\cos90° = 200 \times 0 = 0$

$F_{y3} = -F_3\sin90° = -200 \times 1 = -200\text{N}$

$F_{x4} = F_4\cos60° = 300 \times 0.5 = 150\text{N}$

$F_{y4} = -F_4\sin60° = -300 \times 0.866 = -259.8\text{N}$

由本例可知，当力与坐标轴垂直时，力在该轴上的投影为零。当力与坐标轴平行时，力在该轴上的投影的绝对值等于该力的大小。

2.3.2 用投影求平面汇交力系的合力

在同一平面的力系，若各力的作用线汇交一点，称为平面汇交力系。

(1) 两个汇交力的合力

如果已知力 F 在坐标轴上的投影 F_x 和 F_y，可得到力 F 的大小和方向为：

$$\left. \begin{array}{l} F = \sqrt{F_x^2 + F_y^2} \\ \tan\alpha = \left|\dfrac{F_y}{F_x}\right| \end{array} \right\} \quad (6-4)$$

应当注意，在图 6-12 中，力 F 沿直角坐标轴方向的分力 F_x 和 F_y，与力 F 在相应坐标轴上的投影的绝对值是相等的。但分力是矢量，具有方向和作用点。而投影是代数量，没有方向性和作用点。

(2) 任意个平面汇交力的合力

在平面汇交力系中，其合力在任意坐标轴上的投影，等于各个分力在同一轴上投影的代数和，这称为合力投影定理。用 R_x、R_y 分别表示各个分力在坐标轴 x 和 y 轴上投影的代数和，用公式可表示为：

$$R_x = F_{x1} + F_{x2} + \cdots\cdots + F_{xn} = \sum F_x$$

$$R_y = F_{y1} + F_{y2} + \cdots\cdots + F_{yn} = \sum F_y$$

其平面汇交力系的合力 R 的大小和方向可表示为：

$$R=\sqrt{R_x^2+R_y^2}=\sqrt{(\sum F_x)^2+(\sum F_y)^2}$$
$$\tan\alpha=\left|\frac{R_y}{R_x}\right|=\left|\frac{\sum F_y}{\sum F_x}\right|$$ (6-5)

【例 6-5】 圆环受四根绳索拉力的作用，其大小分别为 $T_1=200N$，$T_2=300N$，$T_3=100N$，$T_4=500N$。各力与 x 轴的夹角分别为 $\alpha_1=30°$，$\alpha_2=45°$，$\alpha_3=0°$，$\alpha_4=60°$，如图 6-14 所示。用解析法求合力的大小和方向。

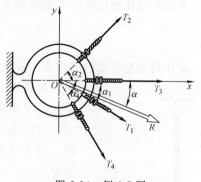

图 6-14　例 6-5 图

【解】（1）选取直角坐标系 xoy 如图 6-14 所示。

（2）求各力在坐标轴上投影的代数和。

$$\sum F_x=F_{x1}+F_{x2}+F_{x3}+F_{x4}$$
$$=T_1\cos\alpha_1+T_2\cos\alpha_2+T_3\cos\alpha_3+T_4\cos\alpha_4$$
$$=200\cos30°+300\cos45°+100\cos0°+500\cos60°$$
$$=173.2+212.1+100+250$$
$$=735.3N$$

$$\sum F_y=F_{y1}+F_{y2}+F_{y3}+F_{y4}$$
$$=-T_1\sin\alpha_1+T_2\sin\alpha_2+T_3\sin\alpha_3-T_4\sin\alpha_4$$
$$=-200\sin30°+300\sin45°+100\sin0°-500\sin60°$$
$$=-100+212.1+0-433.0$$
$$=-320.9N$$

（3）求合力的大小和方向

$$R=\sqrt{(\sum F_x)^2+(\sum F_y)^2}=\sqrt{(735.3)^2+(-320.9)^2}=802.3N$$
$$\tan\alpha=\left|\frac{\sum F_y}{\sum F_x}\right|=\left|\frac{-320.9}{735.3}\right|=0.4364$$
$$\alpha=23.6°$$

α 角在第四象限。

课题 3　约束与约束反力

工程结构中的各构件都会受到其他部件的阻碍而不发生运动。如桥梁结构中，梁受到桥墩（台）的限制，房屋中的楼板受到梁的限制，梁受到柱的限制而不产生运动。凡是阻碍物体运动的限制条件，在工程上称之为约束。如前所述，桥墩（台）限制梁的运动，桥墩（台）为梁的约束。约束施给物体的反作用力称之为约束反力，简称反力。

受力物体上，那些使物体产生运动或产生运动趋势的力，称为主动力，如重力、水压力、风压力等。一般情况下，物体总是同时受到主动力和约束反力的作用，约束反力是由主动力引起的，并随主动力的改变而改变，它是被动力。通常，主动力是已知的，约束反力是未知的。

在工程结构中,构件与构件之间,工程设备与结构构件之间的连接方式是多种多样的。也就是说,物体的约束类型是多种多样的,而不同类型的约束作用在物体上的约束反力是不同的。应当注意的是约束反力总是作用在约束与物体的接触处,其方向总是与约束所能限制的运动方向相反。

下面介绍几种工程中常见的约束及其约束反力。

3.1 柔体约束

柔体约束是指柔软的绳索,链条或皮带等阻碍物体运动的限制条件。如日光灯的吊链,起重机吊起物体的钢丝绳,如图 6-15(a)所示绳索吊挂的物体。由于柔体约束只能限制物体沿着柔体的中心线离开柔体的运动,所以柔体约束的约束反力方向是通过柔体中心线背离研究对象,且为拉力,如图 6-15(b)所示。柔体只能承受拉力,而不能承受压力。约束反力的符号通常用 T 表示。

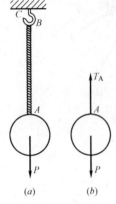

图 6-15 柔体约束

3.2 光滑面约束

当两物体之间的接触面摩擦力很小时,可忽略不计,称为光滑面约束。如铁路轨道对车轮的约束,楼面对架在楼面上的人字梯的约束。这种约束不管光滑接触面的形状如何,它都只能限制物体沿着光滑面的公法线而指向光滑面的运动。因此,光滑接触面的约束反力的方向是沿着光滑面的公法线指向研究对象。或者说,约束反力的方向垂直公切线指向研究对象,且为压力。约束反力的符号通常用 N 表示,如图 6-16 所示。

3.3 光滑圆柱铰链

光滑圆柱铰链简称为铰链,如门、窗用的折页。理想的圆柱铰链是由一个圆柱形的销钉插入两个物体的圆孔中,如图 6-17 (a)、(b) 所示。并认为销钉和圆孔都是光滑的、其计算简图如图 6-17 (c) 所示。这种约束不能限制物体绕销钉转动,只能限制物体在垂直于销钉轴线的平面内沿任意方向的运动。当物体有

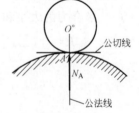

图 6-16 光滑面约束

运动趋势时,销钉与圆孔将在某处接触,约束反力通过销钉与圆孔的接触点,垂直于销钉轴线,而这个接触点的位置随物体上受到的主动力的不同而改变,所以,约束反力的方向是未知的。可用两个相互垂直的分量 F_x 和 F_y 表示,如图 6-17 (d)、(e)、(f) 所示。

3.4 链 杆

链杆约束是指两端用铰链与两个物体相连,且中间不受外力的直杆。如图 6-18 (a)、(b) 所示,水平杆件 AB 在 A 端用铰链与机架连接,在 B 处由直杆 BC 支承,直杆 BC 可视为水平杆的链杆约束。这种约束只能阻止物体沿链杆轴线方向运动。所以,链杆的约束反力沿着链杆的中心线,链杆既可以承受拉力,也可以承受压力,所以反力的指向待定。由于构件只在两端作用着两个约束反力,构件处于平衡状态,因此,这两个力必然大小相

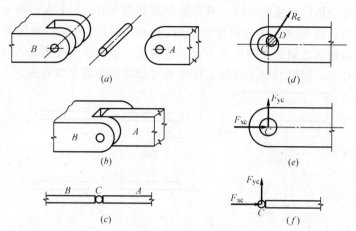

图 6-17 光滑圆柱铰链

等,方向相反,作用在同一直线上。这类约束也可称之为二力构件或称二力杆(一般将直杆称为二力杆)。链杆约束的简图及其反力如图 6-18(c)、(d)所示。

3.5 可动铰支座(辊轴支座)

将构件支承在基础或另一静止构件的装置称为支座。

可动铰支座的结构简图如图 6-19(a)所示。这种支座只能限制构件垂直于支承面方向的移动,而不限制物体绕销钉轴线的转动和沿支承面方向的移动。它的支座反力通过销钉中心,垂直于支承面,指向未定。其计算简图及约束反力如图 6-19

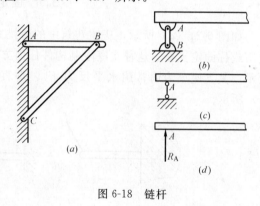

图 6-18 链杆

(b)、(c)、(d)、(e)所示。市政工程中结构构件的安装方式很多都可简化为可动铰支座,如桥梁构件与桥墩之间的内夹钢板的橡胶垫片。房屋墙体由混凝土垫块支承的横梁等。

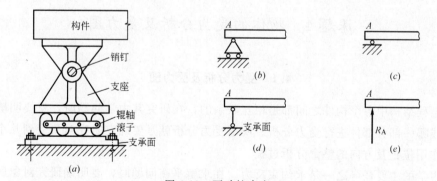

图 6-19 可动铰支座

3.6 固定铰支座(铰链支座)

固定铰支座的结构简图如图 6-20(a)所示。这种支座可限制构件在任何方向的移动，而不限制构件绕销钉轴线的转动。其计算简图如图 6-20（b）、(c) 所示。这种固定铰支座的约束性能与铰链相同，故约束反力与铰链的约束反力相同，如图 6-20（d）、（e）所示。桥梁构件与桥墩之间的橡胶垫片也可简化为固定铰支座。柱子插入杯形基础中，用沥青麻丝固定的柱子，屋架与柱子焊接连接等都可以简化为固定铰支座。

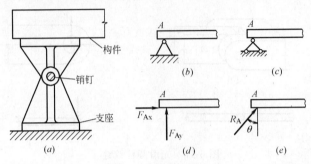

图 6-20　固定铰支座

3.7　固定端支座

如图 6-21（a）所示，房屋建筑中的悬挑梁，它的一端嵌固在墙壁内，可视为固定端支座或称固定支座。这种支座限制构件任何方向的移动和转动，其计算简图如图 6-21（b）所示。其支座反力通常用水平反力 F_x、垂直反力 F_y 和约束反力偶 m 表示，如图 6-21（c）所示。

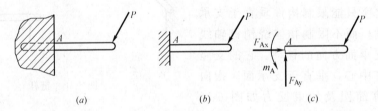

图 6-21　固定端支座

课题 4　物体的受力分析及受力图

4.1　受力分析及受力图

在工程结构中各个构件之间都是相互联系的，在研究其力学问题时，就要明确对哪一个构件或哪一部分部件进行受力分析。所谓受力分析就是要确定研究对象受到几个力、每个力的作用位置及方向的整个分析过程。

静力学的主要任务之一是求约束反力。在求解平衡问题时，要明确研究对象所受的已知力，利用平衡条件求其未知量。

在分析研究对象的受力情况时，通常将其从与它相联系的约束中脱离出来，这种单独画出的研究对象称为脱离体图，然后将所有的已知力和约束反力全部作用在脱离体图上，这样就得到研究对象的受力图。

正确画出受力图，是进行力学计算的关键。画受力图的步骤可分为：

(1) 确定研究对象，并画出脱离体图。
(2) 将所有的主动力标在脱离体上。
(3) 分析约束性质，确定并画出全部约束反力。

【**例 6-6**】 水平梁 AB 如图 6-22（a）所示，A 端为固定铰支座，B 端为可动铰支座，作用点 C 点的竖向力为 P，梁的自重不计，试画出梁 AB 的受力图。

【**解**】 以梁 AB 为研究对象，画出其脱离体图。A 端是固定铰支座，约束反力用 R_A 表示，B 端是可动铰支座，约束反力用 R_B 表示，受力图如图 6-22（b）所示。或将 R_A 用两个分力 F_{Ax} 和 F_{Ay} 表示，梁的受力图如图 6-22（c）所示。

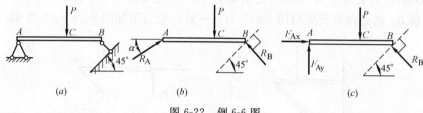

图 6-22　例 6-6 图

【**例 6-7**】 水平梁 AB，A 端为固定端支座，作用 B 点的力为 P，如图 6-23（a）所示，梁的自重不计，试画出梁 AB 的受力图。

【**解**】 以梁 AB 为研究对象，画出其脱离体图。A 端是固定端支座，约束反力用 F_{Ax}、F_{Ay} 和 m_A 表示，将主动力和约束反力画在脱离体图上，梁的受力图如图 6-23（b）所示。

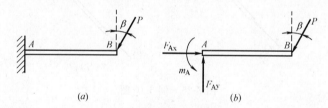

图 6-23　例 6-7 图

【**例 6-8**】 试画出图 6-24（a）所示小球的受力图。

【**解**】 以小球为研究对象，画出其脱离体图。A 处为绳索约束，约束反力沿绳索中心线且背离物体；B 点为光滑面约束，约束反力沿该点的公法线且指向物体。约束反力分别用 T_A 和 N_B 表示，将主动力和约束反力画在脱离体图上，受力图如图 6-24（b）所示。

【**例 6-9**】 梯子如图 6-25（a）所示，重力为 P，A、B 处为光滑面，CD 为绳索，试画出梯子的受力图。

【**解**】 以梯子为研究对象，画出其脱离体图，将主动力和约束反力画在脱离体图上，受力图如图 6-25（b）所示。

【**例 6-10**】 管道支架如图 6-26（a）所示，A、B、C 处均为铰链连接。管道压力 P 作用在水

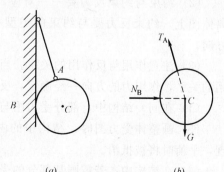

图 6-24　例 6-8 图

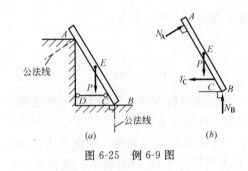

图 6-25 例 6-9 图

平杆的 D 点，各杆重不计，试画出 AB、BC 杆及整体的受力图。

【解】（1）取斜杆 BC 为研究对象。斜杆两端铰链连接，中间不受力，为二力杆，约束反力 R_C、R_B 作用线必沿杆件的中心线，指向假设。受力图如图 6-26（b）所示。

（2）取水平杆 AB 为研究对象。受主动力 P、约束反力 F_{Ax}、F_{Ay} 和 R'_B 作用，R'_B 是 R_B 的反作用力。受力图如图 6-26（c）所示。

（3）取整个支架为研究对象。受主动力 P、约束反力 F_{Ax}、F_{Ay} 和 R_C 作用。反力 F_{Ax}、F_{Ay} 和 R_C 的指向假设要与图（b）、（c）一致。受力图如图 6-26（d）所示。

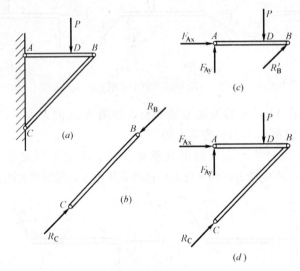

图 6-26 例 6-10 图

4.2 画受力图注意事项

（1）明确研究对象。画受力图时首先要明确要画哪个物体或哪一部分物体的受力图，然后把它从约束中脱离出来，画出该研究物体的脱离体图。

（2）约束与约束反力要一一对应。每去掉一个约束，就将相应的约束反力作用在脱离体图上。约束反力要与约束的类型相适应，不能根据主动力的方向推断约束反力的方向。

（3）注意作用与反作用的关系。当分析两物体之间的相互作用时，要符合作用与反作用的关系，作用力的方向一经确定，反作用力的方向就必须与它相反，不得画错。

（4）在同一结构中，部分受力图与整体受力图约束反力的方向要一致。

（5）画整体受力图时，结构中的内部约束不必画出约束反力。因内部约束力成对出现，平衡时将被抵消。

（6）在结构中，若需画某部分的受力图，构件拆开处应为物体的约束连接处，不得随意将杆件截断。

课题 5 工程结构计算简图和分类

5.1 工程结构计算简图

实际的工程结构是很复杂的,对其进行受力分析和计算就必须对实际结构进行简化,表现主要特点,略去次要因素,这种简化的图形称为计算简图。

计算简图的简化原则是:一是要利用其计算的结果应与实际情况接近,二是要方便计算。

在对实际结构进行简化时,一般包括以下几个方面。

(1) 平面简化

一般的结构都是空间结构。如果空间结构在某平面内的杆系结构主要承担该平面内的荷载时,可以把空间结构分解为几个平面结构进行计算。

(2) 杆件简化

用杆件的轴线代表实际杆件。当杆轴线为直线时用直线表示;当杆轴线为曲线时用相应的曲线表示。如图 6-27(a)所示的直梁,可简化为如图 6-27(b)所示的情况。

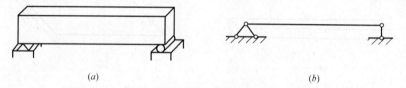

图 6-27 直梁计算简图

(3) 结点简化

结构中构件相互连接的部分称为结点。按照结点的实际构造,通常简化为铰结点和刚结点。以圆柱铰链将杆件连接在一起,各杆件可绕其自由转动的结点称为铰结点,如钢结构中,杆件与结点板用铆钉连接的结点,如图 6-28(a)所示,图 6-28(b)为计算简图。木结构中的榫接连接,钢结构中的焊接连接等,通常都可简化为铰结点;各杆交于同一结点,在荷载作用下,各杆之间的夹角在结构变形前后保持不变的结点称为刚结点,如框架结构的横梁和立柱用绑扎成整体的钢筋作骨架,再用混凝土浇筑而成的结点,如图 6-29(a)所示,图 6-29(b)为计算简图。

(4) 支座简化

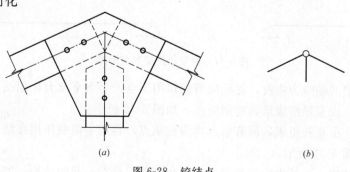

图 6-28 铰结点

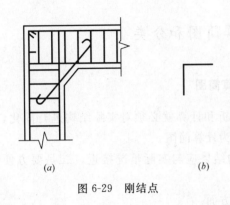

图 6-29 刚结点

按支座的实际结构和约束情况,将其简化为可动铰支座、固定铰支座和固定端支座。如支承在桥墩上的梁,墩与梁之间采用内夹钢板的橡胶垫片装置,考虑支承面之间的摩擦,梁在纵向不能移动,但在温度变化时,仍可伸长或缩短,故可将其一端视为固定铰支座,另一端视为可动铰支座。

(5) 荷载简化

按实际受力情况,将荷载简化为集中荷载、分布荷载和力偶。

5.2 工程结构分类

按几何特征将结构可分为杆件结构或杆系结构,如梁或柱,如图 6-30（*a*）所示;薄壁结构,如板和壳,如图 6-30（*b*）、（*c*）所示;实体结构,如桥台、水坝,如图 6-30（*d*）所示。

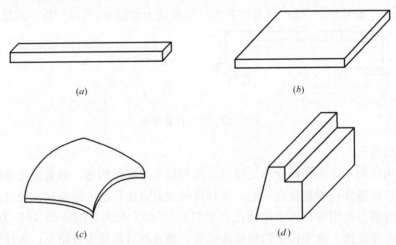

图 6-30 结构类型

本教材主要以杆件结构为研究对象,按受力特征不同可分为以下几种:

(1) 梁。梁是以弯曲变形为主的杆件,其轴线通常为直线,有单跨梁和多跨梁,如图 6-31 所示。

图 6-31 静定单跨梁和多跨梁

(2) 拱。拱的轴线为曲线,在竖向荷载作用下会产生水平反力,如图 6-32 所示。

(3) 刚架。由直杆组成且具有刚结点,如图 6-33 所示。

(4) 桁架。由直杆组成,所有结点均为铰结点,且集中荷载作用在结点处,各杆只受轴力作用,如图 6-34 所示。

(5) 组合结构。这是由桁架和梁或桁架和刚架组合在一起的结构,如图 6-35 所示。

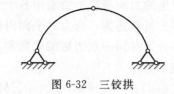

图 6-32 三铰拱

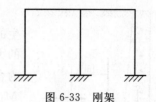

图 6-33 刚架

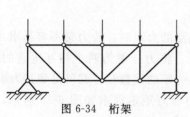

图 6-34 桁架

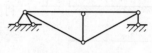

图 6-35 组合结构

按计算方法的特点，结构可分为静定结构和超静定结构。在荷载作用下，结构的全部反力和内力都可以由静力平衡条件确定的为静定结构；只用平衡条件不能确定全部反力和内力，还需考虑变形条件，建立补充方程才能确定的，为超静定结构。

课题 6 力矩和力偶

为了度量力对物体的转动效应，需要掌握力矩和力偶的概念及计算方法。

6.1 力矩及合力矩定理

（1）力矩

从工程实践中知道，力不但能使物体产生移动，还可以使物体产生转动。例如，图 6-36 用扳手拧螺母时，可使螺帽绕螺母中心 O 转动。这种力对物体的转动效应，称为力对 O 点的矩，简称为力矩，用符号 $M_O(F)$ 表示，其单位为 N·m 或 kN·m。

力 F 对物体的转动效应，不仅与力的大小有关，还与力的作用线到转动中心的垂直距离有关，转动中心 O 称为矩心。力的作用线到矩心的垂直距离 d，称为力臂。扳手使螺帽可以产生顺时针转动，也可以产生逆时针转动。一般规定，使物体产生逆时针方向转动的力矩为正，顺时针方向转动的为负。力对点的矩是代数量，我们用力矩来度量力对物体的转动效果。

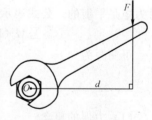

图 6-36 扳手

力矩公式可表示为：

$$M_O(F) = \pm Fd \tag{6-6}$$

【例 6-11】 图示 6-37 挡土墙，墙体重 $G_1=80\text{kN}$，垂直土压力 $G_2=110\text{kN}$，水平土压力 $P=100\text{kN}$，分别求出三个力对 A 点的矩。

【解】
$$M_A(G_1) = -G_1 d_1 = -80 \times 1.1 = -88 \text{kN·m}$$
$$M_A(G_2) = -G_2 d_2 = -110 \times (3-1) = -220 \text{kN·m}$$
$$M_A(P) = P d_3 = 100 \times 1.6 = 160 \text{kN·m}$$

（2）合力矩定理

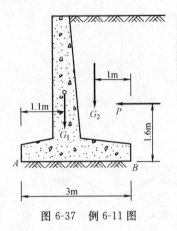

图 6-37　例 6-11 图

一个力系的合力产生的力矩与这个力系中各个分力产生的力矩的代数和相等。可叙述为：合力对平面内任一点的力矩，等于力系中各分力对同一点力矩的代数和，这称为合力矩定理。公式表示为：

$$M_0(R)=M_0(F_1)+M_0(F_2)+\cdots\cdots+M_0(F_n)=\sum M_0(F_i) \tag{6-7}$$

当求一个力对某点的力矩时，若力臂不容易求出，可利用合力矩定理。既：将力分解为两个相互垂直的分力，求这两个分力对该点力矩的代数和，就可得到其力矩。

【例 6-12】　试用合力矩定理求如图 6-38 所示，力 P 对 C 点的力矩，已知 $P=2000\text{N}$。

【解】　由于力 P 对 C 点的力臂不易确定，可将 P 力分解为水平和垂直方向的分力 P_x 和 P_y，然后应用合力矩定理求其力矩：

$$\begin{aligned}M_c(P)&=M_c(P_x)+M_c(P_y)\\&=(-P\sin60°)\times(500)+(P\cos60°)\\&\quad\times(1200-800)\\&=(-2000\sin60°)\times(500)\\&\quad+(2000\cos60°)\times(1200-800)\\&=-466000\text{N}\cdot\text{mm}\\&=-466\text{N}\cdot\text{m}(↷)\end{aligned}$$

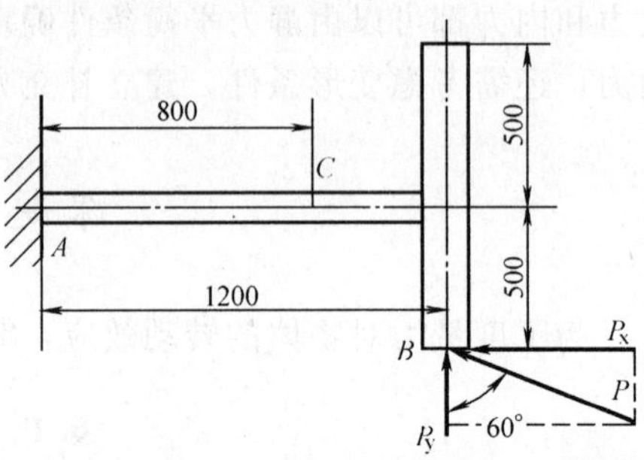

图 6-38　例 6-12 图

结果为负说明力矩为顺时针转动，在结果后面标上实际转向。

（3）力矩平衡

根据公式（6-7）知，各力对任一点的力矩的代数和为零时，物体不会产生转动，此时力矩是平衡的。公式表示为：

$$\sum M_0(F_i)=M_0(F_1)+M_0(F_2)+\cdots+M_0(F_n)=0 \tag{6-8}$$

可简写为
$$\sum M_0=0 \tag{6-9}$$

6.2　力　偶

（1）力偶的概念

大小相等，方向相反，作用线相互平行且不共线的一对力称为力偶。力偶只能使物体产生转动效果。如在生产和生活实践中，汽车司机用双手转动方向盘，木工用于打孔的手钻，用一字螺丝刀拧紧螺丝，工人用丝锥攻螺纹。这种作用力总是成对出现，且平行等值反向，不共线，如图 6-39（a）、（b）所示。力偶可用如图 6-40 所示来表示。

（2）力偶矩

力偶的转动效应用力偶矩来度量。

力偶矩用公式表示为：
$$m=\pm Fd \tag{6-10}$$

式中，力偶矩 m 的大小等于组成力偶的其中一个力 F 乘以两力之间的垂直距离 d。

此垂直距离称为力偶臂，用符号 d 表示。力偶矩的单位为 N·m 或 kN·m，当力偶转向为逆时针时为正，反之为负。

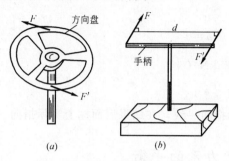

图 6-39 力偶实例

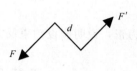

图 6-40 力偶的表示方法

（3）力偶有以下特点：
1）力偶不能合成为一个合力，或称力偶的合力等于零。
2）力偶只能使物体产生转动效应，而不能使物体产生移动效果。
3）力偶不能用一个力代替，也不能与一个力平衡，力偶只能与力偶平衡，说明不能用一个更简单力系来代替力偶。因此，力和力偶是组成力系的两个基本元素。
4）力偶对作用面内任意点的力矩都等于力偶矩。
5）力偶对物体的作用效果取决于力偶矩的大小，力偶的转向和力偶的作用面三个因素，这称为力偶的三要素。
6）在同一平面内的两个力偶，如果它们的力偶矩大小相等，力偶的转向相同，则这两个力偶是等效的。根据力偶的等效性可推论出：在保持力偶矩大小和力偶转向不变的情况下，力偶可在其作用面内任意移动和转动，并且可任意改变力偶中力的大小和力偶臂的长短，力偶对物体的转动效应不变。

应当注意，力偶的等效性和推论只适用于刚体力学。

由于力偶对物体的作用取决于力偶矩的大小和力偶的转向，所以也可用一带箭头的弧线来表示力偶，如图 6-41 所示。箭头表示力偶的转向，m 表示力偶矩的大小。

图 6-41 力偶的表示方法

（4）平面力偶系的合成与平衡

作用于物体同一平面内的几个力偶，可以将它们合成为一个合力偶，其力偶矩等于各个力偶矩的代数和。公式表示为

$$M = m_1 + m_2 + \cdots + m_n = \sum m \quad (6-11)$$

当平面力偶系的合力偶矩等于零时，不产生转动效应，物体处于平衡状态。其平衡条件为：

$$M = \sum m = 0 \quad (6-12)$$

【例 6-13】 如图 6-42（a）所示的简支梁，梁上作用一力偶，其力偶矩 $m = 1\text{kN·m}$，梁长 $l = 4\text{m}$，求 A、B 支座的约束反力。

【解】 以梁 AB 为研究对象，梁上作用力偶，其

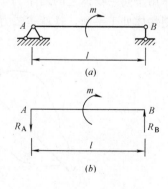

图 6-42 例 6-13 图

矩为 m。可动铰支座 B 处的约束反力 R_B 垂直于梁轴，根据力偶只能与力偶平衡的特性，固定铰支座 A 处的约束反力 R_A，其作用线与 R_B 作用线应平行，组成一力偶与之平衡，如图 6-42（b）所示。列如下平衡方程：

$$\sum m=0 \quad R_A l - m = 0$$

$$R_A = \frac{m}{l} = \frac{1}{4} = 0.25 \text{kN} \ (\downarrow)$$

$$R_B = 0.25 \text{kN} \ (\uparrow)$$

结果为正，说明假设约束反力的指向与实际指向一致，在结果后面标上实际指向。

课题7 平面汇交力系的平衡

作用在工程结构上的力系按照其作用线的分布情况进行分类：力的作用线在同一平面内的力系称为平面力系；力的作用线不在同一平面内的力系称为空间力系。本书只研究平面力系。在平面力系中，各力的作用线汇交于一点的称为平面汇交力系，如图 6-43 所示，吊钩受到钢丝绳三个拉力的作用线汇交于 A 点，形成平面汇交力系。

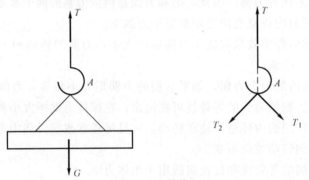

图 6-43 吊钩

在力系作用下处于平衡状态的物体，没有运动效应。这表明物体受到的合力为零，合力偶矩也为零。不同的力系其平衡条件是不同的，根据平衡条件建立各力系的平衡方程式。

7.1 二力平衡

作用于同一物体上的两个力，若这两个力的大小相等、方向相反、作用在同一直线上，则物体处于平衡，这就是二力平衡条件，如图 6-44 所示。

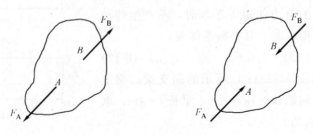

图 6-44 二力平衡

7.2 平面汇交力系的平衡

前面介绍了平面汇交力系，它可以合成为一个合力。若其合力为零，则物体处于平衡状态。根据合力投影定理，平面汇交力系合力为零的条件是，该力系的各个力在坐标 x、y 轴上的投影的代数和分别等于零。用公式表示为：

$$\left.\begin{array}{l} \sum F_x = 0 \\ \sum F_y = 0 \end{array}\right\} \quad (6\text{-}13)$$

上式为平面汇交力系的平衡方程式，可求解两个未知量。

【例 6-14】 如图 6-45（a）所示支架，A、B、C 三处均为铰链连接。A 点悬挂一重物 $Q=1\text{kN}$，若各杆件的重量不计，求 AB 和 AC 杆所受的力。

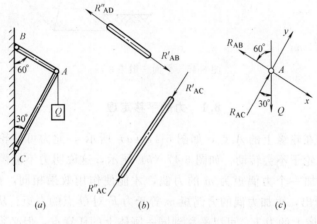

图 6-45 例 6-14 图

【解】 由于 AB、AC 杆两端均为铰链连接，且中间不受力，所以都是二力杆，其约束反力沿杆轴作用。

以销钉 A 为研究对象，受已知力 Q，AB 和 AC 杆对销钉的约束力 R_{AB} 和 R_{AC} 的作用，R_{AB}、R_{AC} 与作用在 AB、AC 杆上的 R'_{AB}、R'_{AC} 为作用和反作用的关系，如图 6-45（b）所示。因此，销钉的受力图如图 6-45（c）所示。

设直角坐标系，列平衡方程式如下：

$$\sum F_x = 0 \qquad -R_{AB} + Q\cos 60° = 0 \qquad (a)$$

$$\sum F_y = 0 \qquad R_{AC} - Q\sin 60° = 0 \qquad (b)$$

由（a）式得 $\qquad R_{AB} = Q\cos 60° = 1 \times 0.5 = 0.5\text{kN}$ （↖）

由（b）式得 $\qquad R_{AC} = Q\sin 60° = 1 \times 0.866 = 0.866\text{kN}$ （↗）

结果为正，说明假设约束反力的指向与实际指向相同（若为负号则表示相反），在结果后面注明实际指向。

课题 8 平面一般力系的平衡

在平面力系中，各力的作用线任意分布的力系称为平面一般力系。

工程实践中，若结构及其所受的荷载有一个共同的对称面，就可将力系简化为在对称平面内的平面力系。如图 6-46（a）所示作直线运行的汽车，车的重力 G，空气阻力 F 及路面对车轮约束反力的合力 R_A、R_B，可简化到汽车的对称面内，组成平面一般力系。图 6-46（b）所示挡土墙，墙体受到的各力沿墙长方向大致相同，可取 1m 长墙身的重力 G、土压力 P、地基反力 R 简化到其对称平面内，组成平面一般力系。

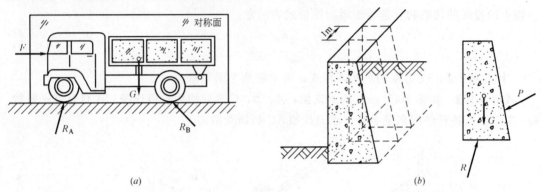

图 6-46 平面一般力系

8.1 力的平移定理

设一力 F 作用在轮缘上的 A 点，如图 6-47（a）所示，此力可使轮子转动。如将它平移到轮心 O 点，轮子不会转动，如图 6-47（b）所示，这说明力不能随意移动。如果在平移力的同时，附加一个力偶矩为 m 的力偶，才能使作用效果相同，如图 6-47（c）所示，从图 6-47 中看出，附加力偶的力偶矩 m 等于力 F 对 O 点的力矩。从而可得到力的平移定理：作用在刚体上的力 F，可以平移到同一刚体上的任意点，但必须同时附加一个力偶，其力偶矩等于原力 F 对于新作用点 O 的力矩。

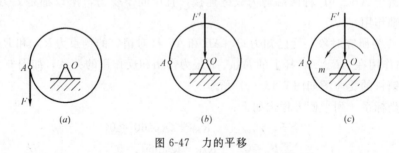

图 6-47 力的平移

8.2 平面一般力系的平衡条件

图 6-48（a）所示，作用在物体上的平面一般力系 F_1，$F_2 \cdots F_n$，其作用点分别为 A_1，$A_2 \cdots A_n$。在其平面内任选一点 O 为简化中心，利用平移定理，将各力向简化中心 O 点平移，就得到一个作用于 O 点的平面汇交力系 F_1'，$F_2' \cdots F_n'$ 和一个附加平面力偶系 m_1，$m_2 \cdots m_n$，图 6-48（b）所示。这些附加力偶矩分别等于相应的力对 O 点的矩。作用于 O 点的平面汇交力系可合成为一个合力，附加平面力偶系可合成为一个合力偶矩。分别称为主矢 R' 和主矩 M_0，图 6-48（c）所示。

如果主矢和主矩分别为零，物体既不移动也不转动，处于平衡状态。

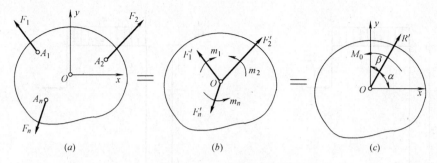

图 6-48 平面力系的简化

通过上述分析可知，平面一般力系的平衡条件是：各力在两个坐标轴上的投影的代数和分别为零。同时，各力对平面内任一点的力矩的代数和也应等于零，平衡方程为：

$$\left.\begin{array}{l}\sum F_x=0\\ \sum F_y=0\\ \sum M_0=0\end{array}\right\} \quad (6-14)$$

上式为平面一般力系平衡方程式的基本形式，可求解三个未知量。

平衡方程式的二力矩式为：

$$\left.\begin{array}{l}\sum F_x=0\\ \sum M_A=0\\ \sum M_B=0\end{array}\right\} \quad (6-15)$$

其中 A、B 两点的连线不得与 x 轴垂直。

平衡方程式还可用三力矩式表示：

$$\left.\begin{array}{l}\sum M_A=0\\ \sum M_B=0\\ \sum M_C=0\end{array}\right\} \quad (6-16)$$

其中 A、B、C 三点的连线不得为直线。

在求解平面一般力系平衡问题时只能采用一组平衡方程式。也就是说，对一个物体，只能求解三个未知量。因为不论采用哪种形式，只能写出三个独立的平衡方程。

【例 6-15】 刚架 A 是固定支座，承受的荷载如图 6-49（a）所示。已知均布荷载为 q，集中荷载 $F=2qa$，刚架自重不计，试求固定支座 A 处的约束反力。

【解】 以刚架为研究对象，画其受力图，假定约束反力指向如图 6-49（b）所示。刚架上的均布荷载合成得合力 $Q=2qa$，方向向下，作用在均布荷载的中点。坐标如图 6-49（b）所示。列平衡方程如下：

$\sum F_X=0 \qquad F_{Ax}-F=0$ \hfill (a)

$\qquad\qquad\qquad F_{Ax}=F=2qa\ (\rightarrow)$

$\sum F_Y=0 \qquad F_{Ay}-Q=0$ \hfill (b)

$\qquad\qquad\qquad F_{Ay}=Q=2qa\ (\uparrow)$

$\sum M_A=0 \qquad M_A-Q\times a+F\times 2a=0$ \hfill (c)

$\qquad\qquad\qquad M_A=Q\times a-F\times 2a=2qa\times a-2qa\times 2a=-2qa^2\ (\nearrow)$

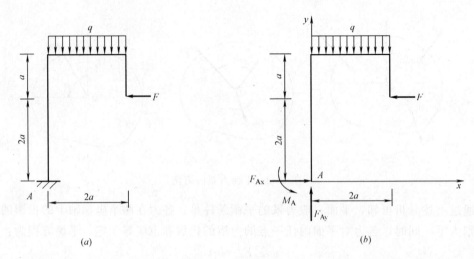

图 6-49 例 6-15 图

结果为负,说明假设的约束反力偶的转向与实际相反,结果后面表示出实际转向为顺时针。

【例 6-16】 如图 6-50(a)所示的混凝土浇灌器和混凝土共重 60kN,重心在 C 点,用钢索沿铅直导轨匀速吊起。若不计导轮和导轨间的摩擦,求导轮 A 和 B 对导轨的压力以及钢索的拉力。已知:$a=300\text{mm}$,$b=600\text{mm}$,$\alpha=10°$。

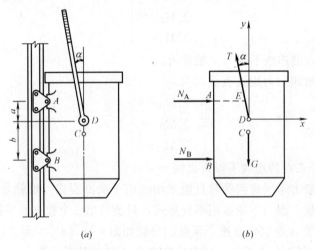

图 6-50 例 6-16 图

【解】 以混凝土浇灌器为研究对象,因导轮和导轨间为光滑接触,其约束反力 N_A、N_B 垂直导轨。受力图如图 6-50(b)所示。取投影轴如图 6-50(b),并以 D 为矩心,列平衡方程如下:

$$\sum F_X=0 \quad N_A+N_B-T\sin\alpha=0 \qquad (a)$$

$$\sum F_Y=0 \quad T\cos\alpha-G=0 \qquad (b)$$

$$\sum M_D=0 \quad N_B b-N_A a=0 \qquad (c)$$

由(b)式得 $T=\dfrac{G}{\cos\alpha}=\dfrac{60}{\cos 10°}=60.93\text{kN}$ (↖)

由(a)式得 $N_A=T\sin\alpha-N_B \qquad (a)'$

将 (a)' 式代入 (c) 式得

$$N_B b - (T\sin\alpha - N_B)a = 0$$

$$N_B = \frac{a}{a+b}T\sin\alpha = \frac{300}{300+600} \times 60.93 \times \sin 10° = 3.53 \text{kN} (\rightarrow)$$

将其代入 (a)' 式得

$$N_A = T\sin\alpha - N_B = 60.93\sin 10° - 3.53 = 7.05 \text{kN} (\rightarrow)$$

课题9 平面平行力系的平衡

当构件所受力系为平面平行力系时,如图 6-51 所示,其投影方程 $\sum F_x = 0$ 自然满足要求,不必写出,可得到平面平行力系的平衡方程式,有以下两种形式。

$$\left.\begin{array}{l}\sum F_y = 0 \\ \sum M_0 = 0\end{array}\right\} \quad (6\text{-}17a)$$

或

$$\left.\begin{array}{l}\sum M_A = 0 \\ \sum M_B = 0\end{array}\right\} \quad (6\text{-}17b)$$

其中 A、B 两点的连线不能平行于各力的作用线。

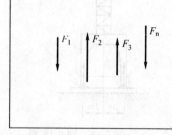

图 6-51 平面平行力系

【**例 6-17**】 如图 6-52 所示桥梁桁架,受力及尺寸如图,求支座 A、B 的反力。

【**解**】 以桥梁桁架为研究对象,画受力图如图 6-52 (b) 所示。由于荷载与 R_B 相互平行,则 R_A 必与各力平行,故为平面平行力系的平衡情况,列平衡方程如下:

$$\sum M_B = 0 \quad 30 \times 12 + 10 \times 6 - R_A \times 15 = 0, \quad R_A = 28\text{kN} (\uparrow)$$

$$\sum M_A = 0 \quad R_B \times 15 - 30 \times 3 - 10 \times 9 = 0, \quad R_B = 12\text{kN} (\uparrow)$$

校核

$$\sum F_y = 0 \quad R_A + R_B - 30 - 10 = 0, \quad 0 \equiv 0$$

计算结果无误。

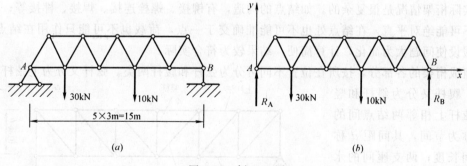

图 6-52 例 6-17 图

*【**例 6-18**】 如图 6-53 所示塔式起重机,机身重 $G = 220\text{kN}$,作用线通过塔身中心。最大起重量 $P = 50\text{kN}$,平衡锤重 $Q = 30\text{kN}$,尺寸如图。求:(1)起重机满载和空载时轨道 A、B 的约束反力;(2)起重机在使用中是否会翻倒。

【**解**】 以起重机为研究对象,画受力图如图 6-53 所示。约束反力 R_A、R_B 铅垂向上。

R_A、R_B 和重力 G、P、Q 组成平面平行力系。分别以 A、B 为矩心，列平衡方程如下：

$\sum M_B = 0 \quad Q(6+2)+G \times 2 - P(12-2) - R_A \times 4 = 0$

$\sum M_A = 0 \quad Q(6-2)-G \times 2 - P(12+2) + R_B \times 4 = 0$

联立解得 $R_A = 2Q + 0.5G - 2.5P$

$R_B = -Q + 0.5G + 3.5P$

(1) 起重机满载和空载时轨道 A、B 的约束反力。

满载时，$P = 50\text{kN}$，代入上式得：

$R_A = 2 \times 30 + 0.5 \times 220 - 2.5 \times 50 = 45\text{kN}$

$R_B = -30 + 0.5 \times 220 + 3.5 \times 50 = 255\text{kN}$

空载时，$P = 0$，代入上式得：

$R_A = 2 \times 30 + 0.5 \times 220 = 170\text{kN}$

$R_B = -30 + 0.5 \times 220 = 80\text{kN}$

(2) 起重机在使用中是否会翻倒。

满载时，$R_A > 0$，起重机不会绕 B 点翻倒；空载时，$R_B > 0$，起重机不会绕 A 点翻倒；R_A 或 R_B 等于零时，为临界平衡状态。

从上述计算结果可知，满载时，$R_A = 45\text{kN} > 0$；空载时，$R_B = 80\text{kN} > 0$。因此，起重机在使用中不会翻倒。

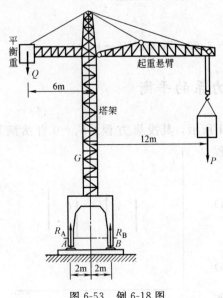

图 6-53 例 6-18 图

课题 10 静定平面桁架

静定平面桁架是指外力作用面与桁架平面在一起的静定桁架。计算中常引用下列假设：

(1) 各结点都是无摩擦的理想铰。
(2) 各杆轴都是直线，并在同一平面内且通过铰的中心。
(3) 荷载只作用在结点上并在桁架的平面内。

实际桁架情况是很复杂的。如结点的构造，有铆接、螺栓连接、焊接、榫接等；各杆轴线不可能绝对平直，在结点处也不可能准确交于一点，荷载也不可能只作用在结点上。上述假设使问题大为简化，计算简便，结果较为符合实际。

组成桁架的各部分，按所在位置不同可分为弦杆和腹杆两类。弦杆又分为上弦杆和下弦杆；腹杆又分为斜杆和竖杆；弦杆上相邻两结点间的区间称为节间，其间距 d 称为节间长度；两支座间的水平距离 l 称为跨度；支座连线至桁架最高点的距离称为桁高。如图 6-54 所示。

求桁架内力的基本方法为结点法和截面法。

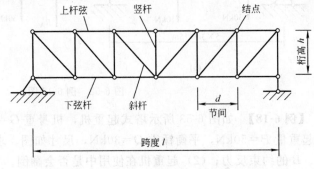

图 6-54 桁架各部分名称

10.1 结 点 法

结点法是截取一个结点为隔离体。当需要求出桁架中各杆件内力时，可采用结点法。任一结点上的力系均受平面汇交力系作用而平衡，故对每个结点可列出两个平衡方程。所以，每个结点上的未知力不得超过两个，以避免在结点间解联立方程。求解的步骤一般是先求出桁架的支座反力，再根据已知条件逐个截取每个结点为研究对象，求出所有未知力。未知内力均假设为拉力，若结果为负值，则是压力。

在桁架中，有些杆件的内力为零，这样的杆件称为零杆。

零杆存在的两种情况：

(1) 无荷载作用且不共线的两杆结点，两杆的内力均为零，如图 6-55 (a) 所示。

(2) 无荷载作用的三杆结点，两杆共线，不共线的第三杆的内力必为零，共线的两杆内力相等，符号相同，如图 6-55 (b) 所示。

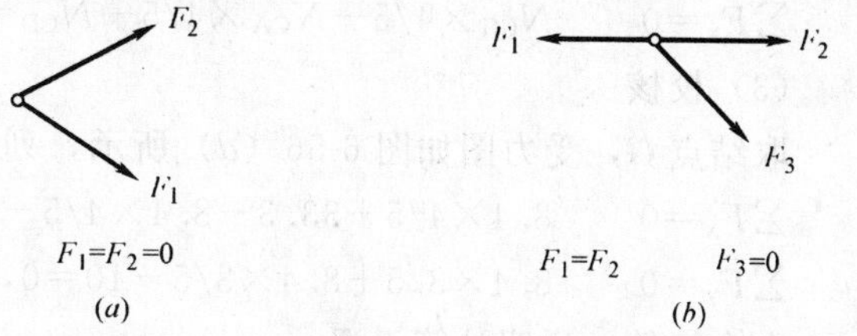

图 6-55 无荷载结点杆件内力的判断

上述零杆可容易地用平衡方程证明。

【例 6-19】 用结点法求图 6-56 所示桁架中各杆件所受的力。

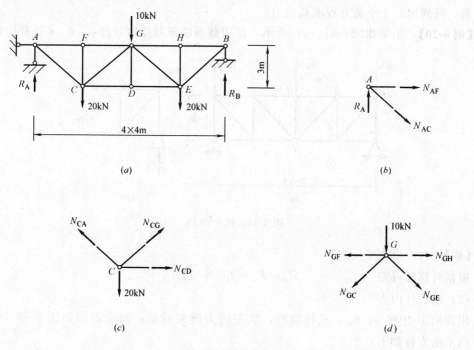

图 6-56 例 6-19 图

【解】 由于桁架和荷载都是对称的，所以只需计算一半桁架的内力，另一半内力利用对称关系即可确定。

(1) 求支座反力 根据对称性知，
$$R_A = R_B = 25 \text{kN} (\uparrow)$$

（2）求杆件所受内力

由零杆存在的条件知，N_{FC}、N_{HE}、N_{DG}的内力均为零。而$N_{AF}=N_{FG}$。

结点A：受力图如图6-56（b）所示，列平衡方程如下：

$\sum F_y=0$　　$N_{AC}\times 3/5-25=0$，$N_{AC}=41.7$kN（拉）

$\sum F_x=0$　　$N_{AF}+N_{AC}\times 4/5=0$，$N_{AF}=-33.3$kN（压）

结点C：受力图如图6-56（c）所示，列平衡方程如下：

$\sum F_y=0$　　$N_{CG}\times 3/5-20+N_{CA}\times 3/5=0$，$N_{CG}=-8.4$kN（压）

$\sum F_x=0$　　$N_{CG}\times 4/5-N_{CA}\times 4/5+N_{CD}=0$，$N_{CD}=26.6$kN（拉）

（3）校核

取结点G，受力图如图6-56（d）所示，列平衡方程如下：

$\sum F_x=0$　　$8.4\times 4/5+33.3-8.4\times 4/5-33.3=0$，$0\equiv 0$

$\sum F_y=0$　　$8.4\times 3/5+8.4\times 3/5-10=0$，$0\equiv 0$

左右恒等，说明计算无误。

10.2 截面法

截面法是截取两个以上的结点为隔离体。当只需要求出桁架中某些杆件的内力时，可适当选取某一截面，将桁架截开，取其中的一部分为研究对象，通常作用其上的是平面一般力系，可列出三个平衡方程求其内力。

【例6-20】 桁架如图6-57（a）所示，试用截面法求其指定杆件a、b、c各杆的内力。

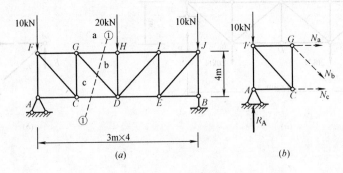

图6-57　例6-20图

【解】（1）求支座反力

根据对称性可知　　　　$R_A=R_B=20$kN（↑）

（2）求杆件内力

用截面①-①将a、b、c三杆切断，取左边为研究对象，画受力图如图6-57（b）所示，列平衡方程如下：

$\sum M_D=0$　　$-N_a\times 4-20\times 6+10\times 6=0$，$N_a=-15$kN（压）

$\sum M_G=0$　　$N_c\times 4+10\times 3-20\times 3=0$，$N_c=7.5$kN（拉）

$\sum F_y=0$　　$N_b\times 4/5+10-20=0$，$N_b=12.5$kN（拉）

（3）校核　$\sum M_c=0$　　$-12.5\times 3/5\times 4-(-15)\times 4+10\times 3-20\times 3=0$，$0\equiv 0$

计算无误。

综 合 练 习

1. 说明：本作业的目的是熟练绘制受力图，对较复杂的结构进行受力分析和计算。
2. 要求：画出各个部分和整体的受力图，计算约束反力。

(1) 如图 6-58 所示，跨度 $l=10$m 的桥式起重机，横梁单位长度的自重 $q_1=1.5$kN/m，跑车和重物的总重量为 $G=100$kN，水平风荷载 $q=2$kN/m，其他如图 6-58 所示。

试求：1) 钢轨对梁的约束反力。
2) 刚架 A、B、C 处的约束反力。

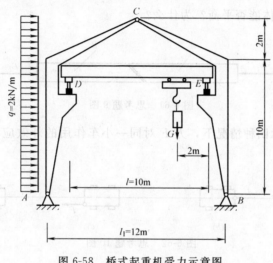

图 6-58　桥式起重机受力示意图

复习思考题

1. 二力平衡与作用和反作用定律有什么不同。
2. 如何用图示法表示一个力。
3. 如图 6-59 所示绳索 AB，C 点作用一向下的力 P，问 AC 和 BC 与水平线之间的夹角越大越危险，还是越小越危险？为什么？

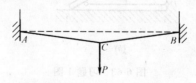

图 6-59　思考题 3 图

4. 指出图 6-60 所示结构中哪些是二力杆件。
5. 力在坐标轴上的投影和力沿坐标轴方向的分解的分力有何不同？
6. 若力多边形自行封闭，力系是否平衡？
7. 比较力矩和力偶矩的异同点。

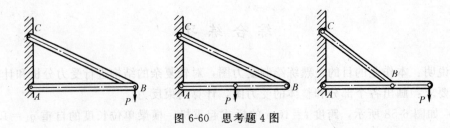

图 6-60 思考题 4 图

8. 用扳手拧松螺母拧不动时，加上一套管于扳手上，就可拧动，这是为什么？用手拔不出来的钉子，用羊角锤较容易就能拔出来，这是为什么？

9. A、B 杆件各受力 F_1、F_2 作用如图 6-61 所示，F_1 与 F_2 等值、反向、共线，假设接触面光滑，A、B 物体能否平衡？为什么？

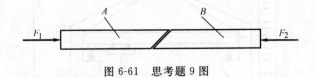

图 6-61 思考题 9 图

10. 图示 6-62 所示四种情况下，力 F 对同一小车作用的外效应（运动效应）是否相同？为什么？

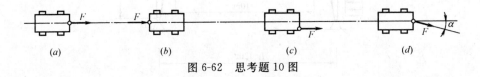

图 6-62 思考题 10 图

习　题

1. 试作图 6-63 所示各物体的受力图，假定各接触面均为光滑的。

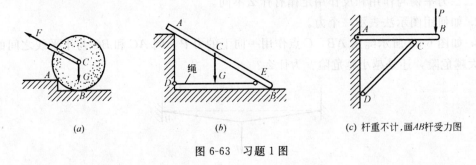

图 6-63 习题 1 图

2. 试作图 6-64 所示梁的受力图。

3. 已知 $F_1=20\text{kN}$，$F_2=50\text{kN}$，$F_3=10\text{kN}$，$F_4=60\text{kN}$，各力方向如图 6-65 所示。求图中各力在 x 轴和 y 轴上的投影。

4. 三铰支架如图 6-66 所示，A 点作用重物 G，求图示三种情况下 AB 杆和 AC 杆所受的力。

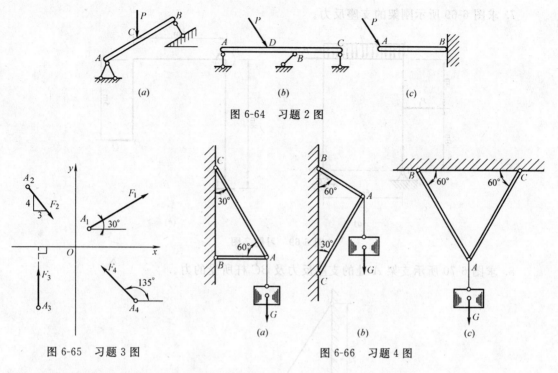

图 6-64 习题 2 图

图 6-65 习题 3 图

图 6-66 习题 4 图

5. 计算图 6-67 所示中各力对 O 点的矩。

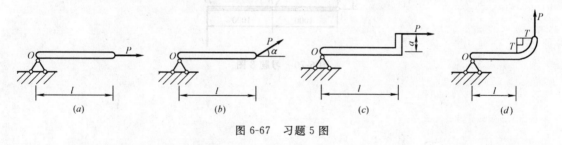

图 6-67 习题 5 图

6. 求图示 6-68 所示各梁的支座反力。

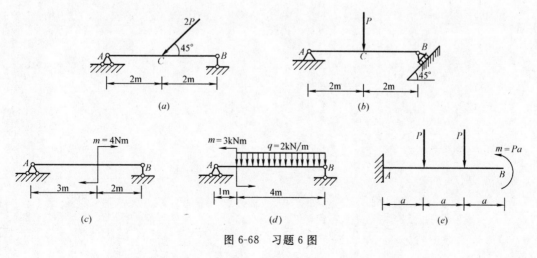

图 6-68 习题 6 图

7. 求图 6-69 所示刚架的支座反力。

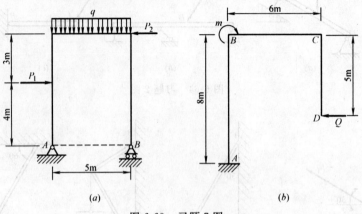

图 6-69 习题 7 图

8. 求图 6-70 所示支架 A 处的支座反力及 BC 杆所受的力。

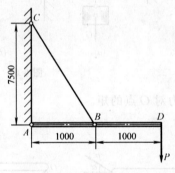

图 6-70 习题 8 图

单元 7　材料力学基础

知　识　点：材料力学的任务是解决构件的承载能力，保证构件能够安全正常的工作，并要经济合理。承载能力可分为三个方面：一是要求构件要有足够抵抗破坏的能力，这称为强度；二是要求构件要有足够抵抗变形的能力，这称为刚度；三是要求构件要有维持其原有平衡形式的能力，这称为稳定性。即构件应满足强度、刚度和稳定性的要求。

根据构件的受力和变形情况，可分为轴向拉伸和压缩、剪切、扭转和弯曲的强度和刚度计算。对轴向压缩的细长杆，考虑在压力作用下，发生侧向弯曲，以致破坏，要研究其稳定平衡问题。

在土建工程中，弯曲变形构件较为多见，应作为重点内容。主要研究：弯曲内力——剪力和弯矩的计算，并用图形来表示剪力和弯矩沿梁轴线的变化规律；弯曲应力——弯曲正应力和剪应力，分别建立其强度条件；弯曲变形——主要用查表法和叠加法求梁的挠度和转角，并建立刚度条件。

对构件具有两种或两种以上基本变形的组合变形构件，以偏心压缩为例，确定其强度的计算方法。

简单介绍应力集中和动荷载对构件的影响。

教学目标：通过本单元的学习，学生了解材料力学的基本概念，掌握杆件在四种基本变形形式下的内力、应力、强度、刚度及其压杆稳定性的计算。重点是弯曲内力图的绘制及其强度、刚度的计算。了解组合变形强度的计算方法及应力集中、动荷应力的概念。并能够对工程实际中的构件进行力学分析，对简单结构或构件进行力学计算，在施工中，应用力学知识定性分析构件受力的合理性，以避免工程事故的发生。

课题 1　材料力学基本概念

构件在外力作用下都会产生变形，由于变形，在变形体内部会产生相互作用力，这种内部作用力将随荷载的增加而增大。若超过某一限度，构件就会破坏。

材料力学主要以杆件体为研究对象，是研究杆件在外力作用下的内力和变形规律的一门科学。所谓杆件，是指长度远大于另外两个方向尺寸的构件。如梁式桥中的板式梁跨构件，房屋中的梁、柱，都可视为杆件体。

为了保证构件能够安全正常的工作，要求构件具有足够的承载能力。构件的承载能力可分为三个方面。（1）强度：构件抵抗破坏的能力。（2）刚度：构件抵抗变形的能力。（3）稳定性：构件在压力作用下，维持其原有平衡形式的能力称为压杆的稳定性。

通过力学计算，为构件确定适宜的材料及合理的截面尺寸，保证构件乃至整个结构的适用、安全与经济。

1.1 变形体的基本假设

制造构件的材料是多种多样的,材料的内部结构也是非常复杂的。在进行力学计算之前,建立一个理想的模型,因此,材料力学对变形固体作如下三方面的基本假设。

(1) 均匀连续性假设

即物质连续不断地充满变形固体内的各部位,并且是均匀一致的。

(2) 各向同性假设

即材料在各个方向的力学性能都是相同的。

(3) 小变形假设

即构件在外力作用下产生的变形远远小于自身的尺寸。这种小变形都是在材料的弹性范围之内。

实践证明,这些假设基本符合工程实际。

1.2 杆件变形的基本形式

杆件在不同方式的外力作用下,将产生不同形式的变形,其基本变形形式可分为：轴向拉伸或压缩,如图 7-1 (a)、(b) 所示;剪切,如图 7-1 (c) 所示;扭转,如图 7-1 (d) 所示;弯曲,如图 7-1 (e) 所示。

实际工程中,构件可能受有两种或两种以上的基本变形,这称为组合变形。

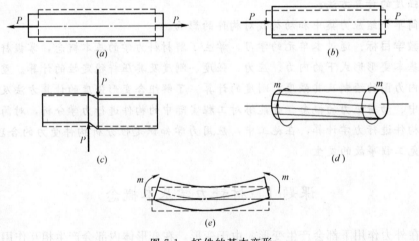

图 7-1 杆件的基本变形

1.3 内力和应力

由于外力的作用,构件内部之间产生的相互作用力称为内力。

研究内力常用的方法为截面法。所谓截面法就是用一个假想的平面将杆件需求内力处截开,将内力显示出来,并将其视为外力,再利用静力平衡方程式求解出此内力。

截面法求内力的步骤概括为：一截、二代、三平衡。所谓一截：即在欲求杆件内力处,假想的将杆件截开,如图 7-2 (a) 所示,分为两部分,取任一部分为研究对象。二代：即将移去部分对留下部分的作用以力代替，画出受力图，如图7-2（b）、（c）所示。

三平衡：即用静力平衡方程式求出内力。

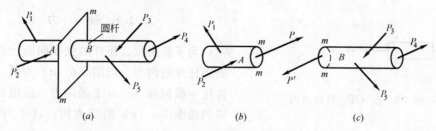

图7-2 截面上的内力

内力是整个截面上分布内力的合力。只知合力大小，还不能判断杆件的强度。如图7-3所示两根受拉伸的杆件，其长度、材料、外力均相等，但横截面面积不同，横截面是指与杆轴线相垂直的截面，如图7-4所示。用截面法可求出两杆的内力相同，而首先破坏的是截面面积较小者。这是因为截面面积小，截面上内力分布的密度大。我们把内力在一点的密集程度称为应力。依据外力的作用情况，应力可分为正应力和剪应力。垂直于截面的应力称为正应力，用符号 σ 表示。相切于截面的应力称为剪应力，用符号 τ 表示，p 为总应力，如图7-5所示。

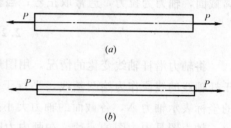

图7-3 截面面积不同的拉杆

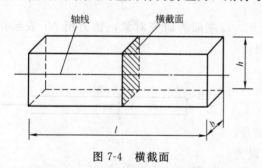

图7-4 横截面

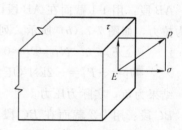

图7-5 截面上某点的应力

应力的单位是帕斯卡，简称为帕，符号为Pa。

$$1Pa=1N/m^2 \text{（1帕=1牛/米}^2\text{）}$$
$$1kPa=10^3Pa=10^3N/m^2$$
$$1MPa=10^6Pa=10^6N/m^2$$
$$1GPa=10^9Pa=10^9N/m^2$$

上式中kPa为千帕，MPa为兆帕，GPa为吉帕。

工程中长度尺寸常以mm为单位，则

$1MPa=10^6Pa=10^6N/10^6mm^2=1N/mm^2$，计算中常采用 $1MPa=1N/mm^2$

课题2 轴向拉伸和压缩

直杆受外力或其合力作用线沿杆件轴线的两力作用，其大小相等、方向相反。杆件将

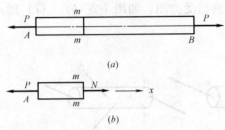

图 7-6 拉（压）杆的内力

发生沿轴线方向的伸长或缩短变形。这种变形称为轴向拉伸或压缩。

2.1 轴 力

为了解决拉、压杆的强度问题，首先需要确定杆件的内力。以图 7-6 (a) 为例，确定杆件任一横截面 m—m 上的内力。运用截面法可得到如图 7-6 (b) 的受力图。这个内力 N 是与杆轴线重合的力，称为轴力。

利用平衡方程 $\sum F_x = 0$，$N - P = 0$，求出轴力 $N = P$。当杆件受拉时，轴力的方向背离截面，轴力为拉力，通常取正号；当轴力为压力时，轴力的方向指向截面，取负号。

2.2 轴 力 图

将轴力沿杆轴线变化的情况，用图形表示出来，这图形称为轴力图（N 图）。以平行于杆轴线的线段作为绘图基线，平行于基线的坐标 x 表示杆横截面的位置，垂直于基线的坐标表示轴力 N，各截面的轴力大小按一定的比例画在坐标图上，并连以直线。

轴力图是内力图的一种，在画内力图时应包括四项内容：数值、单位、正负号、图的类型。

【例 7-1】 一等直杆受力如图 7-7 所示，试绘制杆件的轴力图。

【解】（1）计算各杆段的轴力

AB 段：用 1-1 截面在 AB 段内将杆截开，以左面为研究对象，轴力用 N_1 表示并假设为拉力，如图 7-7 (b) 所示。列平衡方程：

$$\sum F_x = 0 \quad N_1 + P_1 = 0$$

$$N_1 = -P_1 = -2\text{kN}（压力）$$

结果为负，实际为压力。

BC 段：用 2-2 截面在 BC 段内将杆截开，以左面为研究对象，轴力用 N_2 表示并假设为拉力，如图 7-7 (c) 所示。列平衡方程：

$$\sum F_x = 0 \quad N_2 + P_1 - P_2 = 0$$

$$N_2 = -P_1 + P_2 = -2 + 3 = 1\text{kN}（拉力）$$

结果为正，则为拉力。

（2）绘制杆件轴力图

轴力图如图 7-7 (d) 所示。

2.3 轴向拉（压）杆件的应力和强度计算

受轴向拉伸和压缩的杆件，横截面上的变形是相同的。如图 7-8 (a) 是杆件未受力前画上方格。受轴向拉伸后方格变为矩形格，且变形一致如图 7-8 (b) 所示，说明内力在截面上

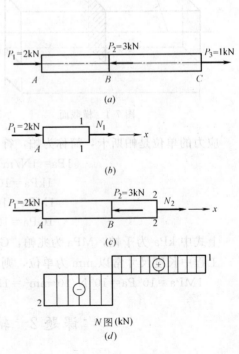

图 7-7 例 7-1 图

是均匀分布的，即各点的应力是相等的，其正应力计算公式为：

$$\sigma = \frac{N}{A} \quad (7-1)$$

式中 σ——横截面上的正应力；
　　　N——轴力；
　　　A——杆件横截面面积。

为保证杆件安全正常的工作，杆件内的工作应力不得超过材料的许用应力。其强度条件为：

$$\sigma_{max} = \frac{N}{A} \leq [\sigma] \quad (7-2)$$

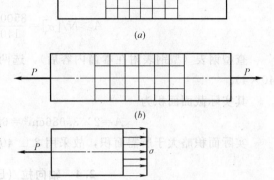

图7-8 拉（压）杆横截面上的应力

式中：$[\sigma]$为材料的许用应力或称容许应力。由国家有关部门规定，可从有关手册中查找。

应用强度条件可以解决三类问题：

(1) 强度校核

当已知轴向受力杆件所受的外力、截面尺寸和许用应力时，可用式(7-2)验算工作应力是否满足$\sigma_{max} \leq [\sigma]$的条件。

(2) 设计截面

当已知轴向受力杆件所受的外力和许用应力时，可根据强度条件确定所需的最小横截面面积，即$A \geq N/[\sigma]$。

(3) 确定许用荷载

当已知轴向受力杆件截面尺寸和许用应力时，可根据强度条件确定杆件所能承受的最大轴力，即$[N] \leq A[\sigma]$，然后，根据结构受力情况，确定许用荷载。

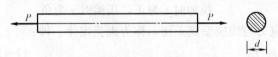

图7-9 例7-2图

【例7-2】 如图7-9所示一钢拉杆，横截面为圆形，其直径$d=14$mm，许用应力为$[\sigma]=170$MPa，杆受轴向拉力为$P=25$kN，试校核杆件是否满足强度要求。

【解】 已知杆件受轴向拉力$P=25$kN，横截面面积为$A = \frac{\pi d^2}{4} = \frac{\pi \times 14^2}{4} = 153.9$mm^2

利用强度条件可得 $\sigma = \frac{N}{A} = \frac{P}{A} = \frac{25 \times 10^3}{153.9} = 162.4$N/mm^2 $= 162.4$MPa $<$ $[\sigma]=170$MPa

杆件满足强度要求。

【例7-3】 受轴向拉伸的两根等边角钢组成的构件如图7-10所示，已知轴向拉力为

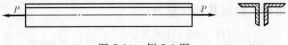

图7-10 例7-3图

$P=85\text{kN}$,许用应力 $[\sigma]=140\text{MPa}$,试选择角钢的型号。

【解】 根据强度条件确定所需角钢的截面面积。

$$A \geqslant N/[\sigma] = \frac{85000}{140} = 607.1 \text{mm}^2$$

查型钢表(型钢表附在本篇内容后),选两根 40mm×40mm×4mm 的角钢(2∟40×40×4)。

其实际截面面积为

$$A = 2 \times 3.086 \text{cm}^2 = 6.17 \text{cm}^2 = 617 \text{mm}^2$$

实际面积略大于所需面积,故采用 2∟40×40×4 的等边角钢。

2.4 轴向拉(压)杆的变形

直杆在受轴向拉(压)力作用时,杆件将沿轴线方向产生伸长(缩短),同时杆件横截面也产生相应的缩小(增大),如图7-11所示。

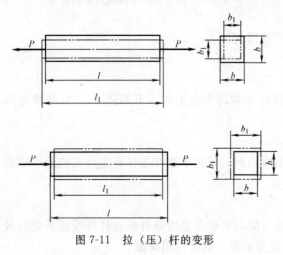

图 7-11 拉(压)杆的变形

如变形前杆件长度为 l,变形后长度为 l_1,则杆件的纵向变形为:$\Delta l = l_1 - l$,拉伸时 Δl 为正,压缩时 Δl 为负。

纵向变形 Δl 的大小与杆件的长度有关。为消除长度对变形的影响,求纵向变形 Δl 与原长度 l 的比值,即单位长度的变形,称为线应变,简称应变,用符号 ε 表示。即

$$\varepsilon = \frac{\Delta l}{l} \tag{7-3}$$

拉伸时 ε 为正,压缩时 ε 为负。

当杆内应力未超过某一极限时,其正应力与线应变成正比,称为虎克定律。即:

$$\sigma = E\varepsilon \tag{7-4}$$

式中 E 为比例常数,称为弹性模量。E 越大,变形越小,它反映了材料抵抗弹性变形的能力。弹性模量 E 随材料的不同而异,可从有关手册中查到。

虎克定律也可用下面形式表示:

$$\Delta l = \frac{Nl}{EA} \tag{7-5}$$

当杆件变形在弹性范围内,用上式可求得拉(压)杆的纵向伸长(缩短)变形的大小,杆件抵抗变形的能力取决于 EA 的乘积,EA 称为抗拉压刚度。

【例 7-4】 在例 7-3 中,若杆长为 2m,弹性模量 $E=200\text{GPa}$,试求杆件的伸长量是多少?

【解】 根据虎克定律,确定其伸长量为:

$$\Delta l = \frac{Nl}{EA} = \frac{85 \times 10^3 \times 2 \times 10^3}{200 \times 10^3 \times 617} = 1.378 \text{mm}$$

课题 3 剪切和挤压

3.1 剪切强度计算

如图 7-12（a）所示的螺栓连接件，以螺栓为研究对象，螺栓杆上受到大小相等、方向相反、作用线平行、相距很近并且垂直杆轴的两个力作用。将使杆件产生剪切变形。

剪切变形的特点是，两力作用线间的横截面发生相对错动，如图 7-12（b）所示，两力之间的截面称为剪切面，作用在剪切面上的内力 Q 称为剪力，如图 7-12（c）所示。

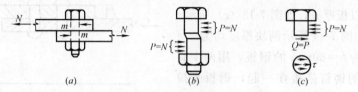

图 7-12 螺栓剪切变形和内力

按平衡条件 $\sum F_x = 0$，可求出剪力 $Q = P$，与剪力 Q 相对应的剪应力 τ，假定按平均值作用在剪切面上来计算。公式为：

$$\tau = \frac{Q}{A} \tag{7-6}$$

式中　Q——剪切面上的剪力；
　　　A——剪切面的面积。

为保证构件不发生剪切破坏，要求剪切面上的平均剪应力不超过材料的许用剪应力 $[\tau]$。对于塑性材料，可取 $[\tau] = (0.6 \sim 0.8)[\sigma]$，对于脆性材料，可取 $[\tau] = (0.8 \sim 1.0)[\sigma]$。

其强度条件为：

$$\tau = \frac{Q}{A} \leqslant [\tau] \tag{7-7}$$

3.2 挤压强度计算

杆件在受剪的同时，还会产生挤压。

挤压是指两构件接触面相互压紧传递压力的现象。两杆件的接触面称为挤压面，挤压面上的压力称为挤压力。如图 7-13（a）、（b）所示。

挤压应力可按假定的平均值计算，公式为：

$$\sigma_c = \frac{P_c}{A_c} \tag{7-8}$$

式中　σ_c——挤压应力；
　　　P_c——挤压力；
　　　A_c——挤压接触面的面积。

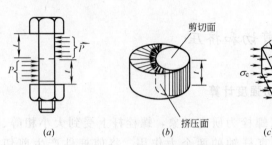

图 7-13 螺栓局部受压现象

挤压应力应满足挤压强度条件，即：

$$\sigma_c = \frac{P_c}{A_c} \leqslant [\sigma_c] \quad (7-9)$$

式中 $[\sigma_c]$——挤压许用应力。塑性材料 $[\sigma_c] = (1.5 \sim 2.5)[\sigma]$；脆性材料 $[\sigma_c] = (0.9 \sim 1.5)[\sigma]$。

在计算挤压面的面积时，若挤压面为平面，挤压面积为该平面的面积；若挤压面为半圆柱面时（如铆钉、销钉、螺栓），挤压面积可近似按直径 d 乘以板厚 t_0，如图 7-13 (c) 所示。

【例 7-5】 如图 7-14 所示两块厚度均为 $t_0 = 10\text{mm}$ 和宽度均为 $b = 60\text{mm}$ 的钢板，用两个直径为 $d = 17\text{mm}$ 的铆钉搭接在一起，钢板受拉力 $P = 60\text{kN}$。已知许用剪应力为 $[\tau] = 140\text{MPa}$，许用挤压应力为 $[\sigma_c] = 280\text{MPa}$，许用拉应力为 $[\sigma] = 160\text{MPa}$，试校核该铆接件的强度。

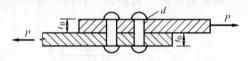

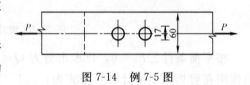

图 7-14 例 7-5 图

【解】 每个铆钉受力为 $\frac{P}{2} = \frac{60}{2} = 30\text{kN}$

(1) 按抗剪强度计算 $\tau = \frac{Q}{A} = \frac{P/2}{\pi d^2/4} = \frac{30 \times 10^3}{\pi \times 17^2/4} = 132.2\text{MPa} < [\tau] = 140\text{MPa}$

满足剪切强度要求。

(2) 按挤压强度计算

$$\sigma_c = \frac{P_c}{A_c} = \frac{P/2}{dt} = \frac{30 \times 10^3}{17 \times 10} = 176.5\text{MPa} < [\sigma_c] = 280\text{MPa}$$

满足挤压强度要求。

(3) 按钢板抗拉强度计算

$$\sigma = \frac{N}{A} = \frac{P}{(b-d)t_0} = \frac{60 \times 10^3}{(60-17)10} = 139.5\text{MPa} < [\sigma] = 160\text{MPa}$$

钢板抗拉强度满足要求。

所以，此连接满足强度要求。

课题 4 扭 转

4.1 扭 矩

在垂直杆件轴线的两平面内，作用一对大小相等、转向相反的力偶时，杆件的各截面将发生相对转动，这种变形称为扭转变形。杆件任意两截面间的相对转角 φ 称为扭转角。

图 7-15 中的 φ 角就是 B 截面相对 A 截面的扭转角。

圆形截面的受扭杆件通常称为轴。如机器中的传动轴。

扭转杆件的内力计算仍采用截面法。

设有一圆轴受有一对外力偶 m_A、m_B

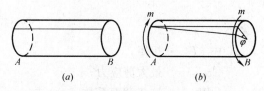

图 7-15 扭转变形

作用,如图 7-16 所示,现求任一截面 C 处的内力。应用截面法,取左边为研究对象。为了保持平衡,横截面上必然存在一个内力偶矩 T 与外力偶矩 m_A 平衡,这个内力偶矩称为扭矩。由平衡条件 $\sum M_x = 0$,可求出扭矩的大小。

$$T = m_A$$

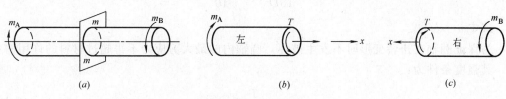

图 7-16 扭转内力

*4.2 扭转杆件的应力和强度计算

圆轴扭转时,圆轴的横截面仍然保持为平面,微段两横截面之间的距离不变,且只发生相对错动,因此截面上只有剪应力而无正应力,剪应力用符号 τ 表示,且规定 τ 对研究对象产生顺时针转动趋势时为正,反之为负。剪应力大小沿半径方向成直线规律变化;剪应力方向垂直于半径,指向与截面的扭矩转向相对应。如图 7-17 所示。

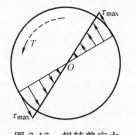
图 7-17 扭转剪应力

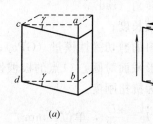
图 7-18 剪应变

当相邻两截面发生相对错动时,原来正交线段的夹角也将发生变化,如图 7-18 (a) 所示,即发生了剪切变形。这个直角的改变量称为剪应变或角应变,用符号 γ 表示。这种夹角的改变,是由于剪应力的作用所致,因为单元体前、后面上无应力作用,用平面图形表示,如图 7-18 (b) 所示。材料在某一极限内,剪应力与剪应变成正比,称为剪切虎克定律,公式表示为:

$$\tau = G\gamma \tag{7-10}$$

式中 G——剪切弹性模量。

发生在横截面上的最大剪应力在截面的边缘处,可按下式计算:

$$\tau_{\max}=\frac{T}{W_T} \tag{7-11}$$

式中 T——扭矩；

$\tau_{\max}$——最大剪应力；

W_T——抗扭截面系数（m^3 或 mm^3）。

对于直径为 D 的圆截面，抗扭截面系数按下式计算：

$$W_T=\frac{\pi D^3}{16}$$

对于内径为 d、外径为 D 的空心圆截面，抗扭截面系数按下式计算：

$$W_T=\frac{\pi(D^4-d^4)}{16D}=\frac{\pi D^3}{16}(1-\alpha^4)$$

式中 $\alpha=d/D$。

为保证圆轴在扭转变形时不发生破坏，圆轴内的最大剪应力不得超过材料的许用剪应力。其强度条件为：

$$\tau_{\max}=\frac{T}{W_T}\leqslant[\tau] \tag{7-12}$$

式中 $[\tau]$——材料的许用剪应力。

*4.3 扭转杆件的变形和刚度计算

圆轴两端横截面间的相对扭转角可按下式计算：

$$\varphi=\frac{Tl}{GI_P} \tag{7-13}$$

式中 φ——扭转角（rad）；

l——圆轴长度；

G——材料的剪切弹性模量（GPa）；

I_P——圆形截面对圆心 O 点的极惯性矩；

GI_P——称为抗扭刚度。

实心圆轴 $I_P=\frac{\pi D^4}{32}$，单位：mm^4

空心圆轴 $I_P=\frac{\pi D^4}{32}(1-\alpha^4)$，$\alpha=\frac{d}{D}$

为保证圆轴正常工作，除要求满足强度外，其变形也应满足要求。其最大单位长度扭转角不得超过许用单位长度扭转角。

$$\frac{\varphi}{l}=\frac{T}{GI_P}\leqslant\left[\frac{\varphi}{l}\right] \tag{7-14}$$

上式左边 $\frac{\varphi}{l}$ 为轴的最大单位长度扭转角，单位是：弧度/米（rad/m）；右边 $\left[\frac{\varphi}{l}\right]$ 是许用单位长度扭转角，单位是度/米（°/m）。为使两边单位统一，刚度条件为：

$$[\theta]=\frac{\varphi}{l}=\frac{T}{GI_P}\frac{180}{\pi}\leqslant\left[\frac{\varphi}{l}\right] \tag{7-15}$$

$[\theta] = \left[\dfrac{\varphi}{l}\right]$ 可查有关手册.

【例 7-6】 实心圆轴长为 $l=1\text{m}$，直径 $D=100\text{mm}$，两端受外力偶矩 $m=15\text{kN·m}$ 的作用。设材料的许用剪应力为 $[\tau]=80\text{MPa}$，许用单位长度扭转角为 $[\theta]=0.3°/\text{m}$，剪切弹性模量为 $G=80\text{GPa}$，试校核此轴的强度和刚度是否满足要求。

【解】（1）用截面法求出圆轴内的扭矩

扭矩为 $T=m=15\text{kN·m}$

（2）校核圆轴的强度

圆轴的抗扭截面系数为 $W_T = \dfrac{\pi D^3}{16} = \dfrac{\pi \times 100^3}{16} = 19.6 \times 10^4 \text{mm}^3$

$$\tau_{\max} = \dfrac{T}{W_T} = \dfrac{15 \times 10^6}{19.6 \times 10^4} = 76.5 \text{MPa} < [\tau] = 80 \text{MPa}$$

圆轴的强度满足要求。

（3）校核圆轴的刚度

圆轴的极惯性矩为 $I_P = \dfrac{\pi D^4}{32} = \dfrac{\pi \times 100^4}{32} = 9.8 \times 10^6 \text{mm}^4$

刚度校核

$$\theta = \dfrac{T}{GI_P} \times \dfrac{180}{\pi} = \dfrac{15 \times 10^6}{80 \times 10^3 \times 9.8 \times 10^6} \times \dfrac{180}{\pi} = 1.1 \times 10^{-3} (°/\text{m}) < [\theta] = 0.3°/\text{m}$$

圆轴的刚度满足要求。

课题 5 弯 曲 内 力

在工程结构中，构件在外力作用下产生弯曲变形，即构件的轴线由直线变为曲线，如图 7-19 所示。梁式桥中的主梁、房屋支承楼板的梁，都产生弯曲变形。

凡以弯曲变形为主的杆件，统称为梁。

当梁上的外力全部作用在通过梁轴的纵向对称平面内，梁弯曲后其弯曲的梁轴线位于纵向对称平面内且与外力作用平面相重合，如图 7-20 所示，这称为平面弯曲。本课题主要研究等截面直梁的平面弯曲问题。

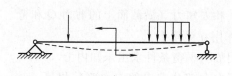

图 7-19 弯曲变形

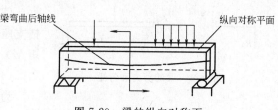

图 7-20 梁的纵向对称面

5.1 梁 的 分 类

如果梁的支座反力能够用静力平衡条件求解的为静定梁，不能求解的为超静定梁。本书只介绍静定梁。

静定梁按其支座情况可分为下述几类。

(1) 悬臂梁

梁的一端为固定端支座，另一端为自由端，如图7-21（a）所示。

(2) 简支梁

梁的一端为固定铰支座，另一端为可动铰支座，如图7-21（b）所示。

(3) 外伸梁

梁的一端或两端伸出支座以外的简支梁，如图7-21（c）、（d）所示。

(4) 多跨静定梁

由上述两种或两种以上的静定梁，用中间铰组合而成的多跨梁，如图7-21（e）所示。

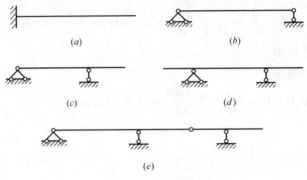

图7-21 常见静定梁

5.2 静定梁的内力——剪力和弯矩

静定梁上作用荷载，如图7-22所示，梁内横截面上会产生抵抗弯曲变形的内力，其内力可分为弯矩M和剪力Q两种，作用在横截面的形心c处。内力的求解仍采用截面法，其步骤为：

(1) 求支座反力。

(2) 在欲求内力处，用假想截面将梁截开为两部分。

(3) 以任一部分为研究对象，将已知力（包括支座反力）和未知力（横截面上的剪力Q和弯矩M）全部作用在梁段上。

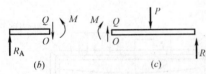

图7-22 梁的剪力和弯矩

(4) 应用静力平衡条件求出未知内力。

为使截面左右部分求出的内力符号相等，对剪力Q和弯矩M的正负号作如下规定：

(1) 截面上的剪力使该截面的邻近微段产生顺时针转动趋势时规定为正，反之为负，如图7-23（a）、（b）所示。

(2) 截面上的弯矩使该截面的邻近微段产生向下凸的变形为正，反之为负，如图7-23（c）、（d）所示。

应当注意，为使计算结果的正负号与内力规定的正负号相一致，截面上的剪力Q和

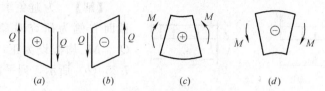

图 7-23 剪力和弯矩的正负号规定

弯矩 M 要按正的标示。

【**例 7-7**】 简支梁如图 7-24（a）所示，梁上作用荷载 $P_1=20\text{kN}$，$P_2=40\text{kN}$，求截面 I - I 上的剪力和弯矩。

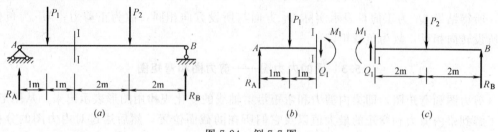

图 7-24 例 7-7 图

【**解**】（1）求支座反力

以梁 AB 为研究对象，画受力图如图 7-24（a）所示，列平衡方程：

$$\sum M_B = 0$$
$$P_1 \times 5 + P_2 \times 2 - R_A \times 6 = 0$$
$$R_A = \frac{P_1 \times 5 + P_2 \times 2}{6} = \frac{20 \times 5 + 40 \times 2}{6} = 30\text{kN}（\uparrow）$$

$$\sum M_A = 0$$
$$R_B \times 6 - P_1 \times 1 - P_2 \times 4 = 0$$
$$R_B = \frac{P_1 \times 1 + P_2 \times 4}{6} = \frac{20 \times 1 + 40 \times 4}{6} = 30\text{kN}（\uparrow）$$

（2）求 I - I 截面的内力

用截面 I - I 将梁截成两部分，以左面为研究对象，并假设剪力 Q_1 和 M_1 均为正，如图 7-21（b）所示，列平衡方程：

$\sum Y = 0 \quad R_A - P_1 - Q_1 = 0$
$\quad Q_1 = R_A - P_1 = 30 - 20 = 10\text{kN}$

$\sum M_1 = 0 \quad -R_A \times 2 + P_1 \times 1 + M_1 = 0$
$\quad M_1 = R_A \times 2 - P_1 \times 1 = 30 \times 2 - 20 \times 1 = 40\text{kN} \cdot \text{m}$

所得结果 Q_1、M_1 为正值，表示实际 Q_1、M_1 方向与所设方向相同，故为正剪力、正弯矩。若取右面为研究对象，也设 Q_1、M_1 为正，受力图如图 7-24（c）所示，结果与上述相同，读者可自行证明。

【**例 7-8**】 悬臂梁受力如图 7-25（a）所示，已知 $q=2\text{kN/m}$，$P=6\text{kN}$，试求 1-1 截面上的剪力和弯矩。

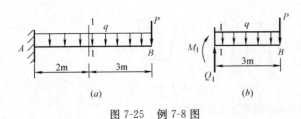

图 7-25 例 7-8 图

【解】 为避免求支座反力，取 1-1 截面右侧为研究对象。截面上的剪力 Q_1、M_1 均假设为正，画其受力图如图 7-25（b）所示，列平衡方程。

$$\sum Y = 0 \qquad Q_1 - P - q \times 3 = 0$$
$$Q_1 = P + q \times 3 = 6 + 2 \times 3 = 12 \text{kN}$$

$$\sum M_1 = 0 \qquad -M_1 - q \times 3 \times 3/2 - P \times 3 = 0$$
$$M_1 = -q \times 3 \times 3/2 - P \times 3 = -2 \times 3 \times 3/2 - 6 \times 3 = -27 \text{kN} \cdot \text{m}$$

所得结果 Q_1 为正值，表示实际 Q_1 方向与所设方向相同，故为正剪力；M_1 为负值，与所设转向相反，故为负弯矩。

5.3 梁的内力图——剪力图和弯矩图

剪力图和弯矩图，即梁内剪力和弯矩沿梁轴线的变化规律用图形表示出来。从图形上可了解到梁内剪力和弯矩的最大值以及它们所在的截面位置。然后通过对内力图的分析，进行梁的强度和刚度的计算。

绘制内力图的方法是：以梁轴线的横坐标 x 表示梁的横截面位置，以荷载不连续处作分界点，如集中荷载（包括支座反力）、集中力偶作用处，分布荷载的起点和终点均为分界点，将梁分成若干段。用截面法列出各段的内力方程，一般以梁的左端为坐标原点，在各段梁的任意位置处，将梁截为两部分，然后根据内力方程用描点法画出内力图。绘内力图时，正剪力画在轴线（绘图基线）上面，负剪力画在轴线下面。弯矩图画在梁的受拉一侧。即正弯矩画在轴线下面，负弯矩画在轴线上面。

下面通过例题说明剪力图和弯矩图的绘制方法。

【例 7-9】 悬臂梁受集中荷载作用如图 7-26（a）所示，试列出剪力方程和弯矩方程，画出梁的剪力图和弯矩图，并确定 $|Q|_{\max}$ 和 $|M|_{\max}$。

【解】 (1) 求支座反力

若以梁的左边为研究对象，可不必求出支座反力。

(2) 列剪力方程和弯矩方程

以梁左端 A 为坐标原点，在距坐标原点为 x 处将梁截开，以左边为研究对象画出受力图。如图 7-26（b）所示。其中 Q_x 和 M_x 表示距坐标原点为 x 处的剪力和弯矩。说明剪力和弯矩是随 x 而变，剪力和弯矩是坐标 x 的函数，由此列出的方程即为剪力方程和弯矩方程。由静力平衡条件可得：

$$Q_x = -P \qquad (a)$$
$$M_x = -Px \qquad (b)$$

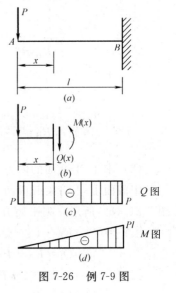

图 7-26 例 7-9 图

(3) 画剪力图和弯矩图

由剪力方程 (a) 可知，Q_x 为一常数，梁的各个截面的剪力相同，剪力图是一条平行于 x 轴的直线，且位于 x 轴的下方，如图 7-26（c）所示。

由弯矩方程（b）可知，M_x 为 x 的一次函数，弯矩图是沿梁轴线的一直线图形。故只需确定两个截面的弯矩，即可画出弯矩图。

当 $x=0$ 时，$M_A=0$

$x=l$ 时　$M_B=-Pl$

按比例绘图，M_B 为负值，画在 x 轴的上方，如图 7-26（d）所示。

（4）求 $|Q|_{max}$ 和 $|M|_{max}$

由剪力图和弯矩图看出，剪力绝对值最大为 $|Q|_{max}=P$。在各个截面均相等。

弯矩绝对值最大为 $|M|_{max}=Pl$，发生在 B 端。

注意：1）习惯上将剪力图和弯矩图与梁的计算简图对正。

2）标明图的类别（Q 图、M 图）。

3）标明各分界点及极值点的数值及单位。

4）在内力图上标明内力的正负号。

【例 7-10】　简支梁受均布荷载 q 作用，如图 7-27（a）所示。试绘制梁的剪力图和弯矩图。

【解】　（1）求支座反力

因结构对称，荷载对称，支座反力 $R_A=R_B=\dfrac{ql}{2}$。

（2）列剪力方程和弯矩方程

$$Q_x=R_A-qx=\frac{ql}{2}-qx \qquad (a)$$

$$M_x=R_A x-\frac{ql}{2}x^2=\frac{ql}{2}x-\frac{ql}{2}x^2 \qquad (b)$$

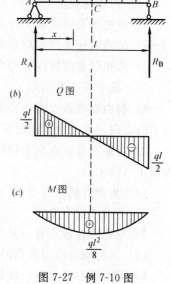

图 7-27　例 7-10 图

（3）画剪力图和弯矩图

由剪力方程（a）可知，Q_x 为 x 的一次函数，是直线方程，剪力图是一条斜直线。

当 $x=0$ 时　$Q_{A右}=\dfrac{ql}{2}$

$x=l$ 时　$Q_{B左}=-\dfrac{ql}{2}$

由此可画出剪力图，如图 7-27（b）所示。

由弯矩方程（b）可知，M_x 为 x 的二次函数，弯矩图是一条二次抛物线，故至少需确定三个截面的弯矩才可画出弯矩图。

当 $x=0$ 时，$M_A=0$

$x=\dfrac{l}{2}$ 时　$M_C=\dfrac{ql^2}{8}$

$x=l$ 时　$M_B=0$

由此可画出弯矩图，如图 7-27（c）所示。

5.4　荷载、剪力图和弯矩图之间的关系

作用在梁上的外力，通常有集中荷载（包括支座反力）、集中力偶和均布荷载三种。

按前述的分段方法,以集中荷载、集中力偶和均布荷载的起点和终点为分界点,将梁分为无荷载段和均布荷载段。注意分界点及梁段的内力图变化规律,可简捷地画出剪力图和弯矩图。画图时从左向右进行,后面所述向下斜(上斜)线指从左向右下斜(上斜)。

绘制剪力图和弯矩图规律可用高等数学证明,这里只总结规律如下:

(1) 无荷载段

1) 剪力图是水平线。其值可为正、负或零。

2) 弯矩图是斜直线。Q 为正 M 图下斜、Q 为负 M 图上斜(特殊情况,Q 为零 M 图水平线)。

(2) 均布荷载段

1) 剪力图是斜直线。均布荷载 q 向下(向上),Q 图是下斜(上斜)直线。其下降(上升)的绝对值为该段均布荷载的合力大小。

2) 弯矩图是抛物线。均布荷载 q 向下(向上),M 图为向下凸(上凸)曲线。

(3) 集中荷载作用点

1) 剪力图在该点有一突变。力向下(向上)突变从左到右突降(突升),即突变方向与力的方向一致,突变的绝对值是该集中荷载的大小。

2) 弯矩图在该点发生转折。在该点弯矩出现峰值,力向下(向上)出现峰值的尖角也向下(向上)。

(4) 集中力偶作用点

1) 剪力图没有变化。

2) 弯矩图在该点有一突变。力偶顺(逆)时针方向,突变从左到右突降(突升)。

(5) 无荷载与均布荷载的交界点

1) 剪力图在该点有一转折。

2) 该点是弯矩图直线与抛物线的过渡点。

荷载、剪力图和弯矩图之间关系的规律参考表 7-1。

梁的荷载、剪力图、弯矩图之间的关系 表 7-1

	梁上荷载情况	剪 力 图	弯 矩 图
1	无分布荷载 ($q=0$)	Q 图为水平直线 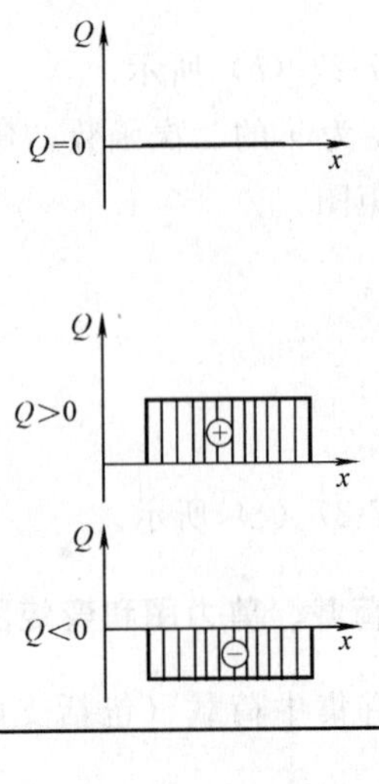 $Q=0$ $Q>0$ $Q<0$	M 图为斜直线 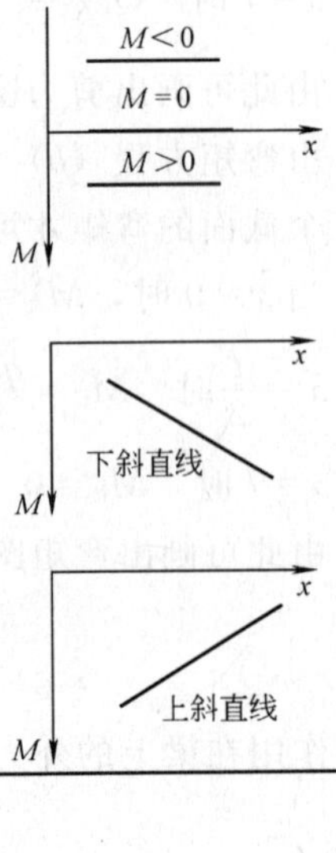 $M<0$ $M=0$ $M>0$ 下斜直线 上斜直线

续表

	梁上荷载情况	剪 力 图	弯 矩 图
2	均布荷载向上作用 $q>0$ 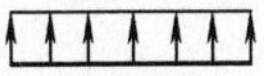	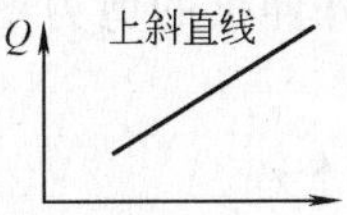 上斜直线	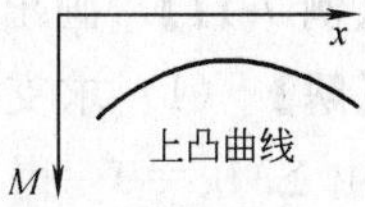 上凸曲线
3	均布荷载向下作用 $q<0$ 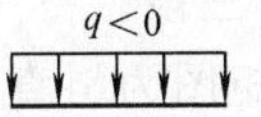	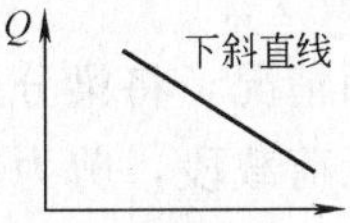 下斜直线	 下凸曲线
4	集中力作用 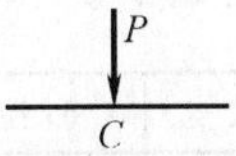 P	C 截面有突变 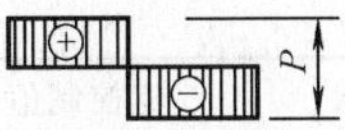	C 截面有转折 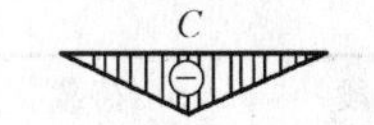
5	集中力偶作用 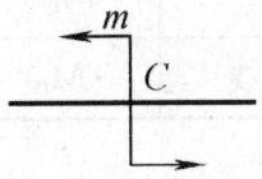 m	C 截面无变化	C 截面有突变 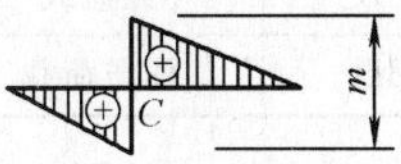
6		$Q=0$ 截面	M 有极值

5.5 用简捷法作梁的内力图

在求出支座反力后,简捷法可概括为"一分"、"三定"。即分段、定形、定量、定极值。

"分段" 以集中荷载(包括支座反力),集中力偶及均布荷载的起点和终点为分界点,将梁分为若干段。

"定形" 根据各段外力情况,确定各段的剪力图和弯矩图的形状。

"定量" 根据所判断的内力图形状,以各分界点作为控制截面,计算控制截面的剪力值和弯矩值的大小,并确定其正、负号。

"定极值" 求最大剪力和最大弯矩产生的位置及数值,弯矩极值一般发生在剪力等于零处。注意,极值不一定是最大值,数学中是切线斜率等于零处对应的纵标值。因此,极值是峰值,不一定是最值。

控制截面的剪力值较容易确定,弯矩值可用下述的方法确定。高等数学可证明,两相邻截面上的弯矩值等于剪力图的面积值与外力偶矩的代数和,弯矩值的正负号为剪力图正负面积值与外力偶矩正负(顺时针取正号,逆时针取负号)的代数和。若以梁的最左端为起点,控制截面的弯矩值即为:

(1) 当梁上无外力偶时,所求截面弯矩值等于该截面左侧剪力图正面积与负面积的代数和。

(2) 当梁上有外力偶时,所求截面弯矩值等于该截面左侧剪力图正面积与负面积的代数和再加上(顺时针加)或减掉(逆时针减)力偶矩的数值。

(3) 当弯矩图为抛物线时,要观察剪力图有无剪力等于零的截面。若有,可利用剪力图中相似三角形对应边成比例的关系,找出该截面的位置,然后,用前述方法求出抛物线的极值。

计算时可列算式,以最左端为起点,所求截面相对该位置的弯矩值,即为累计剪力图面积值和外力偶矩的代数和。注意面积值和力偶矩的正负号要标正确,以免出错。

【例 7-11】 画出图 7-28 所示外伸梁的剪力图和弯矩图。

【解】 (1) 求支座反力

由 $\Sigma M_A=0$ 得 $R_B=75$kN（↑）

由 $\Sigma M_B=0$ 得 $R_A=45$kN（↑）

(2) 分段 根据梁上荷载作用情况,将梁分成 AC、CB、BD 三段。

(3) 定形 AC、CB 段均为无荷载段,剪力图为水平线,弯矩图为斜直线；BD 段作用 q 向下的均布荷载,剪力图为下斜直线,弯矩图为下凸抛物线。

(4) 定量（边画内力图边定内力值,算式附后）计算结果列表如下。

分段	荷载	Q 图形状	Q 控制值(kN)	M 图形状	M 控制值(kN·m)
AC	无荷载	水平线	$Q_{A右}=45$	斜直线	$M_A=0, M_C=90$
CB	无荷载	水平线	$Q_{C右}=-55$	斜直线	$M_C=90, M_B=-20$
BD	均布荷载	下斜直线	$Q_{B右}=20, Q_D=0$	下凸抛物线	$M_B=-20, M_D=0$

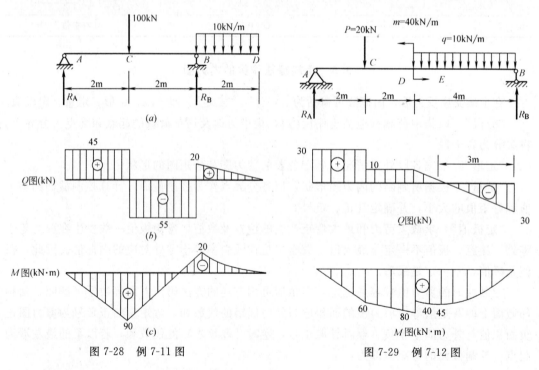

图 7-28 例 7-11 图

图 7-29 例 7-12 图

解题过程：

1) 画剪力图。按力的指向,A 点向上突变 45,水平线至 C,C 点向下突变 100,得到数值 -55,水平线至 B,B 点向上突变 75,得到 20,BD 段下斜直线,下降值为合力的大小为 20,D 点数值为零。

2) 画弯矩图。A 点弯矩为零,C 点弯矩为 $+45\times2=+90$,AC 连直线。B 点弯矩为 $+90-55\times2=-20$,CB 连直线。BD 段为下凸抛物线,D 点弯矩为 $-20+20\times2\times1/2=0$,BD 连抛物线。

*【例 7-12】 画出图 7-29 简支梁的剪力图和弯矩图。

【解】 (1) 求支座反力。

由 $\sum M_A = 0$ 得 $R_B = 30\text{kN}(\uparrow)$

由 $\sum M_B = 0$ 得 $R_A = 30\text{kN}(\uparrow)$

(2) 分段。将梁分成 AC、CD、DB 三段

(3) 定形。AC、CD 均为无荷载段，剪力图为水平线，弯矩图为斜直线。DB 段作用 q 向下的均布荷载，剪力图为下斜直线，弯矩图为下凸抛物线。

(4) 定量并作内力图（算式附后）。

分段	荷载	Q 图形状	Q 控制值(kN)	M 图形状	M 控制值(kN·m)
AC	无荷载	水平线	$Q_{A右}=30$	斜直线	$M_A=0, M_C=60$
CD	无荷载	水平线	$Q_{C右}=10$	斜直线	$M_C=60, M_{D左}=80$
DB	均布荷载	下斜直线	$Q_{D右}=10, Q_{B左}=-30$	下凸抛物线	$M_{D右}=40, M_B=0$
DB	均布荷载		$Q=0$ 处(E 点)		极值 $M_E=45$

解题过程：

1) 画剪力图。按力的指向，A 点向上突变 30，水平线至 C，C 点向下突变 20，得到数值 10，水平线至 D，DB 段下斜直线，下降值为合力的大小为 40，得到数值 -30，B 点向上突变 30，得到数值为零。

2) 画弯矩图。A 点弯矩为零，C 点弯矩为 $+30 \times 2 = +60$，AC 连直线。D 点左侧弯矩为 $+60 + 10 \times 2 = +80$，CD 连直线。D 点作用一逆时针向力偶，力偶矩为 40，因此，向上突变 40，D 点右侧弯矩为 $+80 - 40 = +40$。DB 段为下凸抛物线，在剪力 $Q=0$ 的 E 点，弯矩有极值。$Q=0$ 的截面位置，可由相似三角形的比例关系求出：$10:30 = DE:EB$，得 $DE = 1\text{m}$。E 点的弯矩为 $+40 + (10 \times 1 \times 1/2) = +45$。$B$ 点弯矩为 $+45 - (30 \times 3 \times 1/2) = 0$，$DEB$ 三点连抛物线。

控制截面的剪力值和弯矩值可以列算式方便计算，还可验证结果是否正确。剪力图的剪力值较好计算，这里从略，但从左到右累计结果应等于零。按上述方法作弯矩图，其弯矩值从左到右累计结果也应等于零，否则，结果不正确，控制截面的弯矩值列算式示例如下：

【例 7-11】算式

$$\begin{array}{r} +45 \times 2 \\ +90 \\ -55 \times 2 \\ \hline -20 \\ +\frac{1}{2} \times 20 \times 2 \\ \hline 0 \end{array}$$

【例 7-12】算式

$$\begin{array}{r} +30 \times 2 \\ \hline +60 \\ +10 \times 2 \\ \hline +80 \\ -40 \\ \hline +40 \\ +\frac{1}{2} \times 1 \times 10 \\ \hline +45 \\ -\frac{1}{2} \times 3 \times 30 \\ \hline 0 \end{array}$$

5.6 叠加法画弯矩图

单跨静定梁在多个荷载作用下所引起的某一量值（反力、内力、应力、变形）等于各个荷载单独作用时所引起的该量值的代数和。这种关系称为叠加原理。

叠加法画弯矩图的步骤为：
(1) 将梁上复杂荷载分成几种简单荷载作用。
(2) 分别画每种简单荷载作用下的弯矩图。
(3) 求出它们相应的纵坐标（即弯矩值）的代数值，画出弯矩图。

【例 7-13】 试用叠加法作图示 7-30 所示简支梁的弯矩图。

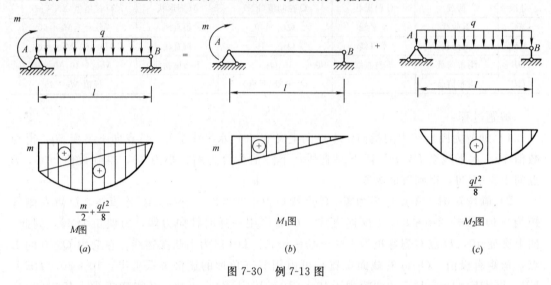

图 7-30 例 7-13 图

【解】 将梁上荷载分为集中力偶 m 和均布荷载 q 单独作用下的弯矩图，如图 7-30(b)、(c) 所示，然后将两个弯矩图叠加。首先作 M_1 图（叠加时一般先画直线图形），然后以此直线为基线画 M_2 图，并标注控制截面的弯矩值。

《建筑结构静力计算手册》给出了梁在各种荷载作用下的内力图，在工程实际中，可作参考。表 7-2 列出单跨静定梁在单种荷载作用下的剪力图和弯矩图。供简单计算时使用。

单跨静定梁在单种荷载作用下的剪力图和弯矩图　　　　表 7-2

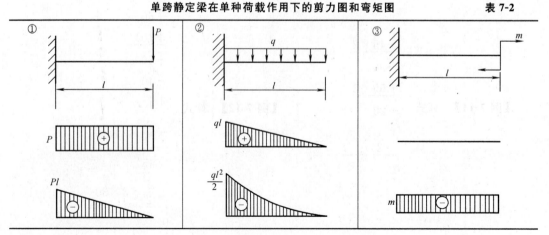

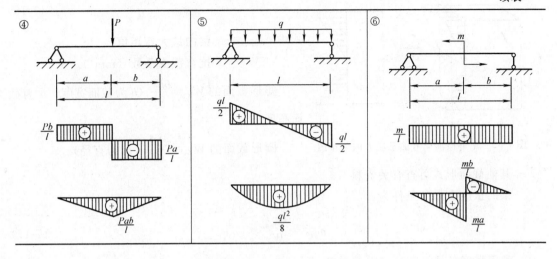

课题 6 弯 曲 应 力

6.1 梁的正应力及强度计算

如图 7-31（a）所示矩形截面橡胶模型梁做试验，弯曲前在梁的侧面上画上横线和纵线相交的方格。然后在梁的两端作用位于纵向对称平面内的力偶矩 m，使其弯曲变形。可以观察到，变形前与梁轴垂直的直线，变形后仍与挠曲了的梁轴线相垂直，如图 7-31（c）中的 mn 和 pq 直线，这说明变形在横向上沿梁高是连续的。设想梁是由无数纵向纤维组成的，则变形后的凸边纤维伸长了，凹边的纤维缩短了。从梁的伸长一边到缩短一边必有一过渡层，这一层纤维既不伸长也不缩短，我们称这层纤维为中性层。中性层把梁沿梁的高度分成受拉区和受压区。中性层与梁的横截面的交线称为中性轴，如图 7-31（b）所示。中性轴通过截面图形的中心（形心）且与纵对称轴垂直，如图 7-31（c）所示。

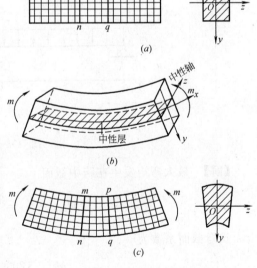

图 7-31 矩形截面梁的纯弯曲试验

理论分析和实际证明，梁的横截面上存在与弯矩 M 相对应，且与截面相垂直的正应力，它沿截面高度呈线性变化。中性轴上的正应力为零，离中性轴的距离越远，其正应力值越大。在截面边缘处正应力达到最大正值或最大负值（最小值），如图 7-32 所示的正应力分布图。

当中性轴是截面对称轴时，最大正应力可按式（7-16）计算。

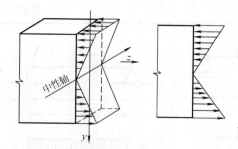

图 7-32 矩形截面梁弯曲正应力的分布图

$$\sigma_{max} = \frac{M_{max}}{W_Z} \qquad (7-16)$$

式中 σ_{max} ——梁内最大弯矩值；

W_Z ——抗弯截面系数（mm³）。

矩形截面的 $W_Z = \frac{bh^2}{6}$（b 为截面宽度，h 为截面高度）。

圆形截面的 $W_Z = \frac{\pi D^3}{32}$（D 为直径）。

其他截面形式可查有关资料。

梁的正应力强度条件为：

$$\sigma_{max} = \frac{M_{max}}{W_Z} \leqslant [\sigma] \qquad (7-17)$$

利用强度条件可解决三方面问题

(1) 强度校核

$$\sigma_{max} = \frac{M_{max}}{W_Z} \leqslant [\sigma] \qquad (7-17a)$$

(2) 设计截面

$$W_Z \geqslant \frac{M_{max}}{[\sigma]} \qquad (7-17b)$$

(3) 确定许用荷载

$$[M] \leqslant W_Z [\sigma] \qquad (7-17c)$$

【例 7-14】 简支梁长 $l=4$m，受均布荷载 $q=3$kN/m 的作用，截面为宽 $b=120$mm，高 $h=180$mm 的矩形，如图 7-33 所示。材料的许用应力 $[\sigma]=10$MPa，试校核梁的正应力强度。

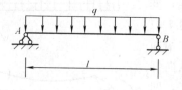 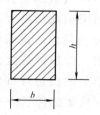

图 7-33 例 7-14 图

【解】 最大弯矩发生在跨中截面

$$M_{max} = \frac{ql^2}{8} = \frac{3 \times 4^2}{8} = 6\text{kN} \cdot \text{m}$$

抗弯截面系数为

$$W_Z = \frac{bh^2}{6} = \frac{120 \times 180^2}{6} = 648000\text{mm}^3$$

校核梁的正应力强度

$$\sigma_{max} = \frac{M_{max}}{W_Z} = \frac{6 \times 10^6}{648000} = 9.3\text{MPa} < [\sigma] = 10\text{MPa}$$

正应力强度满足要求。

【例 7-15】 一长为 $l=4\text{m}$ 的工字钢悬臂梁，如图 7-34 所示，其许用应力为 $[\sigma]=160\text{MPa}$，自由端作用集中荷载 $P=40\text{kN}$，试选择工字钢的型号。

【解】 根据强度条件设计截面

$$W_Z \geq \frac{M_{\max}}{[\sigma]} = \frac{Pl}{[\sigma]} = \frac{40\times10^3\times4\times10^3}{160} = 10^6\text{mm}^3$$

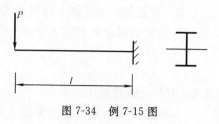

图 7-34 例 7-15 图

选择工字钢型号，由型钢表查得，No.40 工字钢的 $W_Z=1090\text{cm}^3=1.09\times10^6\text{mm}^3$，略大于所需的 W_Z，故选用 No.40 工字钢。

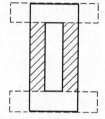

图 7-35 合理的截面形状

梁的正应力强度要求最大应力小于或等于许用应力，而中性轴附近的正应力远远小于许用应力，材料不能充分发挥作用。因此可将截面材料放在离中性轴较远的上、下边缘处。如图 7-35 所示，将矩形截面靠近中性轴画有阴影线的面积移至虚线部分，成为工字形截面。使得正应力大的地方截面增大些，正应力小的地方截面相应减小些，这样，截面面积大小不变，材料却可物尽其用。这就是截面高度相同的矩形截面优于圆形截面、工字形截面优于矩形截面的原因。

6.2 梁的剪应力及强度计算

一般情况下，梁的横截面上不仅存在正应力 σ，同时还存在剪应力 τ。剪应力 τ 的方向与剪力的方向一致，截面上剪应力的合力是剪力，剪应力沿截面高度呈二次抛物线分布，截面上下边缘剪应力为零，中性轴处的剪应力有最大值，如图 7-36 所示。

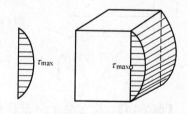

图 7-36 矩形截面梁的剪应力分布图

工程中的大部分受弯构件，正应力是使梁破坏的主要原因，可作为控制设计计算。剪应力强度一般只作为验算。但对跨度较小或支座附近有较大集中荷载作用的梁，以及截面宽度较小的梁和木梁等，要进行剪应力的强度计算。

（1）中性轴上的最大剪应力通用公式为：

$$\tau_{\max} = \frac{QS^*_{z\max}}{I_z d}$$

式中　Q——横截面上的剪力；

$S^*_{z\max}$——中性轴以下（或以上）截面面积对中性轴的静矩的绝对值（mm^3 或 m^3）。

静矩 S_z 等于面积乘以面积的形心到坐标轴的距离。如矩形截面宽为 b，高为 h，其一半面积对中性轴的最大静矩为：

$$S^*_{z\max} = A\times y_c = \frac{bh}{2}\times\frac{h}{4} = \frac{bh^2}{8}$$

式中　I_z——截面对中性轴的惯性矩；

　　　d——需求剪应力处的横截面宽度。

(2) 常见截面中性轴上的最大剪应力

1) 矩形截面最大剪应力公式为：

$$\tau_{max} = \frac{3}{2}\frac{Q}{A} \tag{7-18a}$$

式中 A——横截面面积。

2) 圆形截面的最大剪应力公式为：

$$\tau_{max} = \frac{4}{3}\frac{Q}{A} \tag{7-18b}$$

3) 工字形截面的最大剪应力近似按腹板上的最大剪应力计算公式为：

$$\tau_{max} = \frac{Q}{h_f d} \tag{7-18c}$$

式中 h_f——腹板高度，如图 7-37 所示；
d——腹板宽度。

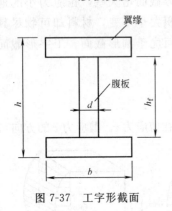

图 7-37 工字形截面

对工字型钢，其型钢表中已给定 I_z/S_{zmax} 的比值及腹板厚度，利用公式 $\tau_{max} = \frac{QS_{zmax}^*}{I_z d}$，可得到精确值。

常见截面中性轴上最大剪应力公式可表示为：

$$\tau_{max} = k\frac{Q}{A} \tag{7-18d}$$

式中 k 为考虑截面形状的系数。矩形截面 $k=1.5$；圆形截面 $k=4/3$；环形截面 $k=2$；工字形截面 $k=1$。

常见截面剪应力强度条件为：

$$\tau_{max} = k\frac{Q_{max}}{A} \leqslant [\tau] \tag{7-19}$$

【例 7-16】 简支梁受均布荷载 $q=4$kN/m 的作用如图 7-38 所示，梁的跨度为 $l=10$m，截面为宽 $b=100$mm，高 $h=200$mm 的矩形木梁，许用剪应力 $[\tau]=2$MPa，试校核梁的剪应力强度。

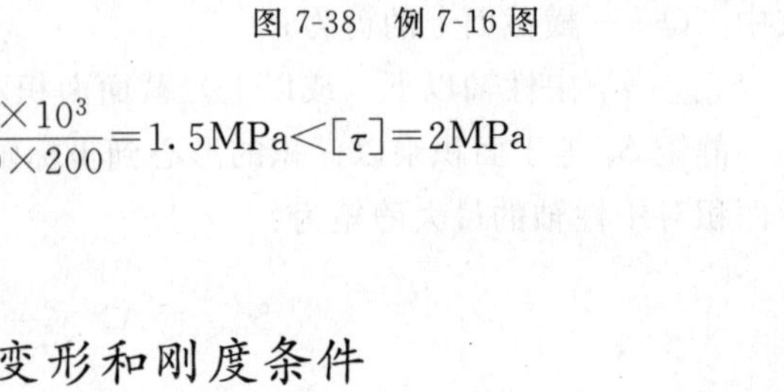

【解】 最大剪力发生在支座截面处

$$|Q|_{max} = \frac{ql}{2} = \frac{4 \times 10}{2} = 20\text{kN}$$

梁的剪应力强度校核

图 7-38 例 7-16 图

$$\tau_{max} = k\frac{Q}{A} = \frac{3}{2}\frac{Q}{A} = \frac{3}{2} \cdot \frac{20 \times 10^3}{100 \times 200} = 1.5\text{MPa} < [\tau] = 2\text{MPa}$$

梁的剪应力满足强度要求。

课题 7 梁的变形和刚度条件

梁在外力作用下，发生弯曲变形，若变形过大，就会影响结构的正常工作。因此，梁的变形限制在规定的范围内。如图 7-39 所示简支梁为例。说明平面弯曲变形的一些概念。AB 线表示梁的轴线，坐标 x 轴向右为正，y 轴向下为正。梁变形后，由于梁的变形曲线是一条连续光滑的曲线，其变形 y 是 x 的函数。即 $y=f(x)$ 称为挠曲线方程。弯曲的梁轴线称为挠曲线。

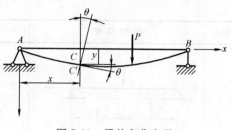

图 7-39　梁的弯曲变形

7.1　挠度和转角

梁横截面的形心在 y 方向的线位移 cc'，称为该截面的挠度。用 y 表示，规定 y 向下为正。

横截面绕中性轴转过的角度称为该截面的转角，用 θ 表示，规定 θ 以顺时针转向为正，转角单位为弧度（rad）。

7.2　梁的变形计算

对于单跨静定梁在单一荷载作用下的变形，可直接查表 7-3，表格中 EI 称为抗弯刚度，其中 E 为弹性模量，I 为惯性矩。若梁上作用多个荷载，可采用叠加法。先计算各单一荷载作用下，梁的同一截面的挠度和转角，然后求其代数和，即是所求。

梁在单一荷载作用下的变形　　　　　　　　　　　　　　　　　　表 7-3

序号	梁 的 简 图	挠曲线方程	梁端转角	最大挠度
1		$y=\dfrac{Px^2}{6EI}(3l-x)$	$\theta_B=\dfrac{Pl^2}{2EI}$	$y_B=\dfrac{Pl^3}{3EI}$
2		$y=\dfrac{Px^2}{6EI}(3a-x)$ $(0\leqslant x\leqslant a)$ $y=\dfrac{Pa^2}{6EI}(3x-a)$ $(a\leqslant x\leqslant l)$	$\theta_B=\dfrac{Pa^2}{2EI}$	$y_B=\dfrac{Pa^2}{6EI}(3l-a)$
3		$y=\dfrac{qx^2}{24EI}(x^2-4lx+6l^2)$	$\theta_B=\dfrac{ql^3}{6EI}$	$y_B=\dfrac{ql^4}{8EI}$
4		$y=\dfrac{mx^2}{2EI}$	$\theta_B=\dfrac{ml}{EI}$	$y_B=\dfrac{ml^2}{2EI}$

续表

序号	梁的简图	挠曲线方程	梁端转角	最大挠度
5		$y=\dfrac{Px}{48EI}(3l^2-4x^2)$ $\left(0\leqslant x\leqslant \dfrac{l}{2}\right)$	$\theta_A=-\theta_B=\dfrac{Pl^2}{16EI}$	$y_C=\dfrac{Pl^3}{48EI}$
6		$y=\dfrac{Pbx}{6lEI}(l^2-x^2-b^2)$ $(0\leqslant x\leqslant a)$ $y=\dfrac{Pa(l-x)}{6lEI}$ $(2lx-x^2-a^2)$ $(a\leqslant x\leqslant l)$	$\theta_A=\dfrac{Pab(l+b)}{6lEI}$ $\theta_B=-\dfrac{Pab(l+a)}{6lEI}$	设 $a>b$ 在 $x=\sqrt{\dfrac{l^2-b^2}{3}}$ 处 $y_{max}=\dfrac{\sqrt{3}Pb}{27lEI}(l^2-b^2)^{3/2}$ 在 $x=\dfrac{l}{2}$ 处 $y_{l/2}=\dfrac{Pb}{48EI}(3l^2-4b^2)$
7		$y=\dfrac{qx}{24EI}(l^3-2lx^2+x^3)$	$\theta_A=-\theta_B=\dfrac{ql^3}{24EI}$	在 $x=\dfrac{l}{2}$ 处 $y_{max}=\dfrac{5ql^4}{384EI}$
8		$y=\dfrac{mx}{6lEI}(l-x)(2l-x)$	$\theta_A=\dfrac{ml}{3EI}$ $\theta_B=-\dfrac{ml}{6EI}$	在 $x=\left(1-\dfrac{1}{\sqrt{3}}\right)l$ 处 $y_{max}=\dfrac{ml^2}{9\sqrt{3}EI}$ 在 $x=\dfrac{l}{2}$ 处 $y_{l/2}=\dfrac{ml^2}{16EI}$
9		$y=-\dfrac{Pax}{6lEI}(l^2-x^2)$ $(0\leqslant x\leqslant l)$ $y=\dfrac{P(l-x)}{6EI}[(x-l)^2$ $-3ax+al]$ $(l\leqslant x\leqslant (l+a))$	$\theta_A=-\dfrac{Pal}{6EI}$ $\theta_B=\dfrac{Pal}{3EI}$ $\theta_C=\dfrac{Pa(2l+3a)}{6EI}$	$y_C=\dfrac{Pa^2}{3EI}(l+a)$
10		$y=-\dfrac{qa^2x}{12lEI}(l^2-x^2)$ $(0\leqslant x\leqslant l)$ $y=\dfrac{q(x-l)}{24EI}[2a^2(3x-l)$ $+(x-l)^2(x-l-4a)]$ $(l\leqslant x\leqslant (l+a))$	$\theta_A=-\dfrac{qa^2l}{12EI}$ $\theta_B=\dfrac{qa^2l}{6EI}$ $\theta_C=\dfrac{qa^2(l+a)}{6EI}$	$y_C=\dfrac{qa^3}{24EI}(4l+3a)$
11		$y=-\dfrac{mx}{6lEI}(l^2-x^2)$ $(0\leqslant x\leqslant l)$ $y=\dfrac{m}{6EI}(3x^2-4xl+l^2)$ $(l\leqslant x\leqslant (l+a))$	$\theta_A=-\dfrac{ml}{6EI}$ $\theta_B=\dfrac{ml}{3EI}$ $\theta_C=\dfrac{m}{3EI}(l+3a)$	$y_C=\dfrac{ma}{6EI}(2l+3a)$

【例 7-17】 外伸梁跨中 C 点作用荷载 P，如图 7-40 所示，梁的抗弯刚度 EI 为常数，试求 C、D 的挠度和转角。

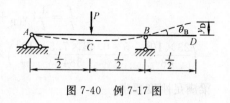

图 7-40 例 7-17 图

【解】 由于伸臂部分 BD 段不受外力作用，跨中 C 处的挠度和转角可按简支梁查表，由表查得

$$y_C = \frac{Pl^3}{48EI} \quad (\downarrow) \quad \theta_C = 0$$

BD 段内力为零，它将随 AB 段的变形而偏转，BD 段变形后仍为直线。因此，D 截面的转角与 B 截面的转角相同，由表查得

$$\theta_D = \theta_B = -\frac{Pl^2}{16EI} \quad (\uparrow)$$

由于 $y_B = 0$，则 $y_D = \frac{l}{2}\theta_B = -\frac{Pl^3}{32EI} \quad (\uparrow)$

7.3 梁的刚度条件

为使梁能够安全正常地工作，除满足强度条件外，还应满足刚度要求。其刚度条件为：

$$\frac{f}{l} \leqslant \left[\frac{f}{l}\right] \tag{7-20}$$

式中 f——梁的最大挠度；

l——梁的跨度。

【例 7-18】 简支梁受力如图 7-41 (a) 所示，$q = 0.48 \text{kN/m}$，$P = 23 \text{kN}$，梁长 $l = 7.5\text{m}$，为 128b 工字钢，弹性模量 $E = 210 \text{GPa}$，其单位长度容许挠度为 $\left[\frac{f}{l}\right] = \frac{1}{500}$，试对梁进行刚度校核。

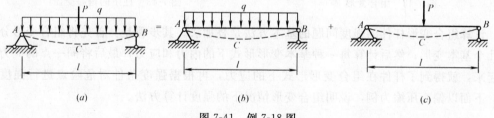

图 7-41 例 7-18 图

【解】 查型钢表，128b 工字钢惯性矩 $I = 7480 \times 10^4 \text{mm}^4$。梁的最大挠度在跨中截面，分别查出在 P 和 q 单独作用时跨中截面的挠度并进行叠加，如图 7-41 (b)、(c) 所示。查表得到

$$y_{CP} = \frac{Pl^3}{48EI} \quad (\downarrow)$$

$$y_{Cq} = \frac{5ql^4}{384EI} \quad (\downarrow)$$

$$\frac{f}{l}=\frac{1}{l}(y_{CP}+y_{Cq})=\left(\frac{P}{48}+\frac{5ql}{384}\right)\frac{l^2}{EI}$$

$$=\left(\frac{23\times10^3}{48}+\frac{5\times0.48\times7.5\times10^3}{384}\right)\times\frac{(7.5\times10^3)^2}{210\times10^3\times7480\times10^4}=0.00188<\left[\frac{f}{l}\right]=\frac{1}{500}$$

梁满足刚度要求。

课题 8 组合变形的强度计算

前面介绍的轴向拉伸或压缩、扭转、剪切、弯曲变形为基本变形。在实际工程中，杆件往往产生两种或两种以上的基本变形，这种组合而成的变形，称为组合变形。图 7-42 所示为烟囱在自重作用下产生轴向压缩外，在水平风力作用下产生弯曲变形。厂房的牛腿柱子在偏心力作用下，桥墩在单跨活荷载的作用下，均产生压缩和弯曲的组合变形。

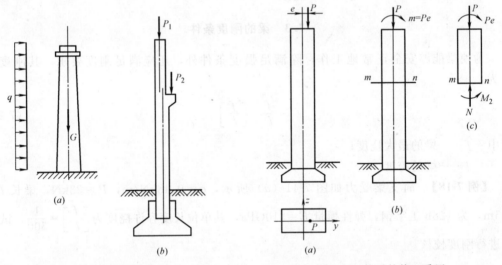

图 7-42 组合变形   图 7-43 柱子的偏心受压

计算组合变形杆件的强度问题的基本方法是叠加法。其步骤是：首先将组合变形分解为几个基本变形；然后计算每一种基本变形形式下的内力和应力；最后将同一点的应力叠加起来，就得到了杆件在组合变形形式下的应力，再根据强度条件对危险点进行强度计算。下面以偏心压缩为例，说明组合变形情况下的强度计算方法。

8.1 偏心压缩

如图 7-43（a）所示的柱子。外力作用线与柱轴线平行，形成偏心压缩。外力 P 称为偏心力，力作用线与柱轴线间的距离 e 称为偏心距。

（1）组合变形的分解

将偏心力 P 向截面形心平移，得到一个通过形心的轴向力 P 和一个力偶，力偶矩 $m=Pe$。如图 7-43（b）所示。则柱子变形分解为轴向压缩和弯曲两个基本变形。

（2）内力和应力计算

用截面法可求得任意横截面上的内力。如图 7-43（c）所示。内力为轴力 $N=P$，弯矩 $M_z=Pe$。由轴力 N 引起的正应力，在截面上是均匀分布的，即

$$\sigma_N = -\frac{N}{A}$$

由弯矩引起的发生在截面边缘处的最大拉应力和最大压应力为：

$$\sigma_{max} = \pm \frac{M_Z}{W_Z}$$

（3）应力叠加

运用叠加法可得截面边缘处的最大正应力和最小正应力分别为：

$$\sigma_{max} = \sigma_{max}^+ = -\frac{N}{A} + \frac{M_Z}{W_Z} \tag{7-21a}$$

$$\sigma_{min} = \sigma_{max}^- = -\frac{N}{A} - \frac{M_Z}{W_Z} \tag{7-21b}$$

（4）强度条件为：

$$\sigma_{max} = -\frac{N}{A} + \frac{M_Z}{W_Z} \leqslant [\sigma_+] \tag{7-22a}$$

$$\sigma_{min} = \left| -\frac{N}{A} - \frac{M_Z}{W_Z} \right| \leqslant [\sigma_-] \tag{7-22b}$$

8.2 截面核心

桥梁工程中作用在分散土体上的桥墩台基础，要保证地基与基础之间只产生压应力。土建工程中的柱子，截面上最好不出现拉应力，以避免开裂。横截面上是否存在拉应力，与压力的大小无关，只要使偏心力 P 的偏心距 e 小于某一值时，横截面上将只有压应力而无拉应力存在。当荷载作用在截面形心周围的一个区域内时，构件横截面上只有压应力而无拉应力，这个荷载的作用范围称为截面核心。

矩形截面和圆形截面的截面核心如图 7-44 所示，图中 e_1、e_2 和 e 表示截面上只产生压应力时的最大偏心距。截面核心对称轴的一半称为截面核心半径，如矩形截面的截面核心半径为 $\rho_1 = e_1 = h/6$，$\rho_2 = e_2 = b/6$；圆形截面的截面核心半径为 $\rho = e = r/4$。

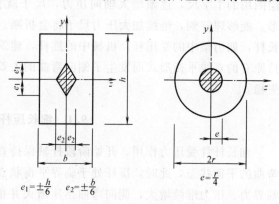

图 7-44 截面核心

【例 7-19】 挡土墙的墙底部横截面及受力情况如图 7-45（a）所示，每米墙体自重 = 103.5kN，作用在墙体的重心 C 处。土体对墙每米的侧压力为 $P=30$kN，作用在离墙底面 $h/3$ 处，方向水平指向墙背。试画出墙体底面 m—n 上的应力分布图。

【解】 截面法求出墙底面的内力如图 7-45（b）所示。

$$N = G = 103.5 \text{kN}$$

$$M_z = P \times h/3 - G \times e$$
$$= 30 \times 3/3 - 103.5 \times (1-0.78) = 7.23 \text{kN} \cdot \text{m}$$

基底的应力为

$$\sigma_{m-m}^{n-n} = -\frac{N}{A} \pm \frac{M_Z}{W_Z} = -\frac{103.5 \times 10^3}{2 \times 10^6} \pm \frac{7.23 \times 10^6}{1/6 \times 10^3 \times (2 \times 10^3)^2} = \left.\begin{matrix} -0.041 \\ -0.063 \end{matrix}\right\} \text{MPa}$$

基底面的正应力分布图如图 7-45（c）所示。

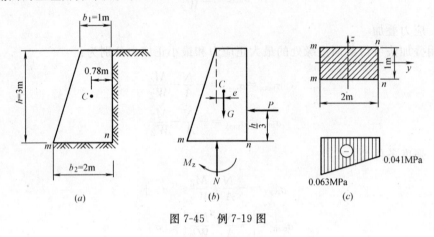

图 7-45　例 7-19 图

课题 9　压杆稳定

　　细长杆件在轴向压力作用下，横截面上的压应力远未达到压缩的许用应力值，而发生了侧向弯曲，继而发生折断。显然，杆件的破坏不是由于强度不足而引起的。例如，我们绘图用的丁字尺，逐渐增大轴向压力，尺子就会由直变弯，接着就会发生明显的弯曲变形。能够理解到，继续加大压力尺子将会折断。与此类似，工程结构中也有很多受压的细长杆，如桁架中的受压杆，机械中的连杆，建筑物中的柱子等。杆件在压力作用下不能维持原有的直线平衡形式而发生了侧向弯曲的失效现象，工程上称为压杆丧失稳定性，简称失稳。

9.1　细长压杆的临界力

　　细长杆件受压力作用，开始阶段杆轴保持直线状态，随着压力的增大，杆件发生微小弯曲的平衡状态，此时，压杆处于临界平衡状态，对应这一状态的特定压力值 P_{cr}，称为临界力。压力继续增大，侧向弯曲迅速增大并很快破坏。因此，只要确定临界力 P_{cr}，使外荷载不超过此值，压杆就不会失稳破坏。临界力由欧拉公式计算：

$$P_{cr} = \frac{\pi^2 EI}{(\mu l)^2} \quad (7-23)$$

式中　P_{cr}——临界力；

　　　E——材料的弹性模量；

　　　I——杆件截面对形心轴的惯性矩。当杆件在各方向的支承情况相同时，惯性矩取最小值。如矩形截面 $I_{min} = \dfrac{b^3 h}{12}$；圆形截面 $I = \dfrac{\pi D^4}{64}$；圆环截面 $I = \dfrac{\pi}{64}(D^4 - d^4)$；

l——杆件长度；

μ——长度系数，与杆端支承情况有关，可由表 7-4 确定。

不同支承情况时的长度系数　　　　表 7-4

杆端约束情况	两端铰支	一端固定一端自由	两端固定	一端固定一端铰支
挠度曲线形状	(P_{cr}, l)	(P_{cr}, $2l$)	(P_{cr}, $l/4$, $l/2$, $l/4$)	(P_{cr}, $0.7l$)
μ	1	2	0.5	0.7

9.2 临 界 应 力

在临界力作用下，杆件横截面上的平均应力称临界应力，可按下式计算：

$$\sigma_{cr} = \dfrac{P_{cr}}{A} = \dfrac{\pi^2 EI}{(\mu l)^2 A} \tag{7-24}$$

式中　A——杆件横截面面积。

令 $i^2 = \dfrac{I}{A}$，i 称为惯性半径

则

$$\sigma_{cr} = \dfrac{\pi^2 E}{(\mu l/i)^2} = \dfrac{\pi^2 E}{\lambda^2} \tag{7-25}$$

$$\lambda = \mu l/i \tag{7-26}$$

λ 称为柔度或长细比，它综合反映了压杆长度、支承情况、截面形状与尺寸等因素对临界力的影响。λ 值大，说明杆件细而长，压杆易失稳；λ 值小，说明杆件短而粗，压杆不易失稳。根据柔度 λ 的大小将压杆分为三类：

(1) 细长杆（大柔度杆），其 $\lambda \geq \lambda_p$。

(2) 中长杆（中柔度杆），其 $\lambda_p > \lambda \geq \lambda_s$。

(3) 粗短杆（小柔度杆），其 $\lambda < \lambda_s$。

其中 λ_p、λ_s 可查有关资料。如 Q235 钢，$\lambda_p \approx 100$。

细长杆可用欧拉公式 $\sigma_{cr} = \pi^2 E/\lambda^2$ 计算临界应力；

中长杆可用直线经验公式或抛物线经验公式计算临界应力。

$$\sigma_{cr} = a - b\lambda \tag{7-27a}$$

$$\sigma_{cr} = a_1 - b_1 \lambda^2 \tag{7-27b}$$

式中 a、b、a_1、b_1 为与材料有关的参数，可查有关资料。

【例 7-20】 中心受压细长木柱，长 $l=8$m，截面为 $b=120$mm，$h=200$mm 的矩形，柱两端固定，木材的弹性模量 $E=10$GPa，试求木柱的临界力和临界应力。

【解】 （1）求木柱的临界力

木柱两端固定，长度系数 $\mu=0.5$

截面最小惯性矩为 $I_{min}=\dfrac{hb^3}{12}=\dfrac{200\times120^3}{12}=2.88\times10^7\text{mm}^4$

临界力为 $P_{cr}=\dfrac{\pi^2 EI}{(\mu l)^2}=\dfrac{\pi^2\times10\times10^3\times2.88\times10^7}{(0.5\times8\times10^3)^2}=177.5\times10^3\text{N}=177.5\text{kN}$

（2）求木柱的临界应力

$$\sigma_{cr}=\dfrac{P_{cr}}{A}=\dfrac{177.5\times10^3}{120\times200}=7.40\text{MPa}$$

请读者用柔度确定柱子的临界应力。

9.3 压杆稳定计算

土建工程中的压杆稳定计算常采用折减系数法。计算公式如下：

$$\sigma=\dfrac{P}{A}\leqslant\varphi[\sigma] \tag{7-28}$$

式中 P——作用在杆件上的压力；

A——杆件的横截面面积；

$[\sigma]$——材料的许用压应力；

φ——折减系数，其值小于1。

φ 随 λ 而变，计算时可查表 7-5。

轴向受压杆的折减系数 φ 值　　　　　　　　　　　　　　　表 7-5

柔度 λ	Q215、Q235、Q275 碳素结构钢	16 锰钢	木材	铸铁
0	1.000	1.000	1.000	1.000
10	0.995	0.993	0.990	0.970
20	0.981	0.973	0.970	0.910
30	0.958	0.940	0.930	0.810
40	0.927	0.895	0.870	0.690
50	0.888	0.840	0.800	0.570
60	0.842	0.776	0.710	0.440
70	0.789	0.705	0.600	0.340
80	0.731	0.627	0.480	0.260
90	0.669	0.546	0.380	0.200
100	0.604	0.462	0.310	0.160
110	0.536	0.384	0.250	
120	0.466	0.325	0.220	
130	0.401	0.279	0.180	
140	0.349	0.242	0.160	
150	0.306	0.213	0.140	
160	0.272	0.188	0.120	
170	0.243	0.168	0.110	
180	0.218	0.151	0.100	

续表

柔度 λ	Q215、Q235、Q275 碳素结构钢	16 锰钢	木材	铸铁
190	0.197	0.136	0.090	
200	0.180	0.124	0.080	
210	0.164	0.113		
220	0.151	0.104		
230	0.139	0.096		
240	0.129	0.089		
250	0.120	0.082		

【例 7-21】 一两端铰支的圆形木柱压杆，压力 $P=150\text{kN}$，杆长 $l=3.5\text{m}$，直径 $d=200\text{mm}$，许用应力 $[\sigma]=10\text{MPa}$，校核此压杆的稳定性。

【解】 压杆两端铰支，故 $\mu=1$

惯性半径 $i=\sqrt{\dfrac{I}{A}}=\sqrt{\dfrac{\frac{\pi}{64}d^4}{\frac{\pi}{4}d^2}}=\dfrac{d}{4}=\dfrac{200}{4}=50\text{mm}$

柔度 $\lambda=\dfrac{\mu l}{i}=\dfrac{1\times 3.5\times 10^3}{50}=70$

查表 7-5 得 $\varphi=0.600$，$\varphi[\sigma]=0.600\times 10=6\text{MPa}$

校核稳定性 $\sigma=\dfrac{P}{A}=\dfrac{150000}{\frac{\pi d^2}{4}}=\dfrac{150000\times 4}{\pi\times 200^2}=4.8\text{MPa}<\varphi[\sigma]=6\text{MPa}$

压杆的稳定性满足要求。

9.4 提高压杆承载能力的措施

压杆破坏主要是丧失稳定性，为提高压杆的承载能力，就要综合考虑支承、杆长、截面的合理性及材料性能等因素的影响。

(1) 增强杆端的约束

增强杆端约束，可降低长度系数 μ 值，如将两端铰支的细长杆改为两端固定，则临界力成倍增加。

(2) 减小压杆的长度

对细长杆，其临界力与杆长的平方成反比。因此，减小杆长可显著提高压杆的临界力。

(3) 选择合理的截面

对中长杆和细长杆，临界应力随柔度的增大而减小，在不增加截面积的情况下，尽量增大惯性矩。如实心截面改为空心截面。

在选择截面的形状和尺寸时，还应注意失稳的方向性。若当压杆在各方向的约束相同时，可采用完全对称的截面形式。如空心圆形、空心方形或圆形、方形截面。

(4) 合理选择材料

对于细长杆，临界应力与材料强度无关。与弹性模量成正比，选择弹性模量高的材料可提高细长杆的稳定性。但对钢材而言，其各种钢材的弹性模量大致相同，选用高强度钢材是不必要的。

对于中长杆和粗短杆，临界应力与材料的强度有关，材料强度高的其承载能力相应提高。

*课题10 动荷载简介

前面讨论的应力和变形都是在静荷载作用下产生的。静荷载是指从零开始缓慢增加到最终值,其后大小、方向和位置不随时间变化或变化很缓慢的荷载,它不致使构件产生明显的加速度。但在实际工程中,有时加速度较为明显,不能忽略,如起重机加速提升的构件,桩基础施工中的锤击沉桩,机械中的齿轮传动,轮齿长期在周期性变化的应力条件下工作等,这些构件承受的荷载都属于动荷载。

理论指出,构件的动应力与静应力存在一定的关系。动应力等于静应力乘动荷系数 k_d。根据荷载作用的性质不同,动荷系数具有不同的值。如起重机通过钢丝绳以匀加速度 a 向上提升货物,其动荷系数为 $k_d=1+a/g$,若加速度 $a=2\text{m/s}^2$,可知动荷系数 $k_d=1.2$,则钢丝绳中的应力为静应力的 1.2 倍。其他情况的动荷系数可参阅有关资料。

另外,有些零件在工作时其应力随时间作周期性的变化,称之为交变应力。如齿轮轮齿传递动力时,轮齿从啮合开始到啮合结束,随着啮合点位置的变化,齿根处的应力由零增加到某一最大值,然后又逐渐减小至零。过一定的时间,轮齿应力又重复上述的变化。在这种应力作用下,即使是较好的塑性材料,例如碳钢,断裂前也无明显的塑性变形,而以脆断的形式破坏,这种现象称为疲劳破坏。轮齿的折断,就是由于轮齿根部应力集中处产生疲劳裂纹,随着重复次数的增加,裂纹不断扩展,直至折断。飞机、车辆和机器发生的事故中,大多都是由于零部件的疲劳引起的。这种破坏发生突然,往往造成重大事故。

影响疲劳破坏的因素很多,如弯曲构件尺寸的增大;构件表面加工的刀痕、擦伤;特别是构件外形的突然变化,如零件上的槽、孔、轴肩等,这些应力集中的部位,更容易产生疲劳裂纹,继而引起破坏,因此,对金属疲劳问题应给予足够的重视。

*综 合 练 习

1. 说明:本作业的目的在于对梁的强度和刚度计算作一全面训练,其中强度部分包括内力图,截面选择。对弯曲应力等基本概念也将得到进一步的巩固;刚度部分,利用叠加法对弯曲变形问题进行刚度校核。

2. 已知条件:外伸梁的受力情况及荷载大小见图 7-46 及表 7-6 所示。

梁的许用应力 $[\sigma]=140\text{MPa}$,容许挠度 $[f/l]=1/300$,弹性模量 $E=200\text{GPa}$。

梁的跨度与荷载 表 7-6

No.	$l(\text{m})$	$P(\text{kN})$	$q(\text{kN/m})$	$m(\text{kN}\cdot\text{m})$
1	4	40	10	8
2	5	35	8	8
3	6	30	6	6
4	8	25	4	6

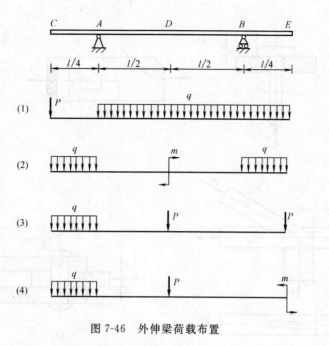

图 7-46 外伸梁荷载布置

3. 要求：(1) 作剪力图和弯矩图；
(2) 根据正应力强度条件选择工字钢型号；
(3) 利用剪应力强度条件进行校核；
(4) 画出危险截面处正应力和剪应力分布图；
(5) 求出梁在 D、E 两截面处的挠度和 A 截面的转角，并作刚度校核；
(6) 定性描绘梁的变形曲线。

复习思考题

1. 指出图 7-47 所示杆件中哪些属于轴向拉伸和压缩。

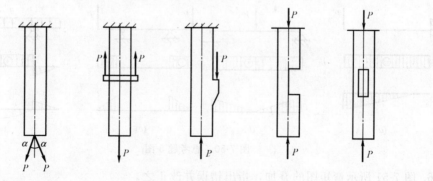

图 7-47 思考题 1 图

2. 指出图 7-48 所示结构的剪切面和挤压面，并求出其剪切面和挤压面的面积。
3. 直径相同，材料不同的两根等长的实心圆轴，在相同的扭矩作用下，其最大剪应力和扭转角是否相同？为什么？
4. 图 7-49 所示下列梁的截面形状，若其面积、材料、长度、支承、荷载均相同，其

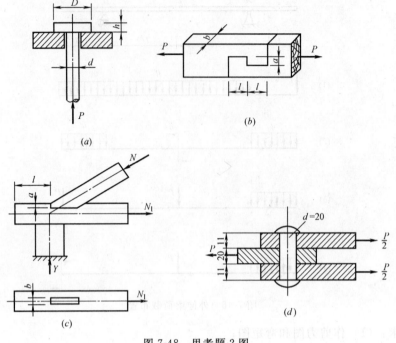

图 7-48 思考题 2 图

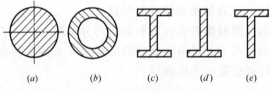

图 7-49 梁的截面形状图

承受荷载的能力是否相同？为什么？

5. 判断图 7-50 所示各梁的 Q、M 图是否正确，若有错误，请改正。

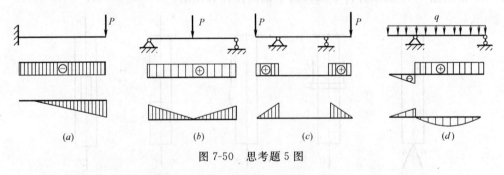

图 7-50 思考题 5 图

6. 图 7-51 所示弯矩图的叠加，指出错误并改正之。
7. 什么是中性轴？如何确定等直梁的中性轴？中性轴与形心轴有何关系？
8. 梁横截面上的正应力沿截面的高度和宽度如何分布？剪应力沿截面高度如何分布？
9. 什么是截面核心？工程中将偏心压力控制在截面核心范围内，这是为什么？
10. 压杆支承情况在各方面相同，其截面形状不相同，如图 7-52 所示，失稳时将绕截面哪一根形心轴转动？

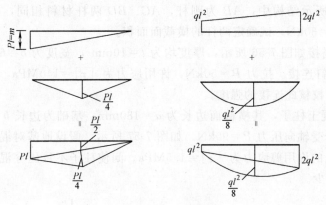

图 7-51 思考题 6 图

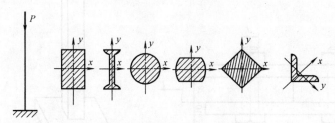

图 7-52 压杆及截面形状图

习 题

1. 计算图 7-53 各杆的轴力，并画出其轴力图。

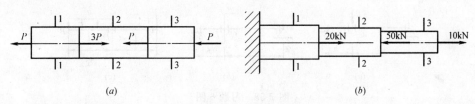

图 7-53 习题 1 图

2. 支架如图 7-54 所示，荷载 $P=60\mathrm{kN}$，拉杆 AB 为圆形截面的钢杆，其直径 $d=20\mathrm{mm}$，许用应力 $[\sigma]=170\mathrm{MPa}$，试校核拉杆 AB 的强度。

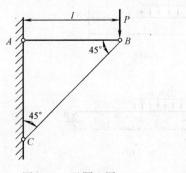

图 7-54 习题 2 图

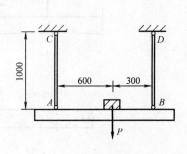

图 7-55 习题 3 图

3. 如图 7-55 所示结构中，AB 为刚杆，AC、BD 两杆材料相同，许用应力 $[\sigma]=160\text{MPa}$，荷载 $P=60\text{kN}$，试确定两杆的横截面面积。

4. 两块钢板搭接如图 7-56 所示，厚度均为 $t=10\text{mm}$，宽度为 $b=60\text{mm}$，用两个直径 $d=16\text{mm}$ 的铆钉连接。拉力 $P=50\text{kN}$，许用应力为 $[\tau]=140\text{MPa}$，$[\sigma_c]=280\text{MPa}$，$[\sigma]=160\text{MPa}$，试校核此连接的强度。

5. 正方形混凝土柱子，其横截面边长为 $a=180\text{mm}$，基础为边长 $b=800\text{mm}$ 的正方形混凝土板。柱子受轴向压力 $P=90\text{kN}$。如图 7-57 所示。假设地基对混凝土板的反力为均匀分布，混凝土的许用剪应力为 $[\tau]=1.5\text{MPa}$。问使柱子不致压穿混凝土板所需板的最小厚度 t 应是多少。

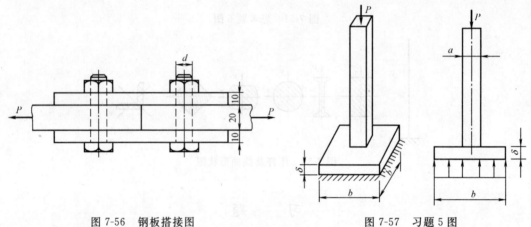

图 7-56　钢板搭接图　　　　　　　图 7-57　习题 5 图

6. 求图 7-58 所示各梁指定截面上的剪力和弯矩。

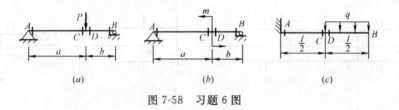

图 7-58　习题 6 图

7. 图 7-59 所示梁，试列出内力方程绘制梁的剪力图和弯矩图。

8. 用简捷法绘制图 7-60 所示梁的内力图。

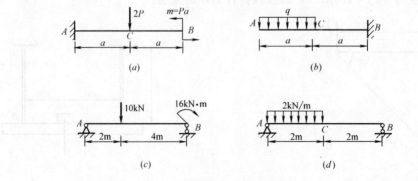

图 7-59　习题 7 图

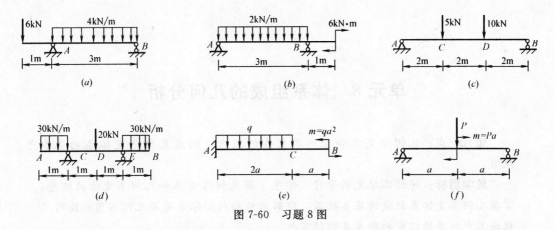

图 7-60 习题 8 图

9. 木材悬臂梁如图 7-61 所示，$l=1\mathrm{m}$，$P=6\mathrm{kN}$，梁的截面为 $d=200\mathrm{mm}$ 的圆形，许用应力 $[\sigma]=10\mathrm{MPa}$，试校核其正应力强度。

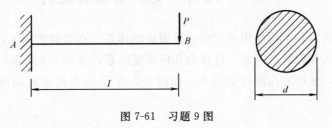

图 7-61 习题 9 图

10. 由两根槽钢组成的外伸梁，受力如图 7-62 所示。已知 $P=20\mathrm{kN}$，许用应力 $[\sigma]=170\mathrm{MPa}$，试选择槽钢的型号。

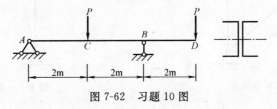

图 7-62 习题 10 图

11. 矩形截面的木梁，截面尺寸及荷载如图 7-63 所示。已知 $q=2\mathrm{kN/m}$，$[\sigma]=10\mathrm{MPa}$，$[\tau]=2\mathrm{MPa}$，试校核梁的正应力强度和剪应力的强度。

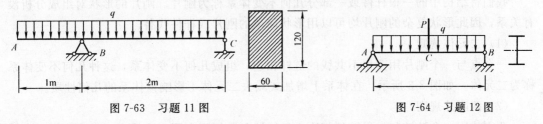

图 7-63 习题 11 图　　　　图 7-64 习题 12 图

12. 图 7-64 所示，一 20a 工字钢简支梁，分布荷载 $q=4\mathrm{kN/m}$，跨中作用 $P=8\mathrm{kN}$ 的集中荷载，跨度 $l=6\mathrm{m}$，材料的弹性模量 $E=200\mathrm{GPa}$，$\left[\dfrac{f}{l}\right]=\dfrac{1}{400}$，试校核梁的刚度。

13. 一圆形截面细长木柱，$l=4\mathrm{m}$，直径 $D=200\mathrm{mm}$，弹性模量 $G=20\mathrm{GPa}$。(1) 两端铰支；(2) 一端自由，一端铰支。求木柱的临界力和临界应力。

单元 8 体系组成的几何分析

知 识 点：几何可变体和几何不变体的概念，组成几何不变体系的基本规则。

教学目标：通过本单元的学习，学生了解几何可变体和几何不变体的概念；掌握几何不变体系组成的基本规则，能够分析和判断体系是否几何不变；能对工程施工中体系的组成判断其几何稳定性。

课题 1 几何不变体系组成规则

工程结构都是由若干构件用一定的连接而成的体系。在荷载作用下，若不考虑材料的变形，体系的形状和位置都不变，这称为几何不变体系，如图 8-1 所示；体系的形状和位置可发生变化的，这称为几何可变体系，如图 8-2 所示。市政工程结构只能使用几何不变体系。

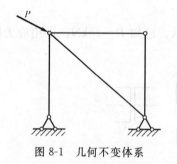

图 8-1 几何不变体系

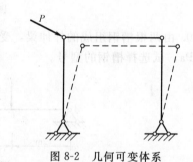

图 8-2 几何可变体系

1.1 几何不变体系组成基本规则

我们将结构中的一根杆件或一部分几何不变体系称为刚片。刚片的形状对组成分析没有关系，因此形状复杂的刚片均可以用形状简单的刚片或杆件代替。

(1) 二元体规则

一个点与一个刚片用两根不共线的链杆相连，组成几何不变体系，这种几何不变体系称为二元体。如图 8-3 所示。在体系上增加或减去二元体不影响该体系的几何性质。

(2) 两刚片规则

两刚片用一个铰链和一根链杆相连，且铰链和链杆不在同一直线上，组成几何不变体系，如图 8-4（a）所示。两刚片还可用三根链杆相连，如图 8-4（b）所示，用相交于一点的两根链杆和一根不通过 A 点的链杆相连，组成几何不变体系，交点 A 称为实铰。

另外，两刚片还可用三根链杆相连的其他情形。先讨论两刚片间用两根链杆相连的情况，如图 8-5（a）所示，当两刚片用两根不平行的链杆相连，两链杆的延长线交于 A 点，

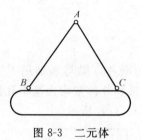

图 8-3 二元体

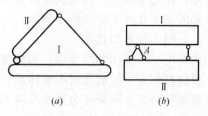

图 8-4 两刚片间的约束

若假定刚片Ⅱ不动,当刚片Ⅰ运动时,将绕两链杆延长线的交点 A 转动。这相当于交点 A 有一个铰把两刚片相连,这种铰称为虚铰。当两个刚片用三根不全平行也不全交于一点的链杆相连,两链杆的延长线交于 A 点,再加上一根不通过 A 点的链杆,如图 8-5(b) 所示,就组成了几何不变体系。

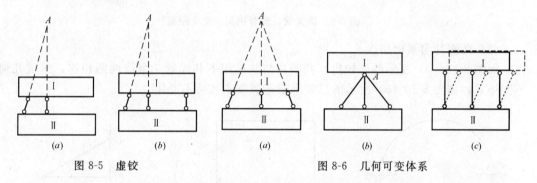

图 8-5 虚铰　　　　　　　图 8-6 几何可变体系

图 8-6(a)、(b) 所示两刚片用相交于 A 点的三根链杆连接,刚片仍可绕 A 点转动,为几何可变体系。图 8-6(c) 所示两刚片用三根相互平行的链杆连接,这相当于虚铰在无穷远处,三链杆在无穷远处的虚铰处相交,两刚片之间可作相对的平移,为几何可变体系。

(3) 三刚片规则

三个刚片用三个不共线的铰链两两相连,组成几何不变体系,如图 8-7 所示。

在前述的三刚片规则中,为什么规定三个铰不共线才可组成几何不变体呢?这可用图 8-8 所示情况来说明。假设刚片Ⅰ不动,刚片Ⅱ、Ⅲ分别绕铰 A、B 转动时,在 C 点处两圆弧有一公切线,铰 C 可延其公切线方向有微小移动,因而是几何可变的。但经微小位移后,三铰就不再共线,体系转化为几何不变的,这种体系称为几何瞬变体系。瞬变体系也是一种几何可变体系,工程结构中不能采用。

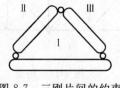

图 8-7 三刚片间的约束

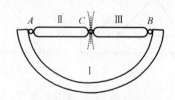

图 8-8 几何瞬变体系

1.2 几种基本几何不变体系

在分析体系几何组成时,对几种常见的简单几何不变体系,不必分析,将此结构直接作为刚片,在此基础上,再逐次分析其他部分的几何稳定性。

常见的基本几何不变体系,例如:

(1) 一刚片与基础相连

如图 8-9 (a) 所示的简支梁。可将基础视为几何不变的刚片,梁与基础用不交于一点的三根链杆相连,组成几何不变体系。单跨静定梁之悬臂梁和外伸量均为基本几何不变体。悬臂刚架和简支刚架亦为基本几何不变体,如图 8-9 (b)、(c) 所示。

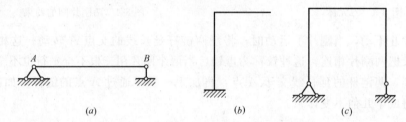

图 8-9 简支梁、悬臂刚架、简支刚架

(2) 两刚片与基础相连

如图 8-10 (a) 所示的三铰拱。两刚片与基础用不共线的三个铰两两相连,组成几何不变体系。如图 8-10 (b) 所示的三铰刚架亦属基本几何不变体。

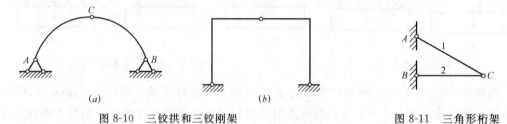

图 8-10 三铰拱和三铰刚架 　　　　　　　　　图 8-11 三角形桁架

(3) 二元体与基础相连

如图 8-11 所示的三角桁架。点 C 用不共线的两根链杆与基础相连,组成几何不变的二元体。

(4) 如图 8-12 (a) 所示的铰接三角形,(b) 为其简图。铰接三角形其自身是几何不变体;在铰接三角形基础上逐次增加二元体而成的结构,其自身必定是几何不变体,如图 8-13 所示。

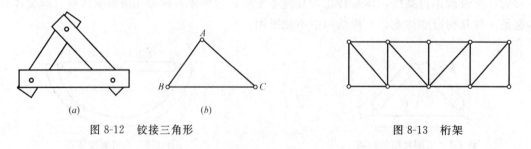

图 8-12 铰接三角形 　　　　　　　　　　　　图 8-13 桁架

课题 2　几何组成分析方法简介

几何组成分析的依据是前述三个规则。一方面应用基本规则可以组成几何不变体系。

另外，也可应用基本规则判别给定体系是否几何不变。分析时，如果给定体系可以看做两个或三个刚片时，可直接利用规则二或规则三进行判别。若给定体系不能归结为两个或三个刚片时，可先把直接观察出的几何不变部分作为刚片，或者逐次拆除二元体，使体系组成简化，这样并不影响原体系的几何构造性质，却便于用规则分析它们。对于形状复杂的构件，可用直杆代替。下面举例说明。

【例 8-1】 试对如图 8-14 所示体系进行几何组成分析。

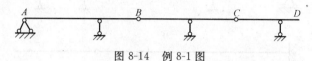

图 8-14　例 8-1 图

【解】 将基础视为一刚片。直接观察可知 AB 段梁是支承在基础上的外伸梁，是基本几何不变体。现在，把外伸梁和基础和在一起看做一个扩大了的刚片。再看 BC 段梁，它与上述扩大了的刚片用一个铰和一根链杆相连，符合两刚片规则，是几何不变的。这样，刚片又扩大到包含 BC 梁段的更大的刚片。同样，CD 段梁用一个铰和一根链杆与上述更大的刚片相连，符合两刚片规则，由此可知，整个体系是几何不变的，并且无多余的联系。

【例 8-2】 对图示 8-15 所示体系进行几何组成分析。

【解】 图中虚线所示链杆代换折杆 DHG 和 FIG。ADEB 是三铰刚架，是基本几何不变体。然后，增加链杆 EF、FC 的二元体，得到一个新的刚片。再增加链杆 DG、FG 的二元体，由此可知体系是几何不变体，且无多余约束。

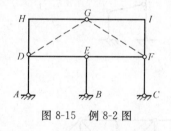

图 8-15　例 8-2 图　　　　　图 8-16　例 8-3 图

【例 8-3】 对图示 8-16 所示体系进行几何组成分析。

【解】 体系中 AB 为简支梁，在此刚片上增加 1、2 链杆固定 C 和 3、4 链杆固定 D 的二元体，则链杆 5 是多余约束。因此，体系是几何不变的，但有一个多余约束。

复习思考题

1. 什么是几何不变体？什么是几何可变体和几何瞬变体？哪种体系在工程中不能使用？
2. 什么是刚片？它与刚体有何区别？
3. 为什么要对工程结构进行几何组成分析？
4. 试对图 8-17 所示各梁进行几何组成分析，并确定有无多余约束。
5. 试对图 8-18 所示各刚架进行几何组成分析，并确定有无多余约束。
6. 试对图 8-19 所示各桁架进行几何组成分析，并确定有无多余约束。

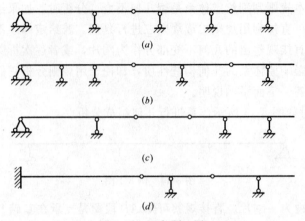

图 8-17 思考题 4 图

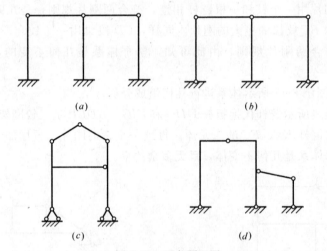

图 8-18 思考题 5 图

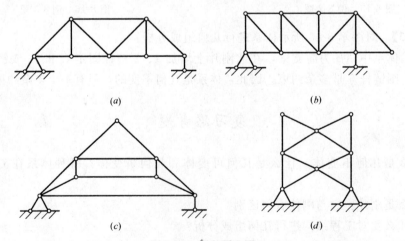

图 8-19 思考题 6 图

型 钢 表

1. 热轧等边角钢（GB 9787-88）

符号意义：
b——边宽；
d——边厚；
r——内圆弧半径；
r_1——边端内弧半径；
I——惯性矩；
i——惯性半径；
W——截面系数；
z_0——重心距离。

角钢号数	尺寸 (mm)			截面面积 $\times 10^2$ (mm^2)	理论重量 $\times 9.8$ (N/m)	外表面积 (m^2/m)	参 考 数 值										
							$x-x$			x_0-x_0			y_0-y_0			x_1-x_1	$z_0 \times 10$ (mm)
	b	d	r				$I_x \times 10^4$ (mm^4)	$i_x \times 10$ (mm)	$W_x \times 10^3$ (mm^3)	$I_{x_0} \times 10^4$ (mm^4)	$i_{x_0} \times 10$ (mm)	$W_{x_0} \times 10^3$ (mm^3)	$I_{y_0} \times 10^4$ (mm^4)	$i_{y_0} \times 10$ (mm)	$W_{y_0} \times 10^3$ (mm^3)	$I_{x_1} \times 10^4$ (mm^4)	
4.5	25	3	5	2.659	2.088	0.177	5.17	1.40	1.58	8.20	1.76	2.58	2.14	0.90	1.24	9.12	1.22
		4		3.486	2.736	0.177	6.65	1.38	2.05	10.56	1.74	3.32	2.75	0.89	1.54	12.18	1.26
4.5	45	5	5	4.292	3.369	0.176	8.04	1.37	2.51	12.74	1.72	4.00	3.33	0.88	1.81	15.25	1.30
		6		5.076	3.985	0.176	9.33	1.36	2.95	14.76	1.70	4.64	3.89	0.88	2.06	18.36	1.33
		5		7.912	6.211	0.315	48.79	2.48	8.34	77.33	3.13	13.67	20.25	1.60	6.66	85.36	2.15
8	80	6	9	9.397	7.376	0.314	57.35	2.47	9.87	90.98	3.11	16.08	23.72	1.59	7.65	102.50	2.19
		7		10.860	8.525	0.314	65.58	2.46	11.37	104.07	3.10	18.40	27.09	1.58	8.58	119.70	2.23
		8		12.303	9.658	0.314	73.49	2.44	12.83	116.60	3.08	20.61	30.39	1.57	9.46	136.97	2.27
		10		15.126	11.874	0.313	88.43	2.42	15.64	140.09	3.04	24.76	36.77	1.56	11.08	171.74	2.35

续表

角钢号数	尺寸(mm)				截面面积 $\times 10^2$ (mm²)	理论重量 $\times 9.8$ (N/m)	外表面积 (m²/m)	参 考 数 值										
								$x-x$			x_0-x_0			y_0-y_0			x_1-x_1	$z_0 \times 10$ (mm)
	b	d		r				$I_x \times 10^4$ (mm⁴)	$i_x \times 10$ (mm)	$W_x \times 10^3$ (mm³)	$I_{x_0} \times 10^4$ (mm⁴)	$i_{x_0} \times 10$ (mm)	$W_{x_0} \times 10^3$ (mm³)	$I_{y_0} \times 10^4$ (mm⁴)	$i_{y_0} \times 10$ (mm)	$W_{y_0} \times 10^3$ (mm³)	$I_1 \times 10^4$ (mm⁴)	
9	90	6		10	10.637	8.350	0.354	82.77	2.79	12.61	131.26	3.51	20.63	34.28	1.80	9.95	145.87	2.44
		7			12.301	9.656	0.354	94.83	2.78	14.53	150.47	3.50	23.64	39.18	1.78	11.19	170.30	2.48
		8			13.944	10.946	0.353	106.47	2.76	16.42	168.97	3.48	26.55	43.97	1.78	12.35	194.80	2.52
		10			17.167	13.476	0.353	128.58	2.74	20.07	203.90	3.45	32.04	53.26	1.76	14.52	244.07	2.59
		12			20.306	15.940	0.352	149.22	2.71	23.57	236.21	3.41	37.12	62.22	1.75	16.49	293.76	2.67
10	100	6		12	11.932	9.366	0.393	114.95	3.10	15.68	181.98	3.90	25.74	47.92	2.00	12.69	200.07	2.67
		7			13.796	10.830	0.393	131.86	3.09	18.10	208.97	3.89	29.55	54.74	1.99	14.26	233.54	2.71
		8			15.638	12.276	0.393	148.24	3.08	20.47	235.07	3.88	33.24	61.41	1.98	15.75	267.09	2.76
		10			19.261	15.120	0.392	179.51	3.05	25.06	284.68	3.84	40.26	74.35	1.96	18.54	334.43	2.84
		12			22.800	17.898	0.391	208.90	3.03	29.48	330.95	3.81	46.80	86.84	1.95	21.08	402.34	2.91
		14			26.256	20.611	0.391	236.53	3.00	33.73	374.06	3.77	52.90	99.00	1.94	23.44	470.75	2.99
		16			29.672	23.257	0.390	262.53	2.98	37.82	414.16	3.74	58.57	110.89	1.94	25.63	539.80	3.06
14	140	10		14	27.373	21.484	0.551	514.65	4.34	50.58	817.27	5.46	82.56	212.04	2.78	39.20	915.11	3.82
		12			32.512	25.522	0.551	603.68	4.31	59.80	958.79	5.43	96.85	248.57	2.76	45.02	1099.28	3.90
		14			37.567	29.490	0.550	688.81	4.28	68.75	1093.56	5.40	110.47	284.06	2.75	50.45	1284.22	3.98
		16			42.539	33.393	0.549	770.24	4.26	77.46	1221.81	5.36	123.42	318.67	2.74	55.55	1470.07	4.06

注：角钢长度： 4.5~8 号 9~14 号
    长度 4~12m 4~19m

2. 热轧不等边角钢 (GB 9788—88)

符号意义：
B——长边宽度；
b——短边宽度；
d——边厚；
r——内圆弧半径；
r_1——边端内弧半径；
I——惯性矩；
i——惯性半径；
W——截面系数；
x_0——重心距离；
y_0——重心距离。

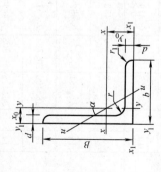

角钢号数	尺寸(mm)				截面面积 $\times 10^2$ (mm^2)	理论重量 $\times 9.8$ (N/m)	外表面积 (m^2/m)	参 考 数 值														
								$x-x$			$y-y$			x_1-x_1		y_1-y_1		$u-u$				
	B	b	d	r				$I_x \times 10^4$ (mm^4)	$i_x \times 10$ (mm)	$W_x \times 10^3$ (mm^3)	$I_y \times 10^4$ (mm^4)	$i_y \times 10$ (mm)	$W_y \times 10^3$ (mm^3)	$I_{x1} \times 10^4$ (mm^4)	$y_0 \times 10$ (mm)	$I_{y1} \times 10^4$ (mm^4)	$x_0 \times 10$ (mm)	$I_u \times 10^4$ (mm^4)	$i_u \times 10$ (mm)	$W_u \times 10^3$ (mm^3)	tgα
6.3/4	63	40	4	7	4.058	3.185	0.202	16.49	2.02	3.87	5.23	1.14	1.70	33.30	2.04	8.63	0.92	3.12	0.88	1.40	0.398
			5		4.993	3.920	0.202	20.02	2.00	4.74	6.31	1.12	2.71	41.63	2.08	10.86	0.95	3.76	0.87	1.71	0.396
			6		6.908	4.628	0.201	23.36	1.96	5.59	7.29	1.11	2.43	49.98	2.12	13.12	0.99	4.34	0.86	1.99	0.393
			7		6.802	5.339	0.201	26.53	1.98	6.40	8.24	1.10	2.78	58.07	2.15	15.47	1.03	4.97	0.86	2.29	0.389
8/5	80	50	5	8	6.375	5.005	0.255	41.96	2.56	7.78	12.82	1.42	3.32	85.21	2.60	21.06	1.14	7.66	1.10	2.74	0.388
			6		7.560	5.935	0.255	49.49	2.56	9.25	14.95	1.41	3.91	102.53	2.65	25.41	1.18	8.85	1.08	3.20	0.387
			7		8.724	6.848	0.255	56.16	2.54	10.58	16.96	1.39	4.48	119.33	2.69	29.82	1.21	10.18	1.08	3.70	0.384
			8		9.867	7.745	0.254	62.83	2.52	11.92	18.85	1.38	5.03	136.41	2.73	34.32	1.25	11.38	1.07	4.16	0.381

续表

角钢号数	尺寸(mm) B	b	d	r	截面积×10² (mm²)	理论重量×9.8 (N/m)	外表面积 (m²/m)	x-x $I_x \times 10^4$ (mm⁴)	$i_x \times 10$ (mm)	$W_x \times 10^3$ (mm³)	y-y $I_y \times 10^4$ (mm⁴)	$i_y \times 10$ (mm)	$W_y \times 10^3$ (mm³)	x_1-x_1 $I_{x_1} \times 10^4$ (mm⁴)	$y_0 \times 10$ (mm)	y_1-y_1 $I_{y_1} \times 10^4$ (mm⁴)	$x_0 \times 10$ (mm)	u-u $I_u \times 10^4$ (mm⁴)	$i_u \times 10$ (mm)	$W_u \times 10^3$ (mm³)	tgα
9/5.6	90	56	5	9	7.212	5.661	0.287	60.45	2.90	9.92	18.32	1.59	4.21	121.32	2.91	29.53	1.25	10.98	1.23	3.49	0.385
			6		8.557	6.717	0.286	71.03	2.88	11.74	21.42	1.58	4.96	145.59	2.95	35.58	1.29	12.90	1.23	4.13	0.384
			7		9.880	7.756	0.286	81.01	2.86	13.49	24.36	1.57	5.70	169.66	3.00	41.71	1.33	14.67	1.22	4.72	0.382
			8		11.183	8.779	0.286	91.03	2.85	15.27	27.15	1.56	6.41	194.17	3.04	47.98	1.36	16.34	1.21	5.29	0.380
10/6.3	100	63	6	10	9.617	7.550	0.320	99.06	3.21	14.64	30.94	1.79	6.35	199.71	3.24	50.50	1.43	18.42	1.38	5.25	0.394
			7		11.111	8.722	0.320	113.45	3.29	16.88	35.26	1.78	7.29	233.00	3.28	59.14	1.47	21.00	1.38	6.02	0.393
			8		12.584	9.878	0.319	127.37	3.18	19.08	39.39	1.77	8.21	266.32	3.32	67.88	1.50	23.50	1.37	6.78	0.391
			10		15.467	12.142	0.319	153.81	3.15	23.32	47.12	1.74	9.98	333.06	3.40	85.73	1.58	28.33	1.35	8.24	0.387
14/9	140	90	8	12	18.038	14.160	0.453	365.64	4.50	38.48	120.69	2.59	17.34	730.53	4.50	195.79	2.04	70.83	1.98	14.31	0.411
			10		22.261	17.475	0.452	445.50	4.47	47.31	146.03	2.56	21.22	913.20	4.58	245.92	2.12	85.82	1.96	17.48	0.409
			12		26.400	20.724	0.451	521.59	4.44	55.87	169.79	2.54	24.95	1096.09	4.66	206.89	2.19	100.21	1.95	20.54	0.406
			14		30.456	23.908	0.451	594.10	4.42	64.18	192.10	2.51	28.54	1279.20	4.74	348.82	2.27	114.13	1.94	23.52	0.403

注：角钢长度：6.3/4～9/5.6号，长4～12m；10/6.3～14/9号，长4～19m。

3. 热轧普通工字钢 (GB 706—88)

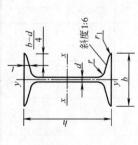

符号意义：

- h —— 高度；
- b —— 腿宽；
- d —— 腰厚；
- t —— 平均腿厚；
- r —— 内圆弧半径；
- r_1 —— 腿端圆弧半径；
- I —— 惯性矩；
- W —— 截面系数；
- i —— 惯性半径；
- S —— 半截面的静距

型号	尺寸 (mm)						截面面积 $\times 10^2$ (mm²)	理论重量 $\times 9.8$ (N/m)	参 考 数 值						
									x-x				y-y		
	h	b	d	t	r	r_1			$I_x \times 10^4$ (mm⁴)	$W_x \times 10^3$ (mm³)	$i_x \times 10$ (mm)	$\dfrac{I_x}{S_x} \times 10$ (mm)	$I_y \times 10^4$ (mm⁴)	$W_y \times 10^3$ (mm³)	$i_y \times 10$ (mm)
10	100	68	4.5	7.6	6.5	3.3	14.3	11.2	245	49	4.14	8.59	33	9.72	1.52
12.6	126	74	5	8.4	7	3.5	18.1	14.2	488.43	77.529	5.195	10.85	46.906	12.677	1.609
14	140	80	5.5	9.1	7.5	3.8	21.5	16.9	712	102	5.76	12	64.4	16.1	1.73
16	160	88	6	9.9	8	4	26.1	20.5	1130	141	6.58	13.8	93.1	21.2	1.89
18	180	94	6.5	10.7	8.5	4.3	30.6	24.1	1660	185	7.36	15.4	122	26	2
20a	200	100	7	11.4	9	4.5	35.5	27.9	2370	237	8.15	17.2	158	31.5	2.12
20b	200	102	9	11.4	9	4.5	39.5	31.1	2500	250	7.96	16.9	169	33.1	2.06
22a	220	110	7.5	12.3	9.5	4.8	42	33	3400	309	8.99	18.9	225	40.9	2.31
22b	220	112	9.5	12.3	9.5	4.8	46.4	36.4	3570	325	8.78	18.7	239	42.7	2.27
25a	250	116	8	13	10	5	48.5	38.1	5023.54	401.88	10.18	21.58	280.046	48.283	2.403
25b	250	118	10	13	10	5	53.5	42	5283.96	422.72	9.938	21.27	309.297	52.423	2.404
28a	280	122	8.5	13.7	10.5	5.3	55.45	43.4	7114.14	508.15	11.32	24.62	345.051	56.565	2.495
28b	280	124	10.5	13.7	10.5	5.3	61.05	47.9	7480	534.29	11.08	24.24	379.496	61.209	2.493

续表

型号	尺寸(mm)						截面面积 $\times 10^2$ (mm²)	理论重量 $\times 9.8$(N/m)	参考数值						
									$x-x$			$y-y$			
	h	b	d	t	r	r_1			$I_x \times 10^4$ (mm⁴)	$W_x \times 10^3$ (mm³)	$i_x \times 10$ (mm)	$\frac{I_x}{S_x} \times 10$ (mm)	$I_y \times 10^4$ (mm⁴)	$W_y \times 10^3$ (mm³)	$i_y \times 10$ (mm)
32a	320	130	9.5	15	11.5	5.8	67.05	52.7	11075.5	692.2	12.84	27.46	459.93	70.758	2.619
32b	320	132	11.5	15	11.5	5.8	73.45	57.7	11621.4	726.33	12.58	27.09	501.53	75.989	2.614
32c	320	134	13.5	15	11.5	5.8	79.95	62.8	12167.5	760.47	12.34	26.77	543.81	81.166	2.608
36a	360	136	10	15.8	12	6	76.3	59.9	15760	875	14.4	30.7	552	81.2	2.69
36b	360	138	12	15.8	12	6	83.5	65.6	16530	919	14.1	30.3	582	84.3	2.64
36c	360	140	14	15.8	12	6	90.7	71.2	17310	962	13.8	29.9	612	87.4	2.6
40a	400	142	10.5	16.5	12.5	6.3	86.1	67.6	21720	1090	15.9	34.1	660	93.2	2.77
40b	400	144	12.5	16.5	12.5	6.3	94.1	73.8	22780	1140	15.6	33.6	692	96.2	2.71
40c	400	146	14.5	16.5	12.5	6.3	102	80.1	23850	1190	15.2	33.2	727	99.6	2.65
45a	450	150	11.5	18	13.5	6.8	102	80.4	32240	1430	17.7	38.6	855	114	2.89
45b	450	152	13.5	18	13.5	6.8	111	87.4	33760	1500	17.4	38	894	118	2.84
45c	450	154	15.5	18	13.5	6.8	120	94.5	35280	1570	17.1	37.6	938	122	2.79
50a	500	158	12	20	14	7	119	93.6	46470	1860	19.7	42.8	1120	142	3.07
50b	500	160	14	20	14	7	129	101	48560	1940	19.4	42.4	1170	146	3.01
50c	500	162	16	20	14	7	139	109	50640	2080	19	41.8	1220	151	2.96
56a	560	166	12.5	21	14.5	7.3	135.25	106.2	65585.6	2342.31	22.02	47.73	1370.16	165.08	3.182
56b	560	168	14.5	21	14.5	7.3	146.45	115	68512.5	2446.69	21.63	47.17	1486.75	174.25	3.162
56c	560	170	16.5	21	14.5	7.3	157.85	123.9	71439.4	2551.41	21.27	46.66	1558.39	183.34	3.158
63a	630	176	13	22	15	7.5	154.9	121.6	93916.2	2981.47	24.62	54.17	1700.55	193.24	3.314
63b	630	178	15	22	15	7.5	167.5	131.5	98083.6	3163.98	24.2	53.51	1812.07	203.6	3.289
63c	630	180	17	22	15	7.5	180.1	141	3298.42	3298.42	23.82	52.92	1924.91	213.08	3.268

注：工字钢长度：10～18号，长5～19m；20～63号，长6～19m。

4. 热轧普通槽钢（GB 707—88）

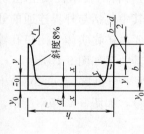

符号意义：

h —— 高度；
b —— 腿宽；
d —— 腰厚；
t —— 平均腿厚；
r —— 内圆弧半径；
r_1 —— 腿端圆弧半径；
I —— 惯性矩；
W —— 截面系数；
i —— 惯性半径；
z_0 —— $y-y$ 与 y_0-y_0 轴线间距离。

型号	尺寸 (mm)						截面面积 $\times 10^2$ (mm²)	理论重量 $\times 9.8$ (N/m)	参考数值								
									$x-x$			$y-y$				y_0-y_0	$z_0 \times 10$ (mm)
	h	b	d	t	r	r_1			$W_x \times 10^3$ (mm³)	$I_x \times 10^4$ (mm⁴)	$i_x \times 10$ (mm)	$W_y \times 10^3$ (mm³)	$I_y \times 10^4$ (mm⁴)	$i_y \times 10$ (mm)		$I_{y_0} \times 10^4$ (mm⁴)	
5	50	37	4.5	7	7	3.5	6.93	5.44	10.4	26	1.94	3.55	8.3	1.1		20.9	1.35
8	80	43	5	8	8	4	10.24	8.04	25.3	101.3	3.15	5.79	16.6	1.27		37.4	1.43
10	100	48	5.3	8.5	8.5	4.25	12.74	10	39.7	198.3	3.95	7.8	25.6	1.41		54.9	1.52
16a	160	63	6.5	10	10	5	21.95	17.23	108.3	866.2	6.28	16.3	73.3	1.83		144.1	1.8
16	160	65	8.5	10	10	5	25.15	19.74	116.8	934.5	6.1	17.55	83.4	1.82		160.8	1.75
18a	180	68	7	10.5	10.5	5.25	25.69	20.17	141.4	1272.7	7.04	21.52	98.6	1.96		189.7	1.88
18	180	70	9	10.5	10.5	5.25	29.29	22.99	152.2	1369.9	6.84	21.52	111	1.95		210.1	1.84
20a	200	73	7	11	11	5.5	28.83	22.63	178	1780.4	7.86	24.2	128	2.11		244	2.01
20	200	75	9	11	11	5.5	32.83	25.77	191.4	1913.7	7.64	25.88	143.6	2.09		268.4	1.95
22a	220	77	7	11.5	11.5	5.75	31.84	24.99	217.6	2393.6	8.67	28.17	157.8	2.23		298.2	2.1
22	220	79	9	11.5	11.5	5.75	36.24	28.45	233.8	2571.4	8.42	30.05	176.4	2.21		326.3	2.03
a	280	82	7.5	12.5	12.5	6.25	40.02	31.42	340.328	4764.59	10.91	35.718	217.989	2.333		387.566	2.097
28b	280	84	9.5	12.5	12.5	6.25	45.62	35.81	366.46	5130.45	10.6	37.929	242.144	2.304		427.589	2.016
c	280	86	11.5	12.5	12.5	6.25	51.22	40.21	392.594	5496.32	10.35	40.301	267.602	2.286		462.597	1.951
a	400	100	10.5	18	18	9	75.05	58.91	878.9	17577.9	15.30	78.83	592	2.81		1067.7	2.49
40b	400	102	12.5	18	18	9	83.05	65.19	932.2	18644.5	14.98	82.52	640	2.78		1135.6	2.44
c	400	104	14.5	18	18	9	91.05	71.47	985.6	19711.2	14.71	86.19	687.8	2.75		1220.7	2.42

注：1. 槽钢长度：5～8号，长5～12m；10～18号，长5～19m；20～40号，长6～19m。
2. 一般采用材料：Q215，Q235A，Q235A·F。

第4篇 工程材料基础

单元9 砂石材料

知识点：砂石材料是一种重要的建筑材料，本单元重点讲解砂石材料的技术性质与技术要求、介绍矿质混合料的级配理论和组成设计方法。

教学目标：通过本单元的学习，要求学生掌握砂石材料的技术性质与技术要求，学会检验砂石材料技术性质的方法，了解级配理论和矿质混合料的组成设计方法。

课题1 石料的技术性质和技术标准

石料是指地壳上的岩石用机械或人工方法加工，或不经加工而获得的各种块料。石料的主要特点是有较高的抗压强度和耐久性，分布广泛，便于就地取材；但其脆性较大，硬度较高，开采加工比较困难。石料按其成因可分为岩浆岩、沉积岩、变质岩三种。

1.1 石料的技术性质

石料的技术性质，主要从其物理性质、力学性质和化学性质三方面进行研究。

1.1.1 石料的物理性质

石料的物理性质包括：物理常数（密度、毛体积密度和孔隙率等），与水有关的性质（吸水性、耐水性）和耐候性（抗冻性、坚固性等）。

(1) 物理常数

石料的物理常数是其矿物组成与结构状态的反映，它与石料的技术性质有密切的联系。石料在天然形成过程中，其内部会存在着一定的孔隙，其中包括与外界连通的开口孔隙和不与外界连通的闭口孔隙。这样石料的内部组成结构主要由矿物实体、闭口孔隙和开口孔隙三部分组成。从石料的质量和体积的物理观点出发，其关系如图9-1所示。

1) 密度（真密度）：指石料在规定的条件（(105 ± 5)℃烘干至恒重、温度20℃）下，石料矿物单位体积（不包含任何孔隙的矿物实体的体积）的质量，如图9-1 (b) 所示。

密度的计算公式 $$\rho_t = \frac{m_s}{V_s} \tag{9-1}$$

式中 ρ_t——石料的密度（g/cm³）；

m_s——干燥状态下石料矿物实体质量（g）；

V_s——石料矿物实体体积（cm³）。

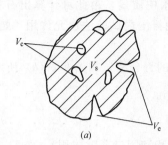 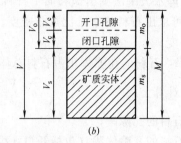

图 9-1 石料结构示意图
(a) 外观示意图；(b) 质量与体积关系示意图

因为石料的空气质量 $m_0=0$，矿物实体的质量就等于石料的质量，即 $m_s=M$，所以密度的计算公式又可表示为：

$$\rho_t = \frac{M}{V_s} \tag{9-1'}$$

式中 ρ_t——石料的密度（g/cm³）；

M——干燥状态下石料试样的质量（g）；

V_s——石料矿物实体体积（cm³）。

石料密度的测定原理是测出石料矿物实体的真实体积 V_s，因此其测定方法按我国现行《公路工程石料试验规程》（JTJ 054—1994）规定，应先将石料粉碎磨细，在 (105±5)℃ 的条件下烘干至恒重并称得其质量 M，然后在密度瓶中加水煮沸，使水分充分进入石料的闭口孔隙中，通过"置换法"测出石料矿物实体的真实体积 V_s。现行国内试验法也允许用"李氏比重瓶法"近似测定石料的密度。

2) 毛体积密度：指在规定条件下，石料单位体积（包括石料矿质实体和闭口、开口孔隙体积）的质量，如图 9-1(b) 所示。

毛体积密度的计算公式

$$\rho_h = \frac{m_s}{V_s + V_c + V_e} \tag{9-2}$$

式中 ρ_h——石料的毛体积密度（g/cm³）；

m_s——干燥状态下石料矿物实体质量（g）；

V_s——石料矿物实体体积（cm³）；

V_c——石料闭口孔隙体积（cm³）；

V_e——石料开口孔隙体积（cm³）。

石料的矿物实体体积和孔隙体积之和为石料的毛体积，即 $V_s+V_c+V_e=V$，所以石料的毛体积密度的计算公式又可表示为：

$$\rho_h = \frac{M}{V} \tag{9-2'}$$

式中 ρ_h——石料的毛体积密度（g/cm³）；

M——干燥状态下石料试样的质量（g）；

V——石料的毛体积（cm³）。

石料的毛体积密度的测定方法，按我国现行《公路工程石料试验规程》（JTJ 054—1994）规定，采用"静水称量法"。即将石料在 (105±5)℃ 的条件下烘干至恒重并称得其质量 M，然后将石料吸水 24h，使其饱水后用湿毛巾揩去表面水，称出饱和面干时的石料质量,最后用静水天平法测出饱和面干石料的水中质量,由此可计算出石料的毛体积V,按式(9-2′)可求出石料的李氏比重瓶密度。现行国内试验法也允许用"蜡封法"测定石料的毛体积密度。

3)孔隙率:石料的孔隙体积占石料总体积的百分率,如图9-1(b)所示。

孔隙率的计算公式
$$n = \frac{V_0}{V} \times 100\% \tag{9-3}$$

式中 n——石料的孔隙率;

V_0——石料的孔隙体积(包括开口孔隙体积和闭口孔隙体积)(cm^3);

V——石料的毛体积(cm^3)。

孔隙率也可由密度和毛体积密度计算求得,即
$$n = \left(1 - \frac{\rho_h}{\rho_t}\right) \times 100\% \tag{9-3′}$$

孔隙率又可分为开口孔隙率和闭口孔隙率两种。孔隙率对石料的性质影响很大,同种石料的强度、吸水率、耐久性等的大小,主要取决于石料本身的孔隙率及孔隙特征。同种石料的孔隙率越小,且封闭的孔多,则其强度高、吸水性小、耐久性强。

(2)与水有关的性质

石料与水作用后,水很快湿润石料的表面并填充石料的孔隙。因此,水对石料破坏作用的大小,主要取决于石料的矿物组成、石料的孔隙率及孔隙的构造特征。

1)吸水性:石料的吸水性是指石料在规定条件下吸收水的能力。按我国现行《公路工程石料试验规程》(JTJ 054—1994)规定,可采用吸水率和饱水率两项指标来表征石料的吸水性。

a. 吸水率:指在常温(20±2)℃,常压(大气压)条件下,石料试件最大的吸水质量占烘干石料((105±5)℃干燥至恒重)试件质量的百分率。

吸水率的计算公式
$$W = \frac{m_2 - m_1}{m_1} \times 100\% \tag{9-4}$$

式中 W——石料吸水率;

m_1——石料试件烘干至恒重时的质量(g);

m_2——石料试件吸水至恒重时的质量(g)。

石料吸水率主要决定于石料孔隙率的大小及孔隙的构造特征。一般来说,吸水率越大,吸水性越强;但由于闭口孔隙,水分不易渗入;粗大孔隙,水分又不易存留,所以有些石料,尽管孔隙率较大,而吸水率却仍然较小。只有当石料具有很多微小而开口的孔隙时,其吸水率较大。因此吸水率的大小不仅能使我们了解石料在规定条件下的吸水能力,而且可根据该资料的大小推断石料内部孔隙率的大小及石料内部孔隙的构造特征。

b. 饱水率:在常温(20±2)℃和真空抽气(抽至真空度为20mmHg,即残压2.67kPa)条件下,石料试件最大的吸水质量占烘干((105±5)℃干燥至恒重)石料试件质量的百分率。饱水率的计算可用公式(9-4)表示。

按我国现行《公路工程石料试验规程》(JTJ 054—1994)规定,石料饱水率的测定方法可采用"真空抽气法"。当真空抽气后,占据石料内部的空气被排除,而恢复常压时水分会很快进入空气稀薄的石料孔隙,并几乎充满全部的开口孔隙体积。因此,同种石料的饱水率总比其吸水率大。

2) 耐水性：指石料长期在吸水饱和状态下不破坏，其强度也不显著降低的性质。耐水性可用软化系数表示。软化系数 K_R 是指石料在饱水状态下的抗压强度与石料在干燥状态下的抗压强度之比。

软化系数的计算公式
$$K_R = \frac{f_{YB}}{f_{YG}} \tag{9-5}$$

式中　K_R——石料的软化系数；

f_{YB}——石料饱水后的抗压强度（MPa）；

f_{YG}——石料干燥状态下的抗压强度（MPa）。

根据软化系数的大小，石料可分为高、中、低三种耐水性，$K_R>0.9$ 的为高耐水性石料；$K_R=0.7\sim0.9$ 的为中耐水性石料；$K_R=0.6\sim0.7$ 的为低耐水性石料。用于潮湿环境或严重受水侵蚀的材料，其软化系数应在 0.85 以上。通常认为软化系数大于 0.8 的材料是耐水的，软化系数小于 0.6 的材料不允许用于重要建筑物中。

3) 耐候性：指用于道路与桥梁建筑的石料抵抗大气自然因素作用的性能。

天然石料在无遮盖的道路和桥梁结构物中，长期受到各种自然因素的综合作用，力学强度逐渐衰减。在工程使用中引起石料内部组织结构的破坏而导致力学强度降低的因素中，首先是温度的升降（由于温度应力的作用，引起石料内部的破坏），其次是石料在潮湿条件下，受到正、负气温的交替冻融作用，引起石料内部组织结构的破坏，在这两种因素中究竟以谁为主，需根据气候条件决定。在大多数地区，后者占主导地位。根据我国现行《公路工程石料试验规程》（JTJ 054—1994）规定的测试方法有：抗冻性和坚固性两种。

a. 抗冻性为石料在吸水饱和状态下，抵抗多次反复冻结与融化的性能。

根据现有研究分析，在自然环境中，石料往往是夏秋两季被水浸湿，而在冬春季节又受到冰雪冻融的交替作用。当石料开口孔隙被水充满时，随着温度的降低，该部分水会结成冰，一般认为，水在结冰时，体积会增大 9% 左右，对孔壁产生可达 100MPa 的压力，此压力在春季冰雪融化时渐渐消失；次年夏秋两季石料再次被水浸湿，冬季又继续冰胀而产生压力，这样在压力的反复作用下，使孔壁开裂，石料逐渐产生裂缝、掉角、缺棱或表面松散等破坏现象。因此在一月份平均气温低于 -10℃ 的地区，一定要检测石料的抗冻性。

我国现行抗冻性的试验方法是采用"直接冻融法"，该方法是将石料加工成规则的块状试样，在常温条件（20 ± 5）℃下，使开口孔隙吸水饱和，然后置于 -15℃ 的冰箱中冻结 4h，再在常温条件（20 ± 5）℃下融解 4h，如此为一次冻融循环。经 10 次、15 次、25 次（小桥涵）或 50 次（大、中桥涵）的冻融循环后，观察其外观破坏情况并加以记录。

石料在经受一定的冻融循环后，可从外观、抗压强度及质量损失等指标来衡量石料的抗冻性，即石料能经受规定的冻融循环次数后，检验其有无明显的缺陷（包括裂缝、掉角、缺棱或表面松散等破坏现象），同时强度降低值不超过 25%，质量损失率不大于 5% 者为合格。然后，以此检验合格的冻融循环次数来划分石料的抗冻标号，有 M_{15}、M_{25}、M_{50} 等。

抗冻质量损失率的计算公式
$$\Delta m = \frac{m_1-m_2}{m_1}\times 100\% \tag{9-6}$$

式中 Δm——抗冻质量损失率；
　　　m_1——试验前烘干试件的质量（g）；
　　　m_2——冻融循环后烘干试件的质量（g）。

强度损失率的计算公式 $$\Delta f = \frac{f_1 - f_2}{f_1} \times 100\% \tag{9-7}$$

式中 Δf——强度损失率；
　　　f_1——试验前烘干试件的强度（MPa）；
　　　f_2——冻融循环后试件的强度（MPa）。

根据以往实践证明具有足够抗冻性的石料也可不进行抗冻性试验。

b. 坚固性试验可采用"硫酸钠浸蚀法"来测定。

主要步骤是：将石料浸入饱和的硫酸钠溶液中浸泡 20h，使其饱和，然后取出置于（105±5）℃的烘箱中烘 4h，使其结晶膨胀，从烘箱中取出后冷却至室温，这样作为一次循环。如此重复若干个循环后，用蒸馏水沸煮洗净，烘干称重，计算其质量损失率。

1.1.2　石料的力学性质

公路与桥梁用的石料，除受到各种自然因素的影响外，还要受到车辆荷载等复杂力系的作用。因此，石料除应具备上述的物理性质外，还必须具备各种力学性质，如抗压、抗拉、抗剪、抗弯等纯力学性质以及一些为路用性能特殊设计的力学指标，如抗磨光性、抗冲击、抗磨耗等。由于道路用石料多轧制成集料使用，故抗磨光、抗冲击、抗磨耗等性能将在集料力学性质中讨论，在此仅讨论确定石料等级的抗压强度和磨耗率两项性质。

（1）单轴抗压强度：石料的单轴抗压强度是石料力学性质中最重要的一项指标，它是划分石料等级的主要依据，并与其他力学性质具有相关性。

根据我国现行《公路工程石料试验规程》（JTJ 054—1994）规定，道路建筑用石料的单轴抗压强度，是将石料（岩块）制备成（50±0.5）mm 的正方体（或直径和高度均为（50±0.5）mm 的圆柱体）试件，经吸水饱和后再单轴受压，并在规定的加载条件下，达到极限破坏时，单位承压面积的强度。

单轴极限抗压强度的计算公式 $$f = \frac{F}{A} \tag{9-8}$$

式中 f——石料的单轴极限抗压强度（MPa）；
　　　F——破坏荷载（N）；
　　　A——试件受力面积（mm²）。

石料的单轴抗压强度值，取决于石料的矿物组成，岩石的结构和构造及裂缝的分布等。一般来说，石料的构造与组织越均匀，组成矿物越细小，矿物间的联系越好，组织越致密，则石料强度越高。除此之外，在试验过程中，试验条件也会影响石料的抗压强度值，如试件的几何外形、温度和湿度、加荷速度等。一般来说，试件横截面越大，其内部的不连续性（如天然形成的微裂缝、节理、断层、纹理走向等结构上的不连续性）也会增多，因此抗压强度值越低；同种石料所处的湿度越大、温度越低时，其抗压强度值越低；加荷速度越快，其抗压强度越高。

（2）磨耗率：石料的磨耗率是指石料抵抗摩擦、撞击、剪切等综合作用的能力。

根据我国现行《公路工程石料试验规程》（JTJ 054—1994）规定，石料的磨耗试验方法有洛杉矶式（搁板式）和狄法尔式（双滚筒式）两种，并以洛杉矶式（搁板式）磨耗试验法为标准方法。

洛杉矶式（搁板式）试验方法是：称取一定质量（m_1）的石料置于磨耗机中，使磨耗机按照一定的速度旋转，石料在旋转的过程中经受摩擦、撞击、剪切等综合作用后，将石料取出，用2mm圆孔筛或1.6mm方孔筛筛去试样中的石屑，用水洗净留在筛上的试样，烘干至恒重后称其质量（m_2）。

石料磨耗率的计算公式 $$Q_M = \frac{m_1 - m_2}{m_1} \times 100\% \tag{9-9}$$

式中 Q_M——石料的磨耗率；

m_1——试验前烘干石料试样的质量（g）；

m_2——试验后洗净烘干石料试样的质量（g）。

利用石料的抗压强度和磨耗率，可将路用石料进行等级划分。

1.1.3 石料的化学性质

在路桥建筑中，砂石材料是与结合料（水泥和沥青）组成混合料而使用于结构物中。在混合料中砂石材料并不是单纯起着物理作用，而是与结合料起着复杂的物理——化学作用，因此砂石材料的化学性质很大程度地影响着混合料的物理——力学性能。特别是在沥青混合料中，当其他条件相同的情况下，石料的酸碱性不同将直接影响其与沥青的粘附性。因此在沥青混合料中，选择与沥青结合的石料时，应尽量选择碱性石料，因碱性石料与沥青的粘附性较酸性石料好，若当地缺乏碱性石料必须采用酸性石料时，可掺加各种抗剥离剂以提高沥青与石料的粘附性。

根据试验研究，按石料中 SiO_2 质量分数 $\omega(SiO_2)$ 的多少将石料分成酸性、中性及碱性三种，具体含量如下：

$$\begin{cases} \omega(SiO_2) > 65\% & \text{酸性石料} \\ \omega(SiO_2) 为 52\% \sim 65\% & \text{中性石料} \\ \omega(SiO_2) < 52\% & \text{碱性石料} \end{cases}$$

1.2 石料的技术要求

1.2.1 路用石料的技术分级

按国标规定，现用道路建筑用天然石料按其技术性质分为4个等级。石料分级方法首先根据造岩矿物的成分、含量以及组织结构来确定岩石的名称，然后将不同名称的岩石，按路用要求划分为4类。分别为：

（1）石料种类

1）岩浆岩类（包括花岗岩、正长岩、辉长岩、闪长岩、辉绿岩、橄榄岩、玄武岩、安山岩等）

2）石灰岩类（包括石灰岩、白云岩、泥灰岩、凝长岩等）

3）砂岩和片岩类（包括石英岩、砂岩、片麻岩、石英片麻岩等）

4）砾石类

各类石料按其在饱水状态下的抗压强度和磨耗率值，又划分为4个等级。

（2）石料的等级

1) 1级——最坚硬的岩石（抗压强度大，磨耗率低的岩石）
2) 2级——坚硬的岩石（抗压强度较大，磨耗率较低的岩石）
3) 3级——中等强度的岩石（抗压强度较低，磨耗率较大的岩石）
4) 4级——较软的岩石（抗压强度低，磨耗率高的岩石）

1.2.2 路用石料的技术标准

路用石料的技术标准见表9-1。

路用石料的等级与技术标准 表9-1

岩石类别	主要岩石名称	石料等级	技术标准		
			极限抗压强度（饱水状态）(MPa)	磨耗率(%)	
				洛杉矶式磨耗试验法	狄法尔式磨耗试验法
岩浆岩类	花岗岩、正长岩、辉长岩、闪长岩、辉绿岩、橄榄岩、玄武岩、安山岩	1	>120	<25	<4
		2	100～120	25～30	4～5
		3	80～100	30～45	5～7
		4	—	45～60	7～10
石灰岩类	石灰岩、白云岩、泥灰岩	1	>100	<30	<5
		2	80～100	30～35	5～6
		3	60～80	35～50	6～12
		4	30～60	50～60	12～20
砂岩和片岩类	石英岩、砂岩、片麻岩、石英片麻岩	1	>100	<30	<5
		2	80～100	30～35	5～7
		3	50～80	35～45	7～10
		4	30～50	45～60	10～15
砾石类	—	1	—	<20	<5
		2		20～30	5～7
		3		30～50	7～12
		4		50～60	12～20
试验方法			JTJ 054—1994 T 0212—1994	JTJ 054—1994 T 0220—1994	JTJ 054—1994 T 0221—1994

1.3 桥梁建筑用主要石料制品

1.3.1 片石

体积不小于0.01m³，每次打眼放炮采得的石料，其形状不受限制，但薄片者不得使用。片石中部最小尺寸应不小于15cm，每块质量一般在30kg以上。用于圬工工程主体的片石，其抗压强度极限值应不小于30MPa；用于附属圬工工程的片石，其抗压强度极限值应不小于20MPa。

1.3.2 块石

是由成层岩中打眼放炮开采而得，或用楔子打入成层岩的明缝或暗缝中劈出的石料。块石形状大致方正，无尖角，有两个较大的平行面，边角可不加工，其厚度应不小于20cm，宽度为厚度的1.5～2.0倍，长度为厚度的1.5～3.0倍，砌缝宽度不大于20mm。抗压强度极限值应符合设计文件规定。

1.3.3 方块石

在块石中选择形状比较整齐者稍加修整，使石料大致方正，厚度应不小于20cm，宽度为厚度的 1.5~2.0 倍，长度为厚度的 1.5~4.0 倍，砌缝宽度不大于 20mm。抗压强度极限值应符合设计文件规定。

1.3.4 粗料石

形状尺寸和极限抗压强度应符合设计文件的规定，其表面凹凸相差不大于 10mm，砌缝宽度小于 20mm。

1.3.5 细料石

形状尺寸和极限抗压强度应符合设计文件的规定，其表面凹凸相差不大于 5mm，砌缝宽度小于 15mm。

1.3.6 镶面石

镶面石受气候因素（如晴、雨、冻融）的影响较大，损坏较快，一般应选用较好的、较硬的岩石。石料的外露面可沿四周琢成 2cm 的边，中间部分仍保持原来的天然石面。石料上下和两侧均粗琢成剁口，剁口的宽度不得小于 10cm，琢面应垂直于外露面。

课题 2 骨[❶]料的技术性质

骨料包括岩石天然风化而成的砾石（卵石）和砂等，以及岩石经机械和人工轧制的各种尺寸的碎石、石屑等。在公路和桥梁建筑中骨料可作为水泥（或沥青）的混合料。

不同粒径的骨料在水泥（或沥青）混合料中所起的作用不同，因此对它们的技术要求也不同。工程上一般将骨料分为粗骨料和细骨料两种。

水泥混凝土用骨料中，粒径大于 5mm 为粗骨料，粒径小于 5mm 为细骨料。

沥青路面用骨料中，粒径大于 2.36mm 为粗骨料，粒径小于 2.36mm 为细骨料。

在研究骨料的技术性质时，必须注意到骨料与上一节中所讲的石料是不同的，骨料是由不同大小颗粒的碎砾石或砂所组成的集合料，在工程中是成堆使用的，而石料是一块一块单独使用的。因此研究骨料技术性质时，是以一定质量的一个集合体为研究对象的。

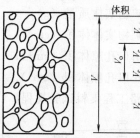

图 9-2 骨料体积与质量的关系示意图

如图 9-2 所示的骨料体积与质量关系图得知，一般骨料的总体积是由四部分组成的，即各颗粒矿质实体的总和 V_s；各颗粒内部闭口孔隙体积之和 V_c；各颗粒内部开口孔隙体积之和 V_e 和各颗粒间的空隙体积之和 V_i。（注意区分颗粒内部的孔隙和颗粒间的空隙）。

2.1 粗骨料的技术性质

粗骨料包括人工轧制的碎石和天然风化而成的卵石。其技术性质分物理性质和力学性质两方面。

---

❶ 关于骨料的叫法，建筑行业则称为骨料；建材行业和公路行业均称集料。本书统一按建筑行业的规定，均称骨料。书中涉及建材及公路行业的标准及规范，则仍用原名集料不改，请读者注意。

2.1.1 物理性质

(1) 物理常数

1) 表观密度（视密度）：在规定条件（(105±5)℃烘干至恒重）下，骨料单位体积（包括矿物实体和闭口孔隙的体积）的质量。

表观密度的计算公式
$$\rho'_t = \frac{m_s}{V_s + V_c} \tag{9-10}$$

式中 ρ'_t——粗骨料的表观密度（g/cm³）；
m_s——粗骨料矿物实体质量（g）；
V_s——粗骨料矿物实体体积（cm³）；
V_c——粗骨料闭口孔隙体积（cm³）。

矿物实体质量即为骨料质量（即 $m_s = M$），所以

表观密度的计算公式又可表示为
$$\rho'_t = \frac{M}{V_s + V_c} \tag{9-10'}$$

按我国现行《公路工程集料试验规程》（JTJ 058—2000）规定，粗骨料表观密度的测定采用网篮法。此方法是将已知质量的干燥粗骨料装在金属吊篮中浸水24h，使开口孔隙吸水饱和，然后在静水天平上称出饱水后的粗骨料在水中的质量，按排水法可计算出包括闭口孔隙在内的体积，从而可计算出表观密度，如图9-3所示。

2) 毛体积密度：在规定条件下，单位毛体积（包括矿物实体，闭口孔隙和开口孔隙体积）的质量。

毛体积密度的计算公式
$$\rho_h = \frac{m_s}{V_s + V_c + V_e} \tag{9-11}$$

式中 ρ_h——粗骨料的毛体积密度（g/cm³）；
m_s——粗骨料矿物实体质量（g）；
V_s——粗骨料矿物实体体积（cm³）；
V_c——粗骨料闭口孔隙体积（cm³）；
V_e——粗骨料开口孔隙体积（cm³）。

按我国现行《公路工程集料试验规程》（JTJ 058—2000）规定，骨料毛体积密度的测定采用网篮法。方法是将已知质量的干燥粗骨料浸水24h后，用湿毛巾揩去表面水分，称出试样的饱和面干质量，放入静水天平中，称出饱水后的粗骨料在水中的质量，按排水法可计算出包括闭口孔隙和开口孔隙在内的体积，从而计算出粗骨料的毛体积密度。

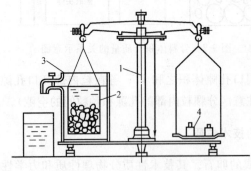

图9-3 静水天平示意图
1—天平；2—吊篮；3—盛水容器；4—砝码

3) 松方密度：骨料装填于容器中包括骨料空隙（颗粒之间的）和孔隙（颗粒内部的）在内的单位体积的质量。

骨料松方密度的计算公式

$$\rho = \frac{m_s}{V_s + V_c + V_e + V_i} \tag{9-12}$$

式中　ρ——粗骨料的松方密度（g/cm³）；

m_s——粗骨料矿物实体质量（g）；

V_s——粗骨料矿物实体体积（cm³）；

V_c——粗骨料闭口孔隙体积（cm³）；

V_e——粗骨料开口孔隙体积（cm³）；

V_i——粗骨料间空隙体积（cm³）。

由于 $m_s = M$，若令 $V_s + V_c + V_e + V_i = V$

所以松方密度的公式又可表示为　　$\rho = \dfrac{M}{V}$　　　　　　　　　　　（9-12'）

粗骨料的松方密度由于颗粒排列的松紧程度不同，又可分为自然堆积状态和振实堆积状态下的松方密度。

按我国现行《公路工程骨料试验规程》（JTJ 058—2000）规定，骨料松方密度的测试是将干燥的粗骨料装入规定容积的容量筒来测量的。自然堆积状态是按自然下落装样的，而振实堆积状态是用振摇方式装样的。

4）空隙率：粗骨料在自然堆积或振实堆积状态时的空隙体积 V_e 占骨料总体积的百分率。

粗骨料空隙率的计算公式　　$n' = \left(1 - \dfrac{\rho}{\rho'_t}\right) \times 100\%$　　　　　　（9-13）

式中　n'——粗骨料的空隙率；

ρ'_t——粗骨料的表观密度（g/cm³）；

ρ——粗骨料的松方密度（g/cm³）。

（2）级配

粗骨料中各组成颗粒的分级和搭配称为级配。它是影响骨料空隙率的重要指标。

一个良好的级配，要求空隙率最小，同时总表面积也不大。前者的目的是要使骨料本身最为紧密；后者的目的是要使掺加料最为节约。

按我国现行《公路工程集料试验规程》（JTJ 058—2000）规定，级配是通过筛析试验确定的。其方法是：将粗骨料通过一系列规定筛孔尺寸的标准筛，测定出存留在各个筛上的骨料质量，根据骨料试样的总质量与存留在各筛孔上的骨料质量，就可求得一系列与级配有关的参数：1）分计筛余百分率；2）累计筛余百分率；3）通过百分率。粗骨料的这些参数的计算方法与细骨料相同，详细内容见"细骨料技术性质"部分。

（3）针片状软弱颗粒含量

1）水泥混凝土用粗骨料中的针、片状颗粒，其中针状颗粒是指长度大于该颗粒所属粒级平均粒径2.4倍的；片状颗粒是指厚度小于该颗粒所属粒级平均粒径0.4倍的。（平均粒径是指该粒级上下粒径的平均值）。

实践表明，粗骨料的颗粒形状最好接近于正立方体形状，但由于石料本身的结构特点或因轧制工艺的影响，骨料中总会有扁片或针状的颗粒。这种颗粒不仅本身易折断，而且它们的存在，会增加骨料的空隙率，影响混凝土的强度和流动性。因此，在骨料中应限制其含量。强度等级≥C30的混凝土中粗骨料的针、片状颗粒含量应控制在15%以下，强度等级＜C30的混凝土中粗骨料的针、片状颗粒含量应控制在25%以下。

按我国现行《公路工程集料试验规程》(JTJ 058—2000)规定，水泥混凝土用粗骨料中的针、片状颗粒含量的测定可采用规准仪法进行。

2) 沥青路面用粗骨料针、片状颗粒，是指用游标卡尺测定的粗骨料的最小厚度（或直径）方向与最大长度（或宽度）方向的尺寸之比小于1:3的颗粒。

按我国现行《公路工程集料试验规程》(JTJ 058—2000)规定，沥青路面用粗骨料中的针、片状颗粒含量的测定可采用游标卡尺法进行。

(4) 坚固性

对已轧制成的碎石或天然卵石，可采用规定级配的各粒级骨料，按现行《公路工程集料试验规程》(JTJ 058—2000)标准选取规定数量后，分别装在金属网篮中浸入饱和硫酸钠溶液中进行干湿循环试验，经若干次循环后，观察其表面破坏情况，并用质量损失率来计算其坚固性。

2.1.2 力学性质

粗骨料的力学性质，主要采用磨耗率和压碎值来表示，其次是用新近发展起来的抗滑表层用骨料的三项试验值，即磨光值（PSV）、道瑞磨耗值（AAV）和冲击值（AIV）来表示。

(1) 骨料磨耗率

用洛杉矶式和狄法尔式磨耗试验测定，见石料部分。

(2) 骨料压碎值

指骨料在连续增加的荷载下，抵抗压碎的能力。

1) 沥青路面用粗集料压碎值

按现行《公路工程集料试验规程》(JTJ 058—2000)测定方法，是将13.2~16.0mm的骨料试样3kg，分三次装入压碎值测定仪的钢制圆筒内，放在压力机上，在10min内均匀加荷至400kN时立即卸载，部分骨料即被压碎，然后称其通过2.36mm筛的筛余量。

压碎值的计算公式 $$Q_Y = \frac{m_1}{m_0} \times 100\% \tag{9-14}$$

式中 Q_Y——骨料的压碎值；

m_0——试验前试样质量（g）；

m_1——试验后通过2.36mm筛孔的试样质量（g）。

2) 水泥混凝土路面用粗骨料的压碎值

按现行《公路工程集料试验规程》(JTJ 058—2000)测定方法，是将10~20mm骨料试样3kg，分三次装入压碎值测定仪的钢制圆筒内，放在压力机上，在3~5min内均匀加荷至200kN，稳定5s，然后卸荷，称其通过2.5mm筛的筛余量。

压碎值的计算公式 $$Q_{Y'} = \frac{m_0 - m_1}{m_1} \times 100\% \tag{9-15}$$

式中 $Q_{Y'}$——骨料的压碎值；

m_0——试样总质量（g）；

m_1——试验后试样的筛余质量（g）。

(3) 骨料磨光值（PSV）

按现行《公路工程集料试验规程》(JTJ 058—2000)测定方法，选取10~15mm骨料试样，密排于试模中，先用砂填满密骨料间空隙后，再用环氧树脂砂浆固结，经养护 24h 后，即制成试件。将制备好的试件安装于加速磨光机的道路轮上加以磨耗，磨耗 6 小时后，再用摆式摩擦系数仪测定试件的摩擦系数值，经换算即可确定骨料的磨光值。

石料磨光值越高，其路面抗滑性越好。一般要求高速公路、一级公路用于路面抗滑表层的粗骨料的磨光值应不小于 42，而其他公路不小于 35。几种典型岩石的磨光值见表 9-2。

几种典型岩石的磨光值　　　　表 9-2

岩石名称		石灰岩	角页岩	斑岩	石英岩	花岗岩	玄武岩	砂岩
磨光值（PSV）	平均值	43	45	56	58	59	62	72
	（范围）	30～70	40～50	43～71	45～67	45～70	45～81	60～82

（4）骨料磨耗值（AAV）

用于评定抗滑表层的骨料抵抗车轮磨耗的能力。

按我国现行《公路工程集料试验规程》（JTJ 058—2000）的规定，骨料磨耗值的测定应采用道瑞磨耗试验机，其方法是：选取粒径为 10～15mm 的洗净且烘干的骨料试样，单层紧排于两个试模内（不少于 24 粒），然后排砂并用环氧树脂砂浆填充密实，养护 24h 后拆模，取出试件，刷清残砂后称其质量 m_0，并将试件安装于道瑞磨耗机附的托盘上，以 28～30r/min 的转速加以磨耗，磨 500 圈后，取出试件，刷净残砂，准确称取试件质量 m_1，就能计算出骨料磨耗值（AAV）。

骨料磨耗值越高，表示骨料的耐磨性越差。高速公路、一级公路用于路面抗滑表层的粗骨料的磨值应不大于 14，而其他公路不大于 16。

（5）骨料冲击值（LSV）

骨料抵抗多次连续重复冲击荷载作用的性能。

按我国现行《公路工程集料试验规程》（JTJ 058—2000）的规定，其试验方法是：选取粒径为 9.5～13.2mm 的骨料试样，用金属量筒分三次捣实的方法确定试验用骨料数量。将骨料装入冲击值试验仪的盛样器中，用捣实杆捣实 25 次，使其初步压实；然后用质量为 (13.62±0.05) kg 的冲击锤，沿捣杆自（380±5）mm 处自由落下锤击骨料，要求连续锤击 25 次，每次锤击时间间隔不少于 1s。将试验后的骨料在 2.36mm 的筛上筛分并称量。

高速公路、一级公路用于路面抗滑表层的粗骨料的冲击值应不大于 28%，而其他公路不大于 30%。

2.2　细骨料的技术性质

细骨料主要为天然风化而成的砂，还包括轧制碎石或矿渣所得的石屑。细骨料的技术性质与粗骨料的技术性质基本相同，但由于细度的特点，在技术要求和检测方法上略有差异。

2.2.1　物理常数

（1）表观密度（视密度）：其含义与粗骨料完全相同，砂的表观密度与砂的矿物成分有关，一般为 2.6～2.7g/cm³。标准规定的测定方法是容量瓶法。

（2）堆积密度：细骨料的堆积密度和粗骨料的松方密度的含义是一样的。根据细骨料的堆积状态不同，可分为松装密度和紧装密度，一般干燥状态下的松装密度为1350～1650kg/m³，捣实后的紧装密度为1600～1700kg/m³。

(3) 空隙率：其含义与粗骨料完全相同，与砂颗粒形状、颗粒级配、湿度以及堆积密实程度有关，干燥松散状态下的空隙率在35%～45%之间，级配好的可减至35%～37%左右。

(4) 含水率：砂中所含水的质量占干砂质量的百分率。

含水率的计算公式
$$W' = \frac{m_2 - m_1}{m_1} \times 100\% \tag{9-16}$$

式中 W'——石料含水率；
m_1——石料试件烘干至恒重时的质量（g）；
m_2——石料试件含水时的质量（g）。

砂的含水率不仅影响砂的质量，而且还影响砂的体积，即当砂含水率变化时，其体积与质量都会随之变化。砂的含水率是水泥混凝土配合比设计中的一个重要参数。砂的体积随含水率变化的规律如图9-4所示。

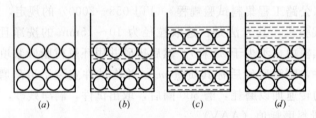

图9-4 砂的体积随含水率变化的示意图
(a) 干砂；(b) 加入少量水填充砂粒空隙，质量增加，体积不变；(c) 继续加水，砂粒周围形成水膜，体积膨胀；(d) 再继续加水，砂粒紧贴，体积又缩小

砂从干到湿，根据其含水情况不同，也可分为以下四种状态：
1) 干状态：指砂颗粒内部及表面都不含有水。
2) 气干状态：指砂在空气中风干，此时砂粒表面已干燥，而内部还含有一定的水。
3) 饱和面干状态：指砂粒表面干燥，而内部孔隙已含有水且饱和的现象。
4) 湿润含水状态：指砂粒不仅内部吸水饱和，而且表面还吸附着一层水膜。具体见图9-5。

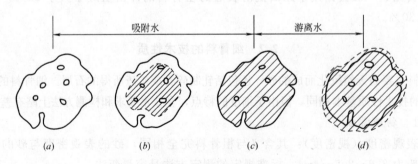

图9-5 砂的含水状态
(a) 全干状态；(b) 气干状态；(c) 饱和面干状态；(d) 湿润含水状态

在施工现场按体积计算砂的用量时,由于含水量的变化会影响砂的体积,因此,水泥混凝土配合比设计时,砂的体积是以饱和面干时的体积为标准的。

2.2.2 级配与粗度

(1) 级配

是骨料中不同粒径颗粒的分配情况。按我国现行《公路工程集料试验规程》(JTJ 058—2000)的规定,砂的级配可通过砂的筛分试验确定,其方法是取干燥砂500克置于标准套筛上进行筛分,然后计算以下有关参数:

1) 分计筛余百分率:在某号筛上的筛余质量占试样总质量的百分率。

分计筛余百分率计算公式 $\quad a_i = \dfrac{m_i}{m} \times 100\%$ (9-17)

式中 a_i——某号筛分计筛余百分率;

m_i——存留在某号筛上的质量(g);

m——试样总质量(g)。

2) 累计筛余百分率:某号筛的分计筛余百分率和大于该号筛的各号筛的分计筛余百分率之总和。

累计筛余百分率计算公式 $\quad A_i = a_1 + a_2 + \cdots + a_i$ (9-18)

式中 A_i——某号筛的累计筛余百分率(%);

$a_1, a_2, \cdots, a_i$——从5mm孔径筛开始至计算的某号筛的分计筛余百分率(%)。

3) 通过百分率:通过某筛的质量占试样总质量的百分率。

通过百分率计算公式 $\quad P_i = 100 - A_i$ (9-19)

式中 P_i——通过百分率(%);

A_i——某号筛的累计筛余百分率(%)。

分计筛余百分率、累计筛余百分率和通过百分率三者之间的关系见表9-3。

(2) 粗度

是评价砂粗细程度的一种指标,用细度模数表示。

1) 当5mm筛上没有筛余量时,

细度模数的计算公式 $\quad M_x = \dfrac{A_{2.5} + A_{1.25} + A_{0.63} + A_{0.315} + A_{0.16}}{100}$ (9-20)

$$= \dfrac{5a_{2.5} + 4a_{1.25} + 3a_{0.63} + 2a_{0.315} + a_{0.16}}{100}$$

分计筛余、累计筛余、通过率三者关系 表9-3

筛孔尺寸(mm)	分计筛余百分率(%)	累计筛余百分率(%)	通过百分率(%)
5.0	a_1	$A_1 = a_1$	$100\% - A_1$
2.5	a_2	$A_2 = a_1 + a_2$	$100\% - A_2$
1.25	a_3	$A_3 = a_1 + a_2 + a_3$	$100\% - A_3$
0.63	a_4	$A_4 = a_1 + a_2 + a_3 + a_4$	$100\% - A_4$
0.315	a_5	$A_5 = a_1 + a_2 + a_3 + a_4 + a_5$	$100\% - A_5$
0.16	a_6	$A_6 = a_1 + a_2 + a_3 + a_4 + a_5 + a_6$	$100\% - A_6$
<0.16	a_7	$A_7 = a_1 + a_2 + a_3 + a_4 + a_5 + a_6 + a_7$	$100\% - A_7$

2) 5mm筛上有筛余量时,

细度模数计算公式 $\quad M_x = \dfrac{(A_{2.5} + A_{1.25} + A_{0.63} + A_{0.315} + A_{0.16}) - 5A_5}{100 - A_5}$ (9-21)

以上两式中 M_x——细度模数；

A_5，$A_{2.5}$，…，$A_{0.16}$——分别为 5，2.5，…，0.16mm 各筛的累计筛余百分率（%）；

$a_{2.5}$，$a_{1.25}$，…，$a_{0.16}$——分别为 2.5，1.25，…，0.16mm 各筛的分计筛余百分率（%）。

细度模数越大，表明砂子越粗。砂的粗度按细度模数可分为粗砂、中砂、细砂、特细砂。

$$\begin{cases} 粗砂 & M_x = 3.7 \sim 3.1 \\ 中砂 & M_x = 3.0 \sim 2.3 \\ 细砂 & M_x = 2.2 \sim 1.6 \\ 特细砂 & M_x = 1.5 \sim 0.7 \end{cases}$$

细度模数虽能表示砂的粗细程度，但不能完全反映出砂的颗粒级配情况，因为相同细度模数的砂可有不同的颗粒级配。因此，要全面表征砂的颗粒性质，必须同时使用细度模数和级配两个指标。

【例 9-1】 从工地取回烘干砂样 500g 做筛析试验，列于表 9-4 内。求该砂样的分计筛余百分率、累计筛余百分率、通过百分率及该砂的细度模数，并对该砂样进行评定。

干砂样 500g 筛析试验结果　　　　　　　　　　　　　表 9-4

筛孔尺寸(mm)	10	5	2.5	1.25	0.63	0.315	0.16	<0.16
各筛筛余量/g	0	25	35	90	125	125	75	25
要求的通过范围(%)	100	90~100	75~100	50~90	30~59	8~30	0~10	—

【解】 (1) 按题所给筛析结果计算，见表 9-5。

筛析计算结果　　　　　　　　　　　　　表 9-5

筛孔尺寸(mm)	10	5	2.5	1.25	0.63	0.315	0.16	<0.16
分计筛余(%)	0	5	7	18	25	25	15	5
累计筛余(%)	0	5	12	30	55	80	95	100
通过百分率(%)	100	95	88	70	45	20	5	0

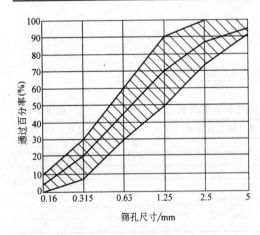

图 9-6　砂的筛析曲线

根据上述计算结果，可绘制成砂的筛析曲线如图 9-6 所示。根据该砂的筛析曲线可看出，该砂的级配符合规范要求。

(2) 计算细度模数

$$M_x = [(A_{2.5} + A_{1.25} + A_{0.63} + A_{0.315} + A_{0.16}) - (5 \times A_5)]/(100 - A_5)$$
$$= [(12 + 30 + 55 + 80 + 95) - 5 \times 5]/(100 - 5) = 2.6$$

根据细度模数可知，该砂为中砂。

(3) 砂的坚固性

对于混凝土用砂，在不同情况下必须考虑其坚固性。混凝土用砂的坚固性是指砂在气候环境变化及各种物理因素作用下抵抗破坏的能力。通常用硫酸钠饱和溶液法试验，经 5 次循环后，其质量损失应符合表 9-6 的规定。

砂的坚固性指标　　表 9-6

混凝土所处环境条件	循环后的质量损失(%)
寒冷地区室外环境使用,并经常处于干湿交替的混凝土	≤8
其他条件的混凝土	≤12

课题 3　矿质混合料的组成设计

道路与桥梁建筑用的砂石材料，大多数是以矿质混合料的形式与各种结合料（如水泥或沥青等）组成混合料使用。为此，对矿质混合料必须进行组成的设计。矿质混合料的组成设计应使所配制的矿质混合料具有最小的空隙率和最大的摩擦力。

3.1　矿质混合料的级配理论和级配曲线范围的确定

3.1.1　矿质混合料的级配理论

(1) 级配类型

各种不同粒径的骨料，按照一定的比例搭配起来，为达到较高的密实度或较大摩擦力，可以采用下列两种级配组成。

1) 连续级配：连续级配是某一矿质混合料在标准筛孔配成的套筛中进行筛析时，所得的级配曲线平顺圆滑，具有连续的、不间断的性质，相邻粒径的粒料之间有一定的比例关系（按质量计）。这种由大到小，逐级粒径均有，并按比例互相搭配组成的矿质混合料，称为连续级配矿质混合料。

2) 间断级配：间断级配是在矿质混合料中剔除其中一个（或几个）分级，形成一种不连续的混合料，这种混合料称为间断级配矿质混合料。连续级配曲线和间断级配曲线的比较如图 9-7 所示。

(2) 级配理论

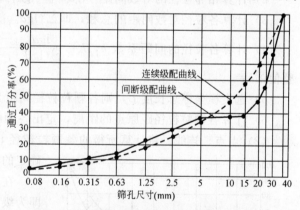

图 9-7　连续级配和间断级配的曲线比较

关于级配理论的研究，实质上发源于我国的垛积理论。但是这一理论在级配应用上并没有得到发展。目前常用的级配理论，主要有两种：一是最大密度曲线理论，也称 W.B.Fuller（富勒）理论；二是粒子干涉理论，也称 C.A.G.Weymouth（魏予斯）理论。前一理论，主要描述了连续级配的粒径分布，可用于计算连续级配；后一理论，不仅可用于计算连续级配，而且也可用于计算间断级配。

1) 最大密度曲线理论

最大密度曲线是通过试验提出一种理想曲线。专家认为固体颗粒按粒度大小，有规则地组合排列，粗细搭配，可以得到密度最大、空隙最小的混合料。初期研究的理想曲线是：细骨料以下的颗粒级配为椭圆形曲线，粗骨料为与椭圆曲线相切的直线，由这两部分组成的级配曲线，可以达到最大的密度。这种曲线计算比较繁杂，后来经过许多研究改进，提出简化的"抛物线最大密度理想曲线"。该理论认为："矿质混合料的颗粒级配曲线越接近抛物线，其密度愈大"。

2）粒子干涉理论

粒子干涉理论认为：为达到最大密度，前一级颗粒之间的空隙应由次一级颗粒所填充，其余空隙又由再次小颗粒所填充，但填隙的颗粒粒径不得大于其间隙之距离，否则大小颗粒粒子之间会发生干涉现象。

3.1.2 级配曲线范围的绘制

按上述级配理论公式计算出各级骨料在混合料中的通过百分率，以通过百分率为纵坐标，以粒径（mm）为横坐标，绘制成曲线，即为理论级配曲线。由于骨料轧制不均匀，以及矿质混合料配料的误差等因素的影响，所配制的混合料不可能与理论级配完全符合，因此，必须允许配料时的合成级配在适当的范围内波动，这就是"级配范围"。级配曲线范围的确定如下：

（1）绘制坐标轴。横坐标表示颗粒粒径（或筛孔尺寸），由于常见筛孔是按 1/2 递减的，筛分曲线如按常坐标绘制，则必然造成前疏后密，不便于绘制和查阅，为此，横坐标采用筛孔尺寸的对数坐标表示。纵坐标表示通过百分率，用算术坐标绘制。对数坐标的绘制方法如下：

1）各筛孔尺寸取对数（$\lg d_i$）。

2）计算相邻粒径的对数间距（$\lg d_{i+1} - \lg d_i$）。

3）计算各粒径对数间距的总和，即 $\sum(\lg d_{i+1} - \lg d_i)$。

4）计算各粒径的间距系数 k，$k = \dfrac{\lg d_{i+1} - \lg d_i}{\sum(\lg d_{i+1} - \lg d_i)}$；校核粒径间距系数的总和，调整使 $\sum k = 1$。

5）选定横坐标总长度 L，则各颗粒粒径间距为 $l_i = kL$。

6）计算各颗粒粒径距原点的距离，定出各颗粒粒径在横坐标上的位置。

（2）点点、连线。将计算所得的各颗粒粒径 d 的通过百分率 P 绘于坐标图上，再将确定的各点连接成光滑的曲线。

在两个试验指数 n_1、n_2 之间所包括的范围即为级配范围（用阴影表示）。现以 $n_1 = 0.3$，$n_2 = 0.5$ 为例绘制级配曲线，如图 9-8 所示。

3.1.3 矿质混合料组成设计方法

天然和人工轧制的一种骨料的级配往往很难完全符合某一级配范围的要求，因此必须采用两种或两种以上的骨料配合起来才能满足级配范围的要求。

矿质混合料组成设计的任务是确定所用各骨料的比例关系，以满足级配范围的要求。确

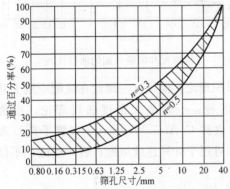

图 9-8 级配范围的确定

定混合料配合比设计的方法很多，常用的有两种：数解法和图解法。目前我国规范中推荐的混合料组成设计采用"修正平衡面积"的图解法，该法是采用一条直线来代替骨料的级配曲线，这条直线是使曲线左右两边的面积平衡，这样简化了曲线的复杂性。

(1) 已知条件：
1) 各种骨料的筛析结果，用以求出各级粒径的通过百分率。
2) 按技术规范要求的标准级配范围，用以求出要求的合成级配各级粒径的通过百分率中值。
(2) 设计步骤：
1) 绘制级配曲线坐标图。

a. 绘制一长方形图框，纵坐标量取 10cm，横坐标量取 15cm。连接对角线 OO'，作为合成级配中值，如图 9-9 所示。

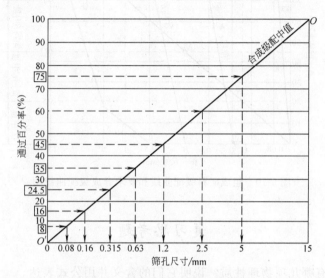

图 9-9 图解法级配曲线坐标图

b. 纵坐标按算术标尺，标出通过百分率。

c. 横坐标为筛孔尺寸。将各粒径合成级配范围的中值标于纵坐标上，从这些纵坐标点引水平线与对角线相交，从交点做垂线与横坐标相交，其各交点即为各相应筛孔孔径的位置。

2) 在坐标图上绘制各种骨料的级配曲线，如图 9-10 所示。

3) 确定各种骨料用量。将各种骨料的通过百分率绘于级配曲线坐标图上，如图 9-10 所示。根据各骨料曲线之间的关系，按下述 3 种方法确定各种骨料用量：

a. 当两相邻级配曲线重叠时，如图 9-10 所示。骨料 A 级配曲线的末端曲线的下部与骨料 B 级配曲线上部有重叠搭接，此时，在两级配曲线之间引一根垂直于横坐标的直线 AA'，使得 $a=a'$，垂线 AA' 与对角线 OO' 交于 M 点，通过 M 点作一水平线与纵坐标交于 P 点，则 OP 即为骨料 A 的用量。

b. 当两相邻级配曲线相接时，如图 9-10 所示。骨料 B 级配曲线的末端与骨料 C 级配曲线的首端，正好在一条垂直线上，此时，将骨料 B 曲线末端与骨料 C 曲线首端相连即为一条垂线 BB'，垂线 BB' 与对角线 OO' 交于 N 点，通过 N 点作一水平线与纵坐标交于 Q 点，则 PQ 即为骨料 B 的用量。

c. 当两相邻级配曲线相离时，如图 9-10 所示。骨料 C 级配曲线的末端与骨料 D 级配曲线的首端，在水平方向上彼此隔开一段距离，此时，做离开这一段距离的垂直平分线

CC'，使得 $b=b'$，垂线 CC' 与对角线 OO' 交于点 R，通过 R 点作一水平线与纵坐标交于 S 点，则 QS 即为骨料 C 的用量。剩余 ST 为骨料 D 的用量。

4）校核。按图解所得的各种骨料用量，校核计算所得合成级配是否符合要求。如超出级配范围，应调整各骨料用量。

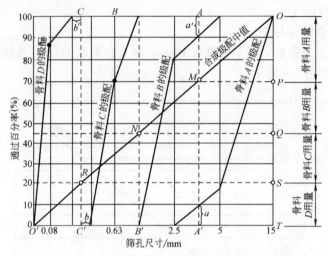

图 9-10　组成矿料级配曲线和要求合成级配曲线图

复习思考题

1. 路用石料有哪几项物理性质？说明它们的含义并用公式表达。
2. 说明影响石料抗压强度测试值的因素有哪些？
3. 石料的吸水率与饱水率有何不同？
4. 石料孔隙率与骨料空隙率的区别是什么？
5. 说明路用石料的技术等级是如何确定的。
6. 说明粗骨料中针、片状软弱颗粒的确定依据及测试方法。
7. 粗骨料的主要物理性质有哪些？并说明它们的含义。
8. 骨料磨光值、磨耗值和冲击值是表征石料什么性能的？并说明确定这些数值有何实际意义？
9. 如何根据细骨料的含水量不同来决定其状态？
10. 简述矿质混合料组成设计的方法。
11. 现有干砂 0.5kg，其筛分结果见表 9-7。计算细度模数，指出该砂属于哪种砂子。

筛分结果　　　　　　　　　　　　　　　　　　　　表 9-7

筛孔尺寸/mm	4.75	2.36	1.18	0.60	0.30	0.15	0.15 以下
筛余量	25	70	70	90	120	100	25

单元 10 无机胶凝材料

知 识 点：本单元重点讲述了两种工程上常用的无机胶凝材料（1）石灰（包括石灰的消化、硬化过程及其技术要求）；（2）水泥（包括硅酸盐水泥的生产、凝结和硬化过程及其主要技术性质；掺混合料的硅酸盐水泥、道路硅酸盐水泥和其他品种水泥的介绍）。

教学目标：通过本单元的学习，要求学生掌握石灰消化、硬化的过程和特点，石灰的质量鉴定方法；重点掌握硅酸盐水泥的熟料矿物组成及特点、水化凝结和硬化的过程、水泥主要技术性质及检测方法，在比较硅酸盐水泥与其他水泥不同的前提下，学会针对工程特点选择水泥的方法。

工程上把能将单个松散的矿质材料胶结为整体的材料称为胶凝材料。胶凝材料的分类如下：

$$\text{胶凝材料}\begin{cases} \text{无机胶凝材料}\begin{cases} \text{气硬性胶凝材料（石灰）} \\ \text{水硬性胶凝材料（水泥）} \end{cases} \\ \text{有机胶凝材料（沥青）} \end{cases}$$

本单元将要介绍的石灰属于气硬性胶凝材料，该材料只能在空气中硬化，产生并保持强度；而水泥属于水硬性胶凝材料，该材料不仅能在空气中硬化，而且能在水中硬化，产生并保持强度。

课题 1 石 灰

石灰是由碳酸钙（$CaCO_3$）为主要成分的岩石经高温煅烧而得到的一种胶凝材料，主要成分为氧化钙（CaO）和氧化镁（MgO）。

在道路工程中，随着半刚性基层材料在路面上的应用，石灰稳定土、石灰粉煤灰稳定土及其稳定碎石已广泛应用于路面基层；在桥梁工程中，石灰砂浆、石灰水泥砂浆、石灰粉煤灰砂浆广泛用于圬工砌体。

1.1 石灰的生产

用于煅烧石灰的原料，主要以碳酸盐类的岩石（如石灰石、白云石、白垩等）为主，亦可应用含有部分氧化镁的岩石。

将生产石灰的原料经 900℃ 以上的高温煅烧，排出 CO_2 气体后，得到的白色或灰白色的块状材料即为生石灰，其主反应式为：

$$CaCO_3 \xrightarrow{>900℃} CaO + CO_2 \uparrow \tag{10-1}$$

如原料中含有碳酸镁，碳酸镁遇热也会热分解，其反应式为：

$$MgCO_3 \xrightarrow{>700℃} MgO+CO_2 \uparrow \qquad (10-2)$$

优质的石灰，色质洁白或略带灰色，质量较轻，块状石灰堆积密度为 $800\sim1000kg/m^3$，是一种多孔结构材料。石灰在烧制过程中，往往由于石灰石原料的尺寸过大、窑中温度不匀或煅烧温度过高、时间过长等原因，会生成"欠火"或"过火"石灰。

欠火石灰内部有未烧透的内核，颜色发青，有效氧化钙和氧化镁含量低，使用时不能完全消化且缺乏粘结力。

过火石灰由于煅烧温度过高或煅烧时间过长，而使表面出现裂缝或玻璃状的外壳，体积收缩明显，颜色呈灰黑色，块体密度大，消化缓慢，因这种石灰用于建筑结构物中仍能继续消化，以致引起体积膨胀，导致产生裂缝等破坏现象，所以它的危害极大。

1.2 石灰的消化和硬化

1.2.1 石灰的消化

烧制成的生石灰为块状的，在使用时必须加水使其"消化"成为粉末状的"消石灰"，这一过程称为"消化"或"熟化"，故消石灰亦称"熟石灰"。其化学反应式为

$$CaO+H_2O \longrightarrow Ca(OH)_2+64.9kJ/mol \qquad (10-3)$$

石灰加水后，会放出大量的热，而且体积膨胀，质纯、煅烧好的石灰体积会增大 $1\sim2$ 倍。一般化学反应式（10-3）中的理论需水量仅为石灰的 24.32%，但由于此反应要放出大量的热，因此实际加水量应多达 70% 以上。根据生石灰加水后的消化速度的快慢，其加水速度也应不同。

$\begin{cases} 快熟石灰：指消化速度小于 10min 的石灰，由于熟化快，放热量大，加水量大，其\\ \qquad\qquad 加水速度应较快，并加以搅拌来帮助散热，以防温度过高。\\ 中熟石灰：指消化速度在 10\sim30min 的石灰。\\ 慢熟石灰：指消化速度在 30min 以上的石灰，加水量应少而慢，以保持较高温度，\\ \qquad\qquad 促使熟化较快完成。\end{cases}$

当石灰中含有过火石灰时，因过火石灰消化慢，在正常石灰已经硬化后，过火石灰颗粒才逐渐消化，同时体积膨胀，从而引起结构隆起和开裂。为了使石灰消化完全，同时减少过火石灰的危害，石灰消化后要在淋灰池中"陈伏"两个星期左右才能使用。"陈伏"期间，石灰浆表面应覆有一层水分，使之与空气隔绝，以免发生碳化。

1.2.2 石灰的硬化

指石灰浆体在空气中逐渐硬化并产生强度。石灰硬化包括结晶作用和碳化作用两部分。

（1）结晶作用

由于游离水分的蒸发，引起氢氧化钙溶液过饱和而析出氢氧化钙晶体，并产生"结晶强度"，此强度增长不显著。

（2）碳化作用

石灰浆体经碳化后获得的最终强度，称为"碳化强度"。石灰碳化作用指氢氧化钙与空气中的二氧化碳和水化合成碳酸钙晶体的过程。其化学反应式为：

$$Ca(OH)_2 + CO_2 + nH_2O \longrightarrow CaCO_3 + (n+1)H_2O \tag{10-4}$$

石灰的结晶作用和碳化作用同时进行，碳化作用在很长时间内只限于表面，而结晶作用则主要在内部发生，所以，石灰浆体硬化后是由碳酸钙和氢氧化钙晶体共同组成的。纯的石灰浆硬化时会发生收缩开裂，所以工程上常配制成石灰砂浆使用。

1.3 石灰的技术要求和技术标准

1.3.1 技术要求

(1) 氧化钙和氧化镁（CaO+MgO）的含量

石灰中产生粘结性的有效成分是活性氧化钙和氧化镁。它们的含量高低是评价石灰质量的首要指标。有效氧化钙含量指石灰中活性的游离氧化钙占石灰试样质量的百分数；氧化镁含量指石灰中氧化镁占石灰试样质量的百分数。按我国现行《公路工程无机结合料稳定材料试验规程》(JTJ 057—1994 (T08011，T08012)) 规定，有效氧化钙的测定方法采用中和滴定法，氧化镁含量的测定采用络合滴定法。

1) 有效氧化钙含量的测定：测定原理是根据有效氧化钙（$(CaO)_{ef}$）能与蔗糖（$C_{12}H_{22}O_{11}$）化合生成水溶性的蔗糖钙（$CaO \cdot C_{12}H_{22}O_{11} \cdot 2H_2O$），然后采用中和滴定法，用已知浓度的盐酸进行滴定（以酚酞为指示剂），直至粉红色消失，并保持在30秒内不复现为止，记录滴定终点时的盐酸耗量，则：

有效氧化钙含量的计算公式
$$(CaO)_{ef} = \frac{V \cdot N \cdot 0.028}{m} \times 100\% \tag{10-5}$$

式中 $(CaO)_{ef}$——石灰有效氧化钙含量；

V——滴定时消耗的盐酸标准溶液体积（ml）；

N——盐酸标准溶液的当量浓度；

0.028——氧化钙毫克当量；

m——石灰试样质量（g）。

2) 氧化镁含量的测定：将石灰试样在水中用盐酸酸化，使石灰中的氧化钙、氧化镁、氧化铁、氧化铝离解为钙、镁、铁、铝离子，然后用三乙醇胺和酒石碳酸钾钠为掩蔽剂，使铁、铝离子掩蔽。若用氨性溶液为缓冲剂，将溶液的pH值调整为10，以酸性铬兰K—萘酚绿B为指示剂，用乙二胺四乙酸（EDTA）为滴定剂，滴定至溶液由酒红色还原为蓝色止，记录消耗的EDTA溶液的体积V_1；若用NaOH为缓冲剂，将溶液的pH值调整为>12，以钙指示剂为指示剂，用乙二胺四乙酸（EDTA）为滴定剂，滴定至溶液由酒红色还原为蓝色止，记录消耗的EDTA溶液的体积V_2，则：

氧化镁含量的计算公式
$$C_{MgO} = \frac{T_{MgO}(V_1 - V_2) \cdot 10}{m \cdot 1000} \times 100\% \tag{10-6}$$

式中 C_{MgO}——石灰氧化镁含量；

V_1——滴定钙镁合量时消耗的EDTA标准溶液体积（ml）；

V_2——滴定钙消耗的EDTA标准溶液体积（ml）；

10——总溶液对分溶液的体积倍数；

m——石灰试样质量（g）。

(2) 生石灰产浆量和未消化残渣的含量

产浆量是指单位质量（1kg）的生石灰经消化后，所产石灰浆体的体积（L）。石灰产浆量越高，则表示其质量越好。

未消化残渣含量是指生石灰消化后，未能消化而存留在5mm圆孔筛上的残渣质量占石灰试样质量的百分率。石灰中未消化残渣含量越高，则表示其质量越差。

按我国现行建材行业标准《建筑石灰物理试验方法》（JC/T 478.1—1992）规定，取石灰试样1kg，倒入装有2500mL清水（水温（20±5）℃）的标准产浆桶内的筛桶中，盖上盖子，静置消化20min，用圆木棒连续搅动20min，继续静置消化40min后，再搅动20min。提取筛桶，用清水冲洗筛桶内残渣，至水流不浑浊，冲洗残渣的清水仍倒入产浆桶内，水总体积控制在3000mL。将残渣在100~105℃烘箱中烘干至恒重，再冷却至室温后用5mm圆孔筛筛分，称量筛余量，则

未消化残渣含量的计算公式为 $$C_r = \frac{m_1}{m} \times 100\%$$ (10-7)

式中 C_r——未消化残渣的含量；
m_1——未消化残渣的质量（g）；
m——石灰试样质量（g）。

石灰浆体在产浆桶中静置24h后，用钢尺量出浆体高度，则

产浆量的计算公式为 $$Q = \frac{\pi R^2 H}{1 \times 10^6}$$ (10-8)

式中 Q——生石灰产浆量（L/kg）；
π——取3.14；
R——产浆桶半径（mm）；
H——石灰浆体高度（mm）。

(3) 二氧化碳的含量

生石灰或生石灰粉中二氧化碳（CO_2）的含量越高，说明石灰石在煅烧时"欠火"造成的未分解完全的碳酸盐的含量越高，则氧化钙和氧化镁的含量相对降低，影响石灰的胶凝性能。

按我国现行建材行业标准《建筑石灰化学试验方法》（JC/T 478.2—1992）规定，取石灰试样1g置于坩埚中，在高温电炉中于（580±20）℃高温下，灼烧去除结合水，然后再将上述试样在950~1000℃高温炉中煅烧1h，取出稍冷后，放在干燥器冷却至室温称量，如此反复至室温，则

二氧化碳含量的计算公式为 $$C_{CO_2} = \frac{m_1 - m_2}{m} \times 100\%$$ (10-9)

式中 C_{CO_2}——二氧化碳的含量；
m_1——在（580±20）℃灼烧后的试样质量（g）；
m_2——在950~1000℃灼烧后的试样质量（g）；
m——石灰试样质量（g）。

(4) 消石灰粉游离水的含量

游离水的含量是指化学结合水以外的含水量。游离水的含量过多，会影响石灰的使用，因此对消石灰粉游离水的含量应加以控制。

消石灰粉游离水测定方法是：取试样100g，移于搪瓷盘中，在100~150℃烘箱内烘干至恒重，冷却至室温后称量。则

游离水的含量的计算公式为
$$C_{H_2O}=\frac{m-m_1}{m}\times100\% \tag{10-10}$$

式中 C_{H_2O}——消石灰粉游离水的含量；

m_1——烘干后的试样质量（g）；

m——消石灰粉试样质量（g）。

(5) 体积安定性

体积安定性是指消石灰粉在消化、硬化过程中体积变化的均匀性。

消石灰粉体积安定性的测定方法是：称取试样100g，倒入300mL蒸发皿内，加入(20±2)℃的清洁淡水120mL，拌合3min使之成浆后，一次性浇筑于两块石棉网板上，制成直径50~70mm，中心高8~10mm的试饼，在室温下放置5min后，将饼放入烘箱中加热至100~105℃，烘干4h后取出。目测烘干后的饼块，无溃散、裂纹、鼓包称为安定性合格，若出现三种现象之一者，表示体积安定性不合格。

(6) 细度

细度与石灰的质量有密切联系，其试验方法是：称取试样50g，倒入0.900mm、0.125mm套筛内进行筛分，分别称量筛余物，按原试样计算其筛余百分率。

1.3.2 技术标准

依据现行标准《建筑生石灰》（JC/T 479—1992）、（JC/T 480—1992）和（JC/T 481—1992）的规定，建筑石灰按其氧化镁含量划分为钙质石灰和镁质石灰两类，见表10-1。

钙质石灰和镁质石灰的分类界限 表10-1

氧化镁含量（%）\\类别	品种 生石灰	生石灰粉	消石灰粉
钙质石灰	≤5	≤5	<4
镁质石灰	>5	>5	≥4

(1) 生石灰技术标准

根据氧化镁的质量分数，生石灰可分为钙质石灰和镁质石灰两类，见表10-1。按有效氧化钙加氧化镁的含量、产浆量、未消化残渣的含量和二氧化碳的含量等4个项目指标，将生石灰分为优等品、一等品和合格品3个等级，见表10-2。

(2) 生石灰粉技术标准

根据氧化镁的含量按表10-1分为钙质石灰和镁质石灰两类后，再按有效氧化钙+氧化镁的含量、CO_2的含量和细度等项目的指标，将生石灰粉分为优等品、一等品和合格品3个等级，详见表10-3。

生石灰技术标准　　表 10-2

项目	钙质石灰			镁质石灰		
	优等品	一等品	合格品	优等品	一等品	合格品
有效氧化钙＋氧化镁的含量(%)	≥90	≥85	≥80	≥85	≥80	≥75
产浆量(L/kg)	≥2.8	≥2.3	≥2.0	≥2.8	≥2.3	≥2.0
未消化残渣的含量(5mm圆孔筛筛余量/%)	≤5	≤10	≤15	≤5	≤10	≤15
二氧化碳的含量(%)	≤5	≤7	≤9	≤6	≤8	≤10

生石灰粉技术标准　　表 10-3

项目		钙质石灰			镁质石灰		
		优等品	一等品	合格品	优等品	一等品	合格品
有效氧化钙＋氧化镁的含量(%)		≥85	≥80	≥75	≥80	≥75	≥70
二氧化碳的含量(%)		≤7	≤9	≤11	≤8	≤10	≤12
细度	0.9mm筛的筛余量(%)	≤0.2	≤0.5	≤1.5	≤0.2	≤0.5	≤1.5
	0.125mm筛的筛余量(%)	≤7.0	≤12.0	≤18.0	≤7.0	≤12.0	≤18.0

（3）消石灰粉技术标准

消石灰粉亦可根据氧化镁的含量按表 10-1 分为钙质石灰和镁质石灰两类，然后再按有效氧化钙＋氧化镁的含量、游离水的含量和细度等 3 项指标，分为优等品、一等品和合格品 3 个等级，见表 10-4。

消石灰粉技术标准　　表 10-4

项目		钙质石灰			镁质石灰			白云石消石灰		
		优等	一等	合格	优等	一等	合格	优等	一等	合格
有效氧化钙＋氧化镁的含量(%)		≥70	≥65	≥60	≥60	≥55	≥50	≥65	≥60	≥55
游离水的含量(%)		0.4~2.0			0.4~2.0			0.4~2.0		
体积安定性		合格	合格	—	合格	合格	—	合格	合格	—
细度	0.9mm筛的筛余量(%)	≤0	≤0	≤0.5	≤0	≤0	≤0.5	≤0	≤0	≤0.5
	0.125mm筛余量(%)	≤3	≤10	≤15	≤3	≤10	≤15	≤3	≤10	≤15

课题 2　水　泥

水泥属水硬性胶凝材料，是建筑工程中用量最大的建筑材料之一。水泥品种很多，在道路与桥梁工程中通常应用的水泥有：硅酸盐水泥、普通硅酸盐水泥、矿渣硅酸盐水泥、火山灰硅酸盐水泥和粉煤灰硅酸盐水泥等五大品种。由于道路路面工程对水泥的特殊要求，近年来还生产了道路水泥，此外，在某些特殊工程中，还使用高铝水泥、膨胀水泥、快硬水泥等，但在道路建筑中仍以硅酸盐水泥与普通硅酸盐水泥为主。

2.1　硅酸盐水泥

凡由硅酸盐水泥熟料、0～5％石灰石或粒化高炉矿渣、适量石膏磨细制成的水硬性胶凝材料，称为硅酸盐水泥（即波特兰水泥）。

按是否掺有混合材料为依据，又可将硅酸盐水泥分为Ⅰ型和Ⅱ型两种。Ⅰ型硅酸盐水泥（P·Ⅰ）指不掺加混合材料；Ⅱ型硅酸盐水泥（P·Ⅱ）指在硅酸盐水泥熟料粉磨时，掺加不超过水泥质量5%的石灰石或粒化高炉矿渣混合材料。

2.1.1 硅酸盐水泥生产工艺

（1）硅酸盐水泥生产原料

主要是石灰质原料和黏土质原料两类。石灰质原料（如石灰石、白垩、石灰质凝灰岩等）主要提供 CaO；黏土质原料（如黏土、黏土质页岩、黄土等）主要提供 SiO_2、Al_2O_3、Fe_2O_3。当两种原料的化学组成不能完全满足要求时，还要加入少量辅助原料（如黄铁矿渣）等进行调整。

（2）硅酸盐水泥生产工艺

硅酸盐水泥生产工艺如图 10-1 所示，由图可知硅酸盐水泥的生产过程是：

1）把几种原材料按适当比例配合，在磨机中磨细成生料。

2）将准备好的生料放入窑内（立窑或回转窑）进行煅烧至1450℃左右，生成以硅酸钙为主要成分的硅酸盐水泥"熟料"。

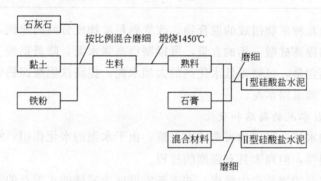

图 10-1 硅酸盐水泥生产工艺示意图

3）为调节水泥的凝结速度，在烧成的熟料中加入质量分数为 3% 左右的石膏（$CaSO_4 \cdot 2H_2O$）共同磨细，即为Ⅰ型硅酸盐水泥；由熟料、适量石膏和小于 5% 的混合料共同磨细，即为Ⅱ型硅酸盐水泥。因此，硅酸盐水泥生产工艺概括起来可称为"两磨一烧"。

2.1.2 硅酸盐水泥矿物组成及特性

（1）硅酸盐水泥熟料的主要矿物组成

硅酸盐水泥熟料的主要矿物组成及其含量见表 10-5。

硅酸盐水泥熟料的主要矿物组成及含量　　　　表 10-5

化合物名称	氧化物分子组成	简写方式	含量(%)
硅酸三钙	$3CaO \cdot SiO_2$	C_3S	44～62
硅酸二钙	$2CaO \cdot SiO_2$	C_2S	10～40
铝酸三钙	$3CaO \cdot Al_2O_3$	C_3A	5～12
铁铝酸四钙	$4CaO \cdot Al_2O_3 \cdot Fe_2O_3$	C_4AF	5～15

硅酸盐水泥熟料中除了上表所列主要矿物外，还含有少量有害成分，如游离氧化钙（f—CaO）、游离氧化镁（f—MgO）、硫酸盐（折合成 SO_3 计算）以及不溶物等，这些成分的存在会降低水泥的使用质量，因此需控制它们的含量。国标规定：水泥熟料中 MgO 含量不得超过 5%，SO_3 含量不得超过 3.5%，Ⅰ型硅酸盐水泥中的不溶物含量不得超过 0.75%，Ⅱ型硅酸盐水泥中的不溶物含量不得超过 1.5%。

（2）硅酸盐水泥各矿物组成性能比较

硅酸盐水泥的主要矿物组成与特性见表 10-6。

硅酸盐水泥的主要矿物组成与特性　　　　　　　　　　表 10-6

性　质	硅酸三钙(C_3S)	硅酸二钙(C_2S)	铝酸三钙(C_3A)	铁铝酸四钙(C_4AF)
反应速度	较快	最慢	最快	较快
释热量	较大	最小	最大	中等
强度	最高，故 C_3S 为水泥强度主要来源	早期低，但后期增长较大	早期强度高，后期强度不高	对抗折强度有利
耐化学侵蚀性	中等	中等	最差	最优
干缩性	中等	最小	最大	最小

由于水泥是由几种矿物组成的混合物，改变熟料矿物成分间的比例，水泥的性质即发生相应的变化：如提高硅酸三钙的含量，可以制得高强水泥；降低铝酸三钙和硅酸三钙含量，提高硅酸二钙含量，可制得低水化热的大坝水泥；提高铁铝酸四钙含量，可获得抗折强度较高的水泥，如道路水泥。

2.1.3 硅酸盐水泥的凝结和硬化

凝结：水泥加水拌合后成为可塑的水泥浆，由于水泥的水化作用，水泥浆会逐渐变稠失去流动性和可塑性，但尚未具有强度的过程。

硬化：随着时间的增长产生强度，并逐渐发展成为坚硬的水泥石的过程。

凝结和硬化是人为划分的两个阶段，实际上是一个连续而复杂的物理化学变化过程。

（1）硅酸盐水泥的水化过程（也称溶解期）

当水泥颗粒与水接触时，熟料矿物即与水发生水化反应，生成一系列新的水化产物并放出一定热量，其反应如下：

1) $\quad 3CaO \cdot SiO_2 + nH_2O \longrightarrow xCaO \cdot SiO_2 \cdot yH_2O + (3-x)Ca(OH)_2 \quad$ (10-11)

硅酸三钙水化很快，生成的水化硅酸钙几乎不溶于水，立即以胶体微粒析出，并逐渐凝聚而成凝胶，水化生成的氢氧化钙在溶液中的浓度很快达到饱和，呈六方晶体析出。

2) $\quad 2CaO \cdot SiO_2 + nH_2O \longrightarrow xCaO \cdot SiO_2 \cdot yH_2O + (2-x)Ca(OH)_2 \quad$ (10-12)

硅酸二钙水化速度较硅酸三钙的水化速度慢，在饱和的氢氧化钙溶液中水化速度显著降低。

3) $\quad 3CaO \cdot Al_2O_3 + 6H_2O \longrightarrow 3CaO \cdot Al_2O_3 \cdot 6H_2O \quad$ (10-13)

铝酸三钙与水发生剧烈的水化反应，生成水化铝酸钙六方晶体。

4) $4CaO \cdot Al_2O_3 \cdot Fe_2O_3 + 7H_2O \longrightarrow 3CaO \cdot Al_2O_3 \cdot 6H_2O + CaO \cdot Fe_2O_3 \cdot H_2O$

(10-14)

为了调节水泥的凝结硬化速度,在磨细水泥时,掺入适量石膏,水化铝酸三钙与石膏反应生成三硫型水化硫铝酸钙(即钙矾石)。当石膏消耗完毕后,水泥中尚未水化的铝酸三钙与钙矾石反应生成单硫型的水化硫铝酸钙。

5) $3CaO \cdot Al_2O_3 \cdot 6H_2O + 3(CaSO_4 \cdot 2H_2O) + 19H_2O \longrightarrow$

$3CaO \cdot Al_2O_3 \cdot 3CaSO_4 \cdot 31H_2O$ (10-15)

6) $3CaO \cdot Al_2O_3 \cdot 3CaSO_4 \cdot 31H_2O + 3CaO \cdot Al_2O_3 \cdot 6H_2O \longrightarrow$

$3CaO \cdot Al_2O_3 \cdot CaSO_4 \cdot 12H_2O$ (10-16)

三硫型水化硫铝酸钙是难溶于水的稳定的针状结晶体,它在生成结晶体时体积大大膨胀。因此,水泥中加入石膏数量不可过多,防止水泥凝结硬化过程中硫铝酸钙超过限制,产生体积变化不均匀。尤其是形成水泥构件后,还继续水化,其危害更大;铁铝酸四钙水化与铝酸三钙相似,在有石膏存在时,生成三硫型水化铁铝酸钙和单硫型水化铁铝酸钙。

硅酸盐水泥水化后的水化产物组成,见表10-7。

硅酸盐水泥水化产物的化学组成 表10-7

水化产物名称	化 学 组 成	常用缩写
水化硅酸钙	$xCaO \cdot SiO_2 \cdot yH_2O$	C—S—H
氢氧化钙	$Ca(OH)_2$	CH
三硫型水化硫铝酸钙	$3CaO \cdot Al_2O_3 \cdot 3CaSO_4 \cdot 31H_2O$	$C_3A3CS \cdot H_{31}$(或 AF_t)
单硫型水化硫铝酸钙	$3CaO \cdot Al_2O_3 \cdot CaSO_4 \cdot 12H_2O$	$C_3ACS \cdot H_{12}$(或 AF_m)
三硫型水化铁铝酸钙	$3CaO(Al_2O_3,Fe_2O_3) \cdot 3CaSO_4 \cdot 31H_2O$	$C_3(A,F)3CSH_{31}$
单硫型水化铁铝酸钙	$3CaO(Al_2O_3,Fe_2O_3) \cdot CaSO_4 \cdot 12H_2O$	$C_3(A,F)CSH_{12}$

(2)水泥的凝结和硬化过程(也称胶结期和结晶期)

由于水泥水化过程中,新的水化产物的形成、溶解和不断反应,溶液很快成为水化物的饱和溶液,如图10-2(a)所示。在溶液饱和后,水泥继续水化所生成的水化物不能再溶解,便形成凝胶体,如图10-2(b)所示。随着水化反应的不断进行,凝胶体逐渐变浓,水泥浆逐渐失去塑性,出现凝胶现象,随着时间的延续,凝胶体中的结晶不断增生,凝胶不断干燥密实,使水泥浆硬化成水泥石,如图10-2(c)所示。

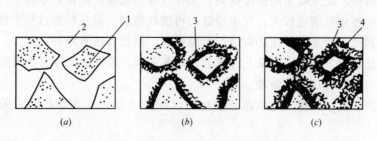

图10-2 水泥凝结硬化过程示意图
1—未水化水泥颗粒;2—水分;3—凝胶;4—晶体

(3) 影响水泥凝结硬化的主要因素

1) 水灰比对水泥凝结硬化的影响

水灰比是指水泥拌合所用水量与水泥重量的百分比。它的大小直接影响新拌水泥浆体内的毛细孔的数量，拌合水泥时，水灰比大，新拌水泥浆体内毛细孔的数量就要增大，由于生成的水化产物不能完全填充毛细孔，必然使水泥的密实程度减小，强度降低。在不影响拌合、施工的条件下，水灰比小，则水泥浆稠，水泥石的整体结构内毛细孔减小，凝聚成结晶网状结构，促使水泥的凝结硬化速度快，强度显著提高。

2) 石膏对水泥凝结硬化的影响

为了调节水泥的凝结硬化速度，在磨细水泥时，需掺入适量石膏。原因是：水泥中的C_3A的水化活性较其他矿物成分的活性高，C_3A会很快溶解于水中，并在溶液中电离出三价铝离子（Al^{3+}）。在胶体体系中，当存在高价电荷时，可以加速胶体的凝结作用，使水泥在几分钟内就迅速凝结。掺入适量的石膏后，在$CaSO_4$溶液和水泥中的$Ca(OH)_2$溶液共存情况下，C_3A溶解度降低，并且石膏与C_3A作用生成不溶于水的水化硫铝酸钙，因此就控制并减少了起凝聚作用的铝离子，延缓了水泥的凝结速度。

3) 温度与湿度对水泥凝结硬化的影响

一般来说提高温度可加速水泥的水化速度，水泥强度增长的也快；相反，降低温度，硬化相应减慢，温度降到其中水分结冰时，硬化作用即行停止，而且有遭受冻裂的可能。水的存在是水泥硬化必须的条件，没有水，水化过程无法进行，硬化也就停止。所以说，在一定范围内，温、湿度越高，水泥的水化越快，凝结硬化越快，强度增长也快。

4) 水泥强度与龄期的关系

水泥的水化反应是从颗粒表面逐渐深入到内层的，开始3～7d强度发展很快，大约4周以后便显著减慢，水泥的强度是随硬化期而逐渐增长的，同样早期增长很快，往后逐渐减缓。但是，只要维持适当的温度和湿度，水泥的强度在几个月、几年，甚至几十年后，还会继续有所增长。

此外，水泥矿物成分的含量、水泥颗粒的细度等，对水泥的凝结硬化以及强度，都有一定的影响。

2.1.4 硅酸盐水泥的技术性质和技术标准

(1) 技术性质

1) 物理力学性质

a. 细度：指水泥颗粒的粗细程度。细度越大，水泥与水接触的面积越大，水化速度越快越完全，可使水泥混凝土的强度提高，工作性得到改善。但是，水泥细度的提高，使水泥在空气中的硬化收缩也较大，发生裂缝的可能性增加。而且粉磨过程中能耗大，使水泥成本提高，因此，对水泥细度必须进行合理控制。测试方法有两种：

(a) 筛析法：以80μm方孔筛上的筛余百分率表示。筛析法又分为负压筛法和水筛法两种。有争议时，以负压筛法为准。

(b) 比表面积法：以每千克水泥总表面积（m^2）表示。比表面积测定采用勃压透气法测定。

按我国现行国家标准《硅酸盐水泥、普通硅酸盐水泥》（GB 175—1999）规定：硅酸盐水泥细度比表面积不小于300m^2/kg；普通水泥、矿渣水泥、火山灰水泥和粉煤灰水泥在 80μm 方孔筛上筛余量不大于 10%。

b. 水泥净浆标准稠度：为使水泥凝结时间和安定性的测定结果具有准确的可比性，必须配制标准稠度的水泥净浆。

按我国现行国家标准《水泥标准稠度用水量、凝结时间、安定性检验方法》（GB/T 1346—2001）规定：水泥净浆稠度是采用标准法维卡仪测定的，以试杆沉入净浆距底板（6±1）mm 时，水泥净浆的稠度为"标准稠度"，此时的用水量为标准稠度用水量（P）。水泥需水量大小主要与水泥熟料成分、细度、混合材料的种类与掺量有关，一般硅酸盐水泥净浆标准稠度用水量为 21%～28%。

c. 凝结时间：是指从水泥加水开始，到水泥浆完全失去可塑性，成为固体状态所需要的时间。凝结时间可分为初凝时间和终凝时间。

初凝时间是从水泥加水开始，到水泥浆开始失去塑性的时间。

终凝时间是从水泥加水开始，到水泥浆完全失去塑性并开始产生强度的时间。

按我国现行国家标准《水泥标准稠度用水量、凝结时间、安定性检验方法》（GB/T 1346—2001）规定：凝结时间采用标准法维卡仪测定，将标准稠度用水量制成的水泥净浆装在试模中，在标准法维卡仪上，以标准针测试。从加水时起，至试针沉入净浆距底板为（4±1）mm 时经历的时间为"初凝时间"；从加水时起，至试针沉入净浆 0.5～1.0mm 时所经历的时间为"终凝时间"。

水泥的凝结时间对混凝土施工有重要意义。凝结过快，混凝土会很快失去流动性，以致无法浇筑，所以初凝时间不宜过早，以便有足够的时间在初凝之前完成混凝土各工序的施工操作；但终凝时间又不宜太迟，以便混凝土在浇捣完毕后，尽早完成凝结硬化，否则影响工期。

按我国现行国家标准《硅酸盐水泥、普通硅酸盐水泥》（GB 175—1999）规定：硅酸盐水泥：初凝时间≥45min，终凝时间≤390min；普通硅酸盐水泥：初凝时间≥45min，终凝时间≤600min。

d. 体积安定性：指水泥硬化后体积变化的均匀稳定性。它是评价水泥质量的一个重要指标。

水泥体积安定性不良，会使水泥硬化后产生不均匀的体积变化，引起混凝土产生膨胀裂缝，降低其使用质量，甚至引起严重事故。

引起体积安定性不良的原因：一般是由于熟料中所含的游离氧化钙、游离氧化镁过多或掺入的石膏量过多造成的，这些成分水化速度慢，致使水泥已经凝结硬化后，甚至已经应用于结构物中时，这些成分才开始水化，水化时会引起不均匀的体积膨胀，造成水泥石结构开裂。

按我国现行国家标准《水泥标准稠度用水量、凝结时间、安定性检验方法》（GB/T 1346—2001）规定：水泥体积安定性的测定采用雷氏法（标准法）或试饼法（代用法）。当发生争议时，以雷氏法为准。

雷氏法：将标准稠度的水泥净浆装于雷氏夹的环型试模中，经湿养 24h 后，在沸煮箱中加热 30min 至沸，并恒沸（180±5）min。然后测定试件两针尖端距离，若两个试件在沸煮后，针尖端间距增加的平均值不大于 5.0mm 时，即认为该水泥体积安定性合格。

试饼法：取标准稠度的水泥净浆，制成直径 70～80mm，中心厚约 10mm 的试饼，湿气养护 24h 后，在沸煮箱中加热 30min 至沸腾，并恒沸（180±5）min 后，检测试饼若无翘曲、裂缝等外形变化，则判断其安定性合格。

e. 强度：水泥重要的技术性质之一。水泥的强度除了与水泥本身的性质（如熟料的矿物组成、细度等）有关外，还与水灰比、试件制作方法、养护条件和时间等有关。

按我国现行国家标准《水泥胶砂强度试验》（GB/T 17671—1999）简称 ISO 法规定：以 1:3 的比例取水泥和满足级配要求的标准砂，并采用 0.5 的水灰比，用标准方法制成 40mm×40mm×160mm 的标准试件，在（20±1）℃的水中养护，达到规定龄期（3d，7d，28d）时，按我国现行国家标准《硅酸盐水泥、普通硅酸盐水泥》（GB 175—1999）规定的最低强度值来确定其所属强度等级，水泥强度等级按规定龄期的抗压强度和抗折强度来划分，硅酸盐水泥各强度等级的各龄期强度按 ISO 法不得低于表 10-8 的数值。

硅酸盐水泥的各龄期强度值　　　　表 10-8

强度等级	抗压强度(MPa)（不低于）		抗折强度(MPa)（不低于）		强度等级	抗压强度(MPa)（不低于）		抗折强度(MPa)（不低于）	
	3d	28d	3d	28d		3d	28d	3d	28d
42.5	17.0	42.5	3.5	6.5	62.5	28.0	62.5	5.0	8.0
42.5R	22.0	42.5	4.0	6.5	62.5R	32.0	62.5	5.5	8.0
52.5	23.0	52.5	4.0	7.0					
52.5R	27.0	52.5	5.0	7.0					

2）化学性质

即要求控制水泥中有害化学成分的含量。

a. 游离氧化镁的含量。氧化镁水化速度缓慢，且水化时产生体积膨胀，可导致水泥石结构产生裂缝甚至破坏，若其含量超过最大允许限量，会引起水泥安定性不良。

国标规定：水泥中氧化镁的含量不得超过 5%，若经压蒸安定性试验合格，则水泥中氧化镁的含量允许放宽到 6%。

b. 三氧化硫的含量。三氧化硫主要是由于加入调节凝结时间的石膏而产生的。适量的石膏能够改善水泥性能，但石膏超过一定限量后，会影响水泥性能，甚至引起硬化后的水泥石体积膨胀，导致结构物破坏。

国标规定：水泥中三氧化硫的含量不得超过 3.5%。

c. 烧失量。指水泥在一定的温度和灼烧时间内失去的质量百分率。水泥煅烧不佳或受潮后，均会导致烧失量增加。

d. 不溶物。水泥中不溶物是用盐酸溶解滤去不溶残渣，经碳酸钠处理再用盐酸中和，高温灼烧至恒重后称量，灼烧后不溶物质量占试样总质量比例为不溶物。

e. 碱含量。水泥中碱的含量用 $Na_2O+0.658K_2O$ 计算值表示。

（2）技术标准

硅酸盐水泥的技术标准，按我国现行国标的有关规定，列于表 10-9 中。

硅酸盐水泥的技术标准　　　　表 10-9

技术性能	细度比表面积 m^2/kg	凝结时间(min)		安定性/沸煮法	抗压强度/MPa	不溶物(%)不大于		MgO含量(%)	SO_3含量(%)	烧失量(%)不大于		碱含量(%)
		初凝	终凝			Ⅰ型	Ⅱ型			Ⅰ型	Ⅱ型	
指标	>300	≥45	≤390	必须合格	见表 10-8	0.75	1.50	≤5.0	≤3.5	3.0	3.5	≤0.60

2.1.5 硅酸盐水泥石的腐蚀和防止

(1) 水泥石的腐蚀

硅酸盐水泥石在正常环境条件下可长期保持其良好的性能，其强度会不断增加。但当受到某些腐蚀性的液体或气体的侵蚀后，有时即使是在水中，其强度也会逐渐降低，严重的会使混凝土构件乃至整个工程破坏，这种现象统称为水泥石的腐蚀现象。腐蚀作用可分为以下三种类型：

1) 淡水侵蚀。淡水侵蚀指水泥的水化产物因被淡水溶解而被带走的一种侵蚀现象，也称溶出侵蚀。水泥石中 $Ca(OH)_2$ 的溶解度最大，首先被溶解而流失，致使水泥石孔隙增大，强度降低。在水量不多或静水或无压情况下，由于周围的水迅速被溶出的 $Ca(OH)_2$ 所饱和，溶解作用很快就中止，此时水泥的溶出侵蚀仅限于水泥石的表面。但在大量的、流动的或有水压的水中，$Ca(OH)_2$ 会不断溶出而流失，导致水泥石由外至内不断受到侵蚀，强度不断降低，最终导致整个结构物破坏。

2) 硫酸盐的侵蚀。在与水接触的各种结构中，有时会受到海水、湖水、沼泽水、地下水或工业污水的侵蚀。这时，水中如果含有硫酸盐（与硫酸镁、硫酸钠、硫酸钙等），它们与水泥石中的 $Ca(OH)_2$ 作用生成硫酸钙（$CaSO_4 \cdot 2H_2O$）。硫酸钙能与水泥石中的固态水化铝酸钙作用，生成含水硫铝酸钙针状晶体，引起体积增大，使水泥石产生很大的内应力，造成强度降低和破坏，因此含水硫铝酸钙也称"水泥杆菌"。

3) 酸性侵蚀。在地下水或工业污水中常含有一些游离的酸类，这些游离的酸类与水泥中的氢氧化钙反应，既会增大水泥石的孔隙，又将引起体积膨胀而使水泥石破坏。

(2) 水泥石腐蚀的防止

水泥石的腐蚀除了以上三种类型以外，还有其他如强碱类、糖类等腐蚀，针对这些腐蚀特点，可考虑以下防腐措施：

1) 在水泥石表面加做保护层，如防水层。

2) 提高水泥石的密实度，以减少腐蚀性介质的渗透作用。如合理降低水灰比、改善骨料级配、改进施工方法等。还可在结构表面进行碳化处理，加强表面密实度，以减少腐蚀介质的渗入。

3) 根据建筑物环境特点，合理选用适宜的水泥品种。

2.1.6 普通硅酸盐水泥

凡由硅酸盐水泥熟料，6%～15%混合材料，适量石膏磨细制成的水硬性胶凝材料，称为普通硅酸盐水泥，简称普通水泥。代号 P·O。

掺活性混合材料：最大掺加量不得超过15%，其中允许用不超过水泥质量5%的窑灰或不超过水泥质量10%的非活性混合材料来代替。掺非活性混合材料：最大掺加量不得超过水泥质量10%。

普通水泥的标号、等级及其他技术性质见表10-10。

2.2 掺混合材料水泥

为了改善硅酸盐水泥的某些性能，如调节水泥标号、提高产量、增加品种、扩大使用范围和降低成本、综合利用工业废料以及节约能源，可在硅酸盐水泥熟料中掺加适量的混合材料，制成掺混合材料的硅酸盐水泥。

五种通用水泥的主要特性及适用范围　　　　表 10-10

名　称		硅酸盐水泥	普通硅酸盐水泥	矿渣硅酸盐水泥	火山灰质硅酸盐水泥	粉煤灰硅酸盐水泥
简　称		硅酸盐水泥	普通水泥	矿渣水泥	火山灰质水泥	粉煤灰水泥
代　号		P·Ⅰ;P·Ⅱ	P·O	P·S	P·P	P·F
密度/g·cm^{-3}		3.00~3.15	3.00~3.15	2.80~3.10	2.80~3.10	2.80~3.10
强度等级		42.5、42.5R、52.5、52.5R、62.5、62.5R	32.5、32.5R、42.5、42.5R、52.5、52.5R	32.5、32.5R、42.5、42.5R、52.5、52.5R	32.5、32.5R、42.5、42.5R、52.5、52.5R	32.5、32.5R、42.5、42.5R、52.5、52.5R
主要特征	凝结时间	初凝≥45min 终凝≤390min	初凝≥45min 终凝≤600min	与普通硅酸盐水泥相同		
	硬化	快	较快	慢	慢	慢
	早期强度	高	较高	低	低	低
	水化热	高	高	低	低	低
	耐冻性	好	好	差	差	差
	耐热性	差	较差	好	较差	较差
	耐腐蚀性	较差	较差	较强	一般较强	一般较强
	干缩性	较小	较小	较大	较大	较小
	抗渗性	较好	较好	差	较好	较好
适用范围		1. 制造一般地上地下及水中的混凝土、钢筋混凝土、预应力混凝土结构。 2. 要求早期强度较高或低温施工无蒸汽养护的工程。 3. 有抗冻要求的工程。	同硅酸盐水泥	1. 一般地上地下及水中的混凝土、钢筋混凝土工程。 2. 大体积混凝土工程。 3. 有硫酸盐侵蚀要求的工程。 4. 有耐热性要求的工程。 5. 有蒸汽养护的工程。 6. 配制砂浆	1. 一般地上地下及水中的混凝土、钢筋混凝土工程。 2. 大体积混凝土工程。 3. 有硫酸盐侵蚀要求的工程。 4. 有抗渗性要求的工程。 5. 有蒸汽养护的工程。 6. 配制砂浆	1. 一般地上地下及水中的混凝土、钢筋混凝土工程。 2. 大体积混凝土工程。 3. 有硫酸盐侵蚀要求的工程。 4. 有抗裂性要求的工程。 5. 有蒸汽养护的工程。 6. 配制砂浆
不适用范围		1. 大体积混凝土工程。 2. 有腐蚀作用和压力水作用的工程	同硅酸盐水泥	1. 要求早期强度较高的混凝土工程。 2. 有抗冻要求的工程	1. 要求早期强度较高的混凝土工程。 2. 有抗冻要求的工程。 3. 干燥环境的工程。 4. 耐磨要求的工程	1. 要求早期强度较高的混凝土工程。 2. 有抗冻要求的工程。 3. 抗碳化要求的工程

2.2.1 水泥混合材料

在生产水泥时，能起到改善水泥性能，调节水泥强度等级，以及节约能耗，降低成本等目的，而加到水泥中去的人工和天然的矿质材料，称为水泥混合材料。

（1）活性混合材料

掺入水泥后，该混合材料的成分能与水泥中的矿物成分起化学反应，生成水硬性凝胶，并且改善原水泥的性质。

1）粒化高炉矿渣：将高炉炼铁矿渣在高温液态卸出时经冷淬处理而得的产品称为粒

化高炉矿渣，呈颗粒状态，质地疏松而多孔。其主要化学成分为 CaO、SiO_2 和 Al_2O_3，它们的总质量分数约在 90% 以上，自身具有一定水硬性。

2) 火山灰质混合材料：指具有火山灰性的天然或人工矿物质材料。其品种有火山灰、凝灰岩、硅藻石、烧黏土、煤渣、煤矸石渣等，这些材料都含有较多的 SiO_2、Al_2O_3，经磨细后在 $Ca(OH)_2$ 的碱性作用下，可在空气中硬化，而后在水中继续硬化增加强度。

3) 粉煤灰：是指从火力发电厂的燃料煤粉燃烧后收集的飞灰。粉煤灰中含有较多的 SiO_2、Al_2O_3 与 $Ca(OH)_2$，化合能力较强，具有较高的活性。

(2) 非活性混合材料

非活性混合材料在水泥水化过程中不参加也不影响化学反应，主要起提高产量，降低强度等级、降低水化热和改善新拌混凝土工作性等作用，如石英砂、慢冷矿渣等。

2.2.2 矿渣硅酸盐水泥

凡由硅酸盐水泥熟料、粒化高炉矿渣和适量石膏磨细制成的水硬性胶凝材料，称为矿渣硅酸盐水泥，简称矿渣水泥，代号 P·S。

水泥中粒化高炉矿渣掺加量按质量分数计为 20%~70%。允许用石灰石、窑灰、粉煤灰和火山灰质混合材料中的一种材料代替，但代替数量不得超过水泥质量分数的 8%，且替代后水泥中粒化高炉矿渣的质量分数不得少于 20%。

2.2.3 火山灰质硅酸盐水泥

凡由硅酸盐水泥熟料、火山灰质混合材料和适量石膏磨细制成的水硬性胶凝材料称为火山灰质硅酸盐水泥，简称火山灰水泥，代号 P·P。水泥中火山灰质混合材料掺加量按质量分数计为 20%~50%。

2.2.4 粉煤灰硅酸盐水泥

凡由硅酸盐水泥熟料、粉煤灰和适量石膏磨细制成的水硬性胶凝材料称为粉煤灰硅酸盐水泥，简称粉煤灰水泥，代号 P·F。水泥中粉煤灰掺加量按质量分数计为 20%~40%。

矿渣硅酸盐水泥、火山灰质硅酸盐水泥和粉煤灰硅酸盐水泥的技术性质、强度等级等见表 10-10。

综上所述，以上介绍的硅酸盐水泥、普通硅酸盐水泥、矿渣硅酸盐水泥、火山灰质硅酸盐水泥和粉煤灰硅酸盐水泥，合称为工程五种通用水泥，归纳它们的主要特性及适用范围见表 10-10。

2.3 其他专用水泥和特性水泥

2.3.1 道路硅酸盐水泥

道路硅酸盐水泥（简称道路水泥），是以适当成分的生料烧至部分熔融后，得到的以硅酸钙为主要成分和较多量的铁铝酸四钙的硅酸盐水泥熟料、0~10% 活性混合材料和适量石膏磨细制成的水硬性胶凝材料。

(1) 主要技术性质要求

道路硅酸盐水泥的各项技术性质应符合 GB 13693—1992 的规定，见表 10-11。

(2) 工程应用

道路水泥是一种强度高，特别是抗折强度高，耐磨性好，干缩性小，抗冲击性好，抗冻性、抗硫酸性比较好的专用水泥，主要用于道路路面和有以上要求的其他工程。

道路硅酸盐水泥的技术指标　　　　　　表 10-11

项　目	技术要求	项　目	技术要求
游离氧化镁	不大于 5.0%	细度:80μm 方孔筛上的筛余不超过	10%
三氧化硫	不大于 3.5%		
烧失量	不大于 3.0%	凝结时间	初凝≥60min 终凝≤600min
游离氧化钙	回转窑　不大于 1.0%		
	立窑　不大于 1.8%	强度等级	42.5、52.5、62.5
碱含量	由供需双方协商	安定性	用沸煮法检验应合格
铝酸三钙	不大于 5.0%	28 天干缩率	不大于 0.10%
铁铝酸四钙	不小于 16.0%	耐磨性	不大于 3.60kg/m²

2.3.2　快硬硅酸盐水泥

凡以硅酸盐水泥熟料和适量石膏磨细制成的,以 3d 抗压强度表示标号的水硬性胶凝材料,称为快硬硅酸盐水泥(简称快硬水泥)。根据 3d 抗压强度分为 325、375、425 三个标号。

(1) 主要技术性质要求

快硬硅酸盐水泥的各项技术性质应符合 GB 199—1990 的规定,见表 10-12。

快硬硅酸盐水泥的技术性质　　　　　　表 10-12

项　目		快硬 325 号	快硬 375 号	快硬 425 号
强度	抗压强度 1d	15.0	17.0	19.0
	抗压强度 3d	32.5	37.5	42.5
	抗压强度 28d	52.5	57.5	62.5
	抗折强度 1d	3.5	4.0	4.5
	抗折强度 3d	5.0	6.0	6.4
	抗折强度 28d	7.2	7.6	8.0
三氧化硫		水泥中三氧化硫的含量不得超过 4.0%		
游离氧化镁		熟料中氧化镁含量不得超过 5.0%,如水泥经压蒸测试安定性合格,则允许放宽到 6.0%		
细度		0.08mm 方孔筛余量不得超过 10%		
安定性		用沸煮法检验应合格		
凝结时间	初凝	不得早于 45min		
	终凝	不得迟于 600min		

(2) 工程应用

快硬水泥具有早期强度增进率高的特点,其 3d 抗压强度即可达到标号,且后期强度仍有一定增长,因此适用于紧急抢修工程、冬季施工工程。用于制造预应力钢筋混凝土或混凝土预制构件时,可提高早期强度,缩短养护期,加快周转。不宜用于大体积工程。

2.3.3　高铝水泥

凡以铝酸钙为主,氧化铝含量约 50% 的熟料,经磨细而得的水硬性胶凝材料称为高铝水泥，又称矾土水泥。

(1) 主要技术性质

主要技术性质要求见表 10-13。

高铝水泥的技术性质　　　　　　　　　表 10-13

项目	技 术 要 求	项目	技 术 要 求
外观	常为黄色或黄褐色	凝结时间	初凝不得早于 40min
密度	3.0～3.2g/cm³		终凝不得迟于 600min
细度	80μm 方孔筛筛余量不超过 10%	标号	以 3d 强度确定标号，有 425、525、625、725 四个标号

(2) 工程应用

高铝水泥的特点是早期强度增长快、强度高，主要用于紧急抢修和早期强度要求高的工程。它的使用温度不宜超过 30℃，且不宜做结构工程。

2.3.4 膨胀水泥与自应力水泥

水泥在凝结硬化过程中一般都要产生一定的收缩，引起水泥石制品出现裂缝，而膨胀水泥则克服了这一缺点，在硬化过程中不产生收缩，而是产生一定的膨胀，提高了水泥石的密实度，消除了由于收缩带来的不利影响。

(1) 分类

1) 按胶凝材料分为：硅酸盐系膨胀水泥和铝酸盐系膨胀水泥。

2) 按膨胀值分类为：

a. 收缩补偿水泥（又称无收缩水泥）。这种水泥膨胀性能较小，膨胀时所产生的压应力大致能抵消干缩所引起的应力，可防止混凝土产生干缩裂缝。

b. 自应力水泥。这种水泥具有较强的膨胀性能，当它用于钢筋混凝土中时，由于它的膨胀性能，使钢筋受到较大的拉应力，而混凝土则受到相应的压应力。当外界因素使混凝土结构产生拉应力时，就可被预先具有的压应力抵消或降低，达到预应力的作用。这种靠水泥自身水化产生膨胀来张拉钢筋，而达到的预应力称为自应力，混凝土中所产生的压应力数值即为自应力值。

(2) 工程应用

在道路工程中，膨胀水泥常用于水泥混凝土路面，机场跑道或桥梁修补混凝土，配置大口径钢筋混凝土压力管及配件。此外还可用于防止渗漏、修补裂缝及管道接头等工程。

2.4 水泥的验收与保管

2.4.1 水泥的验收

(1) 外观与数量的验收

水泥外观验收时应注意核对包装上所注明的工厂名称、生产许可证编号、水泥品种、代号、混合材料名称、出厂日期以及包装标识等内容。另外还可以通过水泥颜色鉴别水泥品种。（一般硅酸盐水泥、普通水泥、矿渣水泥为灰绿色；火山灰水泥为淡红或淡绿色；粉煤灰水泥为灰黑色）。

一般袋装水泥，每袋净重 50kg，且不得少于标识质量的 98%，可随机抽取 20 袋，其总质量不得少于 1000kg。

(2) 水泥的质量验收

工程通用5大水泥产品的技术质量应符合各自的国标要求，在各项技术指标检测中凡是氧化镁含量、三氧化硫含量、初凝时间和体积安定性中，任一项不符合标准规定均视为废品；凡是细度、终凝时间、不溶物和烧失量或混合材料掺加量等指标不符合标准规定，或强度低于商品标号规定的，均视为不合格品。废品水泥严禁用于各种工程。

2.4.2 水泥的保管

不同生产厂家、品种、标号和不同出厂日期的水泥应分别堆放，不能混杂，贮存水泥时应合理安排库存位置，实行先进先出的发放原则。同时应注意其有效期，一般常用五大通用硅酸盐水泥的有效期为三个月，快硬硅酸盐水泥为一个月（自出厂日期算起）。此外，水泥贮存时还要防止受潮风化。水泥的受潮风化是指水泥中的活性矿物与空气中的水分、二氧化碳发生化学反应而使水泥变质的现象。

若水泥超过了有效期或已经受潮，均应重新做试验，根据测试结果决定是否可以继续使用、降等使用或在次要部位使用。有关受潮水泥的鉴别、处理见表10-14。

受潮水泥的鉴别、处理和使用　　　　　表10-14

受潮情况	处理方法	使 用
有粉块，用手可捏成粉末	将粉块压碎	经试验后，根据实际强度使用
部分结成硬块	将硬块筛除，粉块压碎	经试验后，根据实际强度使用，用于受力小的部位，或强度要求不高的工程，也可用于配制砂浆
大部分结成硬块	将硬块粉碎磨细	不能作为水泥使用，可掺入新水泥中作为混合材料使用，其掺量<25%

复习思考题

1. 气硬性胶凝材料和水硬性胶凝材料的主要区别是什么？
2. 简述石灰煅烧、消化和硬化的过程并写出化学反应式。
3. 说明石灰煅烧后产生"欠火"或"过火"石灰的原因及其危害。
4. 什么是石灰中的有效氧化钙？简述石灰有效氧化钙和氧化镁含量测定的方法。
5. 硅酸盐水泥熟料的主要矿物成分有什么？说明硅酸盐水泥熟料中的主要矿物对水泥性质的影响。
6. 说明影响硅酸盐水泥水化和硬化速度的因素。
7. 什么是水泥的初凝时间和终凝时间？并说明研究凝结时间的工程意义。
8. 分析说明影响水泥体积安定性的因素。
9. 如何按技术质量来判定水泥为合格品、不合格品或废品？
10. 比较说明工程通用五种水泥的性质及使用范围。
11. 道路水泥的主要特点是什么？应用场合如何？
12. 硅酸盐水泥腐蚀的类型有哪些？怎么防止腐蚀？
13. 简述水泥贮存保管时的注意事项。

单元 11 水泥混凝土和砂浆

知识点：混凝土与砂浆同属于人造石材，主要区别是：一般混凝土同时使用粗、细骨料，而砂浆仅用细骨料，所以可认为砂浆是混凝土的一种特例。因此本单元重点介绍混凝土的组成材料、技术性质、设计方法，同时对其他混凝土和砂浆也作简单介绍。

教学目标：通过学习，必须掌握普通混凝土的选材要求、主要技术性质及影响因素、混凝土配合比的设计方法，同时了解其他混凝土和砂浆的特性。

课题 1 普通水泥混凝土

水泥混凝土是道路与桥梁工程建设中，应用最广泛、用量最大的建筑材料之一，随着现在高等级公路的发展，水泥混凝土与沥青混凝土一样，成为高等级路面的主要建筑材料。

水泥混凝土是以水泥浆为结合料，将粗、细骨料胶结成具有一定力学性质的复合人工石材。

水泥混凝土的分类方法如下：

1. 按表观密度分
   - 轻混凝土（干表观密度 1900kg/m³，用于轻质保温结构工程中）
   - 普通混凝土（干表观密度 2400kg/m³，是道路和桥梁常用的混凝土）
   - 重混凝土（干表观密度 3200kg/m³，用于需屏蔽射线辐射的工程）

2. 按强度分
   - 低强度混凝土（抗压强度小于 20MPa）
   - 中强度混凝土（抗压强度 20～50MPa）
   - 高强度混凝土（抗压强度大于 50MPa）

3. 按施工方式分：喷射混凝土、泵送混凝土、碾压混凝土、离心混凝土和预拌混凝土等。

普通水泥混凝土具有原料来源广泛、可塑性好、便于施工和浇筑成各种形状的构件、硬化后抗压强度高，耐久性、耐火性比较好，而且养护费用极少的特点，所以普通水泥混凝土能广泛应用于各种工程中。但是普通水泥混凝土也存在一些缺点：如施工工期长、自重大、抗拉强度较低、结构物拆除比较困难等。

1.1 普通水泥混凝土的组成材料

普通水泥混凝土（以下简称混凝土）是由水泥、砂、石和水组成的，因此组成材料的好坏，直接影响混凝土的质量，要想得到优质的混凝土，必须正确选用原材料。

1.1.1 水泥

水泥是混凝土中的胶结材料，混凝土的性能很大程度上取决于水泥质量的好坏，同时，在混凝土组成材料中水泥所占用的费用最多。因此，在选择混凝土组成材料时，对水泥品种和强度等级的选择必须合理控制。

（1）水泥品种的选择

通常采用前面已述的五大通用水泥来配制混凝土，在特殊情况下，也可采用特种水泥。应根据混凝土工程特点、所处环境、施工气候和条件等因素选用水泥，可参照表10-10选用。

（2）水泥强度等级的选择

选用水泥的强度应与所配制混凝土的设计强度等级相适应。经验表明，一般情况以水泥强度等级为混凝土强度等级的1.5～2.0倍为宜；配制高强度等级混凝土时，应采用高强度等级水泥，同时需加入高效减水剂。如必须用高强度等级水泥配制低强度等级混凝土，会使水泥用量偏小，影响和易性和密实性，从而应加入一定数量的混合材料；如采用低强度等级水泥配制高强度等级混凝土，既会使水泥用量过多，也会增大混凝土的收缩率，此方法不经济也不合理。

1.1.2 细骨料

混凝土中的细骨料是指粒径为0.16～5mm之间的骨料。

细骨料分为天然砂和人工砂，配制混凝土一般采用天然砂（如河砂、海砂及山砂），配制混凝土时，细骨料的质量应满足以下几个方面要求：

（1）有害杂质含量

细骨料中往往会含有妨碍水泥正常水化、降低骨料与水泥石的粘附，以及能与水泥水化产物产生不良化学反应的各种物质，称为有害杂质。

天然砂中常含的有害杂质包括：淤泥、黏土、云母、轻物质、有机质、硫化物和硫酸盐等。这些杂质或者在骨料表面形成包裹层，妨碍骨料与水泥石的粘附，或者以松散的颗粒存在，大大地增加了骨料的表面积，因而增加了需水量。特别是黏土颗粒，体积不稳定，干燥时收缩，潮湿时膨胀，对混凝土有很大的破坏作用。硫化物和硫酸盐的存在会腐蚀混凝土、引起钢筋锈蚀，降低混凝土强度和耐久性。有机质含量多，会延迟混凝土的硬化，因此需控制它们的含量。具体见表11-1。

混凝土用细骨料有害杂质含量　　　　　表11-1

项　目	含　量　指　标	
	≥C30的混凝土	<C30的混凝土
含泥量（指粒径小于0.08mm的尘屑、淤泥和黏土的总含量）	<3.0%	<5.0%
泥块含量（指原粒径大于1.25mm，经水洗、手压后可破碎成小于0.63mm的颗粒）	<1.0%	<2.0%
云母含量（按质量分数计）	<2.0%	<2.0%
轻物质含量（按质量分数计）	<1.0%	<1.0%
硫化物和硫酸盐含量（按SO_3质量计）	<0.5%	<0.5%
有机质含量	用比色法试验合格	用比色法试验合格
氯化物（按氯离子质量计）	<0.02%	<0.06%
针、片状颗粒含量（按质量分数计）	<15%	<25%

(2) 级配和粗细程度

为保证所拌制混凝土有适宜的工作性、一定的强度和耐久性，同时又节约水泥用量，在混凝土用砂量一定的情况下，应采用空隙率小且总表面积也小的砂。砂的空隙率大小取决于颗粒级配的好坏，而总表面积大小取决于砂的粗细程度。

砂的级配反映大小砂粒的搭配情况，为节约水泥和提高混凝土的密实度，应该使用级配良好的砂。根据《普通混凝土用砂质量标准及检验方法》（JGJ 52—1992）规定，以细度模数为 3.7～1.6 的砂，按 0.63mm 筛孔的累计筛余，划分为 3 个级配区，级配范围见表 11-2 和图 11-1。

砂的颗粒级配区　　　　　　　　　　　　　　表 11-2

累计筛余(%)　级配区　筛孔尺寸(mm)	Ⅰ区	Ⅱ区	Ⅲ区
10	0	0	0
5	10～0	10～0	10～0
2.5	35～5	25～0	15～0
1.25	65～35	50～10	25～0
0.63	85～71	70～41	40～16
0.315	95～80	92～70	85～55
0.16	100～90	100～90	100～90

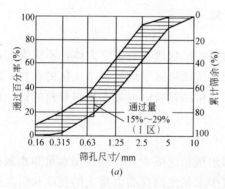
(a)

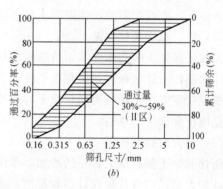
(b)

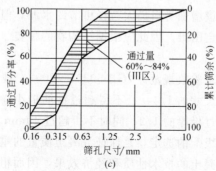
(c)

图 11-1 混凝土用砂级配范围曲线

(a) Ⅰ区砂；(b) Ⅱ区砂；(c) Ⅲ区砂

混凝土用砂的颗粒级配应在表 11-2 规定的三个级配区范围之内,但表中所列的累积筛余百分率除 0.63mm、0.16mm 筛孔外,允许超出分区界限,其总量不得大于 5%。

Ⅰ区砂:含粗颗粒多,属于粗砂范畴,级配较差,拌制混凝土时其内摩阻力较大,保水性差,适宜配制水泥用量多的富混凝土或低流动性混凝土。
Ⅱ区砂:属于中砂范畴,级配良好,粗细适中,应优先选用,以配不同等级混凝土。
Ⅲ区砂:细颗粒较多,属于细砂范畴,用该砂配制的混凝土粘性较大,保水性能好,易插捣成形,但因其比表面积大,采用的水泥用量多,从而干缩性大。因此使用时宜降低砂率。

细度模数只反映全部颗粒的粗细程度,而不能反映颗粒的级配情况,因为细度模数相同而级配不同的砂,可配制出性质不同的混凝土,所以考虑砂的颗粒分布情况时,只有同时应用细度模数和级配两项指标,才能真正反映其全部性质。

1.1.3 粗骨料

普通水泥混凝土中采用的粗骨料,主要是碎石和卵石两种。碎石比卵石干净,表面粗糙,富有棱角,因此碎石与水泥粘结较为牢固,所以说在水泥强度、水泥用量及水灰比等条件不变的情况下,碎石混凝土强度高于卵石混凝土强度。

混凝土用粗骨料的质量要求有以下几方面:

(1) 种类与其表面特征

表面粗糙且棱角多的碎石与表面光滑且成圆形的卵石相比较:碎石配制的混凝土,由于它对水泥石的粘附性好,故具有较高的强度,但是在相同单位用水量(即相同水泥浆用量)条件下,卵石配制的新拌混凝土具有较好的工作性。

(2) 针、片状颗粒含量

为保证混凝土的技术要求,所选粗骨料的颗粒形状最好为正立方体,不应含有过多的针、片状颗粒,针状颗粒是指颗粒长度大于颗粒所属粒级平均粒径 2.4 倍的颗粒,片状颗粒是指颗粒厚度小于颗粒所属粒级平均粒径 0.4 倍的颗粒。混凝土用粗骨料的针、片状颗粒含量应符合表 11-1 要求。

(3) 最大粒径的选择

新拌混凝土随着最大粒径的增加,单位用水量相应减少,在固定用水量和水灰比的条件下,加大粒径,可获得较好的和易性,或减少水灰比以提高混凝土的强度和耐久性。在结构截面允许的条件下,尽量增加骨料最大粒径可节约水泥。但从施工角度来看,最大粒径过大时搅拌和操作都有一定困难。因此应根据结构物的种类、尺寸、配筋的最小净距和施工条件来确定。

根据《钢筋混凝土施工及验收规范》(GB 50204—2002) 规定:混凝土用粗骨料最大粒径不得超过结构截面最小尺寸的 1/4,且不得超过钢筋最小净距的 3/4;对混凝土实心板,骨料的最大粒径不宜超过板厚的 1/2,同时不得超过 40mm。

(4) 颗粒级配 粗骨料级配的选定,是保证混凝土质量的重要一环,因为粗骨料颗粒级配的好坏,会直接影响混凝土的技术性质和经济效果,因而粗骨料级配的选定,是保证混凝土质量的重要一环。

混凝土的级配分连续级配和单粒级配(也称间断级配)两种。连续级配的优点是所配

碎石与卵石的颗粒级配范围

表 11-3

级配情况	公称粒级(mm)	筛孔尺寸(mm) 累计筛余(%)											
		2.50	5.00	10.0	16.0	20.0	25.0	31.5	40.0	50.0	63.0	80.0	100
连续粒级	5~10	95~100	80~100	0~15	0	—	—	—	—	—	—	—	—
	5~16	95~100	90~100	30~60	0~10	0	—	—	—	—	—	—	—
	5~20	95~100	90~100	40~70	—	0~10	0	—	—	—	—	—	—
	5~25	95~100	90~100	—	30~70	—	0~5	0	—	—	—	—	—
	5~31.5	95~100	90~100	70~90	—	15~45	—	0~5	0	—	—	—	—
	5~40	—	95~100	75~90	—	30~65	—	—	0~5	0	—	—	—
单粒级	10~20	—	95~100	85~100	—	0~15	—	—	—	—	—	—	—
	16~31.5	—	—	—	85~100	—	—	0~10	0	—	—	—	—
	20~40	—	—	—	—	80~100	—	—	0~10	0	—	—	—
	31.5~65	—	—	—	—	—	—	75~100	45~75	—	0~10	0	—
	40~80	—	—	—	95~100	—	—	—	70~100	—	30~60	0~10	0

制的新拌混凝土可较为密实,特别是具有优良的工作性,不易产生离析等现象,故为经常采用的级配,适合配置普通塑性混凝土或大流动性的泵送混凝土。当连续级配不能配制成满意的混合料时,可掺加单粒级骨料,一般不用单一的单粒级配来配制混凝土。混凝土用粗骨料的级配范围,按参考规定,见表11-3。

(5) 有害杂质含量

粗骨料中常含有一些有害物质,如黏土、淤泥、云母、硫酸盐、硫化物和有机质。它们的危害与在细骨料中的危害相同,它们的含量不能超过表11-1的规定。

(6) 强度

为保证混凝土的强度,要求粗骨料必须具有足够的强度。粗骨料的强度,可用岩石立方体抗压强度和压碎指标两种方法表示。

测试混凝土用粗骨料的强度标准,是以岩石强度(以边长50mm立方体或高与直径均为50mm的圆柱体试件,在水饱和状态下的抗压强度。详见单元9)与混凝土强度等级之比,作为强度指标。根据《普通混凝土用碎石与卵石质量标准及检验方法》(JGJ 53—1992)规范规定,水泥混凝土用粗骨料的岩石立方体抗压强度值不应小于1.5倍的混凝土强度值,且火成岩强度不宜低于80MPa,变质岩不宜低于60MPa,沉积岩不宜低于30MPa。

在测定岩块强度有困难时,工程上常用压碎性指标来表征岩块的强度(详见单元9,压碎值测试)。其值越小,表示其抵抗压碎的能力越强,从而推断出该骨料的强度。混凝土用粗骨料压碎性指标见表11-4。

混凝土用碎石或卵石压碎指标值　　　　　　　表 11-4

岩 石 种 类		混凝土强度等级	碎石压碎指标值/%
碎 石	沉积岩	C50~C40	<10
		≤C35	<16
	变质岩	C55~C40	<12
		≤C35	<20
	喷出岩浆岩	C55~C40	<13
		≤C35	<30
卵 石		C55~C40	<12
		≤C30	<16

(7) 坚固性

为保证混凝土的耐久性,用来配置混凝土的粗骨料应具有足够的坚固性,以抵抗冻融和自然因素的风化作用。混凝土用粗骨料的坚固性用硫酸钠溶液法检验,试样经5次循环后,其质量损失按规范规定,见表11-5。

混凝土用粗骨料的坚固性指标　　　　　　　表 11-5

混凝土所处的环境条件	循环后的质量损失(%)
在严寒及寒冷地区室外使用,并经常处于潮湿或干湿交替状态下的混凝土	≤8
在其他条件下使用的混凝土	≤12

1.1.4 混凝土拌合用水

混凝土拌合用水按水源可分为饮用水、地表水、地下水、海水和经适当处理的工业废水等五大类。用于拌制和养护混凝土的水，应不含有影响混凝土正常凝结和硬化的有害杂质。

(1) 有害物质含量控制

根据《普通混凝土拌合用水标准》（JGJ 63—1989）规范规定，混凝土拌合用水中的有害物质含量应符合表 11-6 的规定。

混凝土拌合用水质量要求　　　　　　　　　　　　　　　表 11-6

项　目		素混凝土	钢筋混凝土	预应力混凝土
pH 值		\>4		
不溶物	(mg/L)	<2000	<2000	<5000
可溶物	(mg/L)	<2000	<5000	<10000
氯化物（以 Cl^- 计）	(mg/L)	<5000	<1200	<3500
硫酸盐（以 SO_4^{2-} 计）	(mg/L)	<600	<2700	<2700
硫化物（以 S^{2-} 计）	(mg/L)	<100	—	—

(2) 对混凝土凝结时间的影响

用待检水与蒸馏水（或符合国家标准生活用水）进行水泥凝结时间试验，两者的初凝时间差和终凝时间差，均不得大于 30min。待检验水拌制的水泥浆的凝结时间应符合水泥国家标准规定。

(3) 对混凝土强度的影响

用待检水配制水泥混凝土，并测定其 28d 抗压强度（若有早期强度要求时，需增做 7d 抗压强度），其强度值不应低于蒸馏水（或符合国家标准生活用水）拌制的相应混凝土抗压强度的 90%。

1.1.5 混凝土外加剂

混凝土外加剂是指掺量在水泥质量 5% 以下的，能起改性作用的物质。常见混凝土外加剂的品种有以下几种。

(1) 减水剂

凡是在不影响混凝土坍落度的条件下，能减少拌合水的外加剂统称为减水剂。

1) 减水剂减水原理。水泥加水拌合后，由于水泥矿物（C_3S、C_2S、C_3A、C_4AF）所带电荷不同而相互吸引，形成了絮凝结构，结构中包裹了很多拌合水，降低了混凝土拌合物的工作性。当掺入减水剂后，由于定向吸附，使水泥胶粒表面上带有相同符号的电荷，促使絮凝结构分散解体，其中的游离水释放了出来，提高了拌合物的流动性，如图 11-2 所示。另外，减水剂对水泥的分散作用使水泥颗粒的比表面积加大，水化比较充分，进一步提高了水泥混凝土的强度。

2) 减水剂的作用效果。在混凝土拌合物

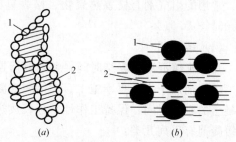

图 11-2　减水剂对水泥絮凝结构的分散作用
(a) 未掺减水剂前；(b) 掺入减水剂后
1—水泥颗粒；2—游离水

中加入减水剂后,一般可得到以下效果:

　　a. 在保持用水量和水泥用量不变的条件下,可增大混凝土拌合物的流动性,如采用高效减水剂,可制备大流动性混凝土。

　　b. 在保持混凝土拌合物的工作性和水泥用量不变的条件下,可减少用水量以提高强度,而且由于水灰比降低,提高了混凝土的耐久性。

　　c. 在保持混凝土工作性和强度不变的条件下,可节约水泥用量。

　　d. 水泥水化放热速度减缓,防止了因混凝土内外温差引起的裂缝。

　　e. 可改善混凝土的离析、泌水现象。

　　3) 常用减水剂种类

　　工程中常用的减水剂按化学成分主要有木质素系减水剂、萘磺酸盐系减水剂和树脂系减水剂、糖蜜系减水剂和腐殖酸系减水剂等几类。

　　(2) 早强剂

　　凡能促进混凝土凝结硬化过程,提高混凝土早期强度,并对后期强度无显著影响的外加剂为早强剂。冬季施工或抢修工程都要求具有较高的早期强度,因此需加入早强剂。目前工程常用的早强剂按化学成分可分为:

　　1) 有机类:如三乙醇胺、三异丙醇胺、甲酸盐等。

　　2) 无机盐类:如氯化钠、氯化钙、硫酸钠及硫代硫酸钠等。

　　3) 复合早强剂:如0.05%三乙醇胺+0.5%氯化钠、0.05%三乙醇胺+0.5%亚硝酸钠+0.5%氯化钠等。

　　混凝土中掺入了早强剂,可缩短混凝土的凝结时间,提高早期强度,常用于混凝土的快速低温施工。但掺入了氯化钙早强剂,会加速钢筋的锈蚀,为此对氯化钙的掺入量应加以限制,通常对于配筋混凝土不得超过1%;无筋混凝土掺入量亦不宜超过3%。为了防止氯化钙对钢筋的锈蚀,氯化钙早强剂一般与阻锈剂复合使用。

　　(3) 引气剂

　　凡掺入混凝土中经搅拌能产生大量分布均匀的微小气泡的外加剂为引气剂。

　　对于新拌混凝土,由于这些微小气泡的存在,可改善工作性,减少泌水和离析。对硬化后的混凝土,由于气泡彼此隔离切断毛细孔通道,使水分不易渗入,同时又可缓冲其水分结冰膨胀的作用,因而提高了混凝土的抗冻性、抗渗性和抗蚀性。但是,由于气泡的存在,混凝土强度会有所降低。

　　常用的引气剂有松香热聚物、松香皂等,引气剂的掺量很小,一般仅为水泥质量的0.005%～0.01%。

　　(4) 缓凝剂

　　凡能延缓混凝土凝结时间,并对其后期强度无不良影响的外加剂为缓凝剂。

　　缓凝剂用于炎热夏季施工、大体积混凝土工程或长距离运送的混凝土工程中,可延缓混凝土的凝结时间,保持工作性,延长放热时间,消除或减少裂缝,保证结构整体性。常用缓凝剂有下列几类:

　　1) 羟基羧酸盐类如柠檬酸、酒石酸、葡萄糖酸等。

　　2) 糖类及碳水化合物如糖蜜、淀粉等。

　　3) 无机盐如锌盐、硼酸盐、磷酸盐等。

1.2 普通水泥混凝土的技术性质

混凝土的技术性质主要包括：新拌混凝土的工作性；硬化后混凝土的强度和耐久性。

1.2.1 新拌混凝土的工作性（和易性）

混凝土各组成材料按一定比例混合搅拌后，在尚未凝结硬化以前，称为新拌混凝土或混凝土拌合物。新拌混凝土应具有良好的工作性（或称和易性），此性质会直接影响混凝土硬化后的质量。

（1）工作性的含义

工作性是一项综合的技术指标，通常认为工作性是指新拌混凝土的施工操作难易程度和抵抗离析作用程度的性质，它包括："流动性"、"粘聚性"和"保水性"三方面的含义。

1）流动性：指新拌混凝土在自重及施工振捣的作用下，克服内部阻力，产生流动，自动流满填实模型各角落并包围钢筋的能力。

流动性能好的混凝土容易拌匀、捣实、成形；但流动性过大，水泥浆用量过多，影响混凝土的密实性、均匀性和强度。

2）粘聚性：是指新拌混凝土易于振捣密实，并排除所有被挟带的空气的性质。

粘聚性能好的混凝土内部质地均匀密实，强度与耐久性均能保证。

3）保水性：是指新拌混凝土在施工振捣时，各组成材料之间有一定的内聚力，能够保持整体均匀，不离析、不泌水的性质。（离析是指粗骨料下沉，砂浆上浮，以致造成混凝土出现蜂窝、麻面、薄弱夹层等质量不均匀的现象；泌水是指在固体颗粒下沉过程中，部分水分被排出上升，使表面析出水分，致使上层含水多而水灰比加大，影响混凝土质量的现象。）

工作性好的新拌混凝土，易于搅拌均匀；运输浇灌时，不发生离析、泌水现象；捣实时，流动性大，易充满模板各部分，容易捣实；所制成的混凝土内部质地均匀致密，强度与耐久性均能保证。

（2）工作性的测定方法

工作性是一项综合的技术指标，目前国际上还没有一种能够全面表征新拌混凝土工作性的测定方法，根据我国《普通混凝土拌合物性能试验》（GB/T 50080—2002）规定，通常采用测试新拌混凝土的坍落度来评定塑性混凝土的流动性；测试维勃稠度来评定干硬性混凝土的流动性，同时再观察其可捣实性和稳定性。

1）坍落度试验　操作方法为：将新拌混凝土试样分三层装入标准坍落筒内（标准坍落筒为钢皮制成，上口直径 $d=100$mm，下底直径 $D=200$mm，高 $H=300$mm），如图 11-3 所示。每层装料约为筒内体积的 1/3，且每层均需用弹头棒均匀地插捣 25 次。装满刮平后，立即将筒垂直提起，此时，混合料将产生一定程度的坍落，测出坍落后试样的高度与坍落筒的高度差即为坍落度（单位为 mm），并以此作为流动性指标，如图 11-3 所示。

测完坍落度后，立即用插捣棒轻击拌合物侧

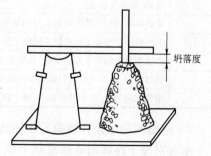

图 11-3　坍落度试验示意图

面,若此时拌合物逐渐下沉,表明拌合物粘聚性良好;若此时拌合物突然倒塌、部分崩溃或出现离析现象,表明拌合物粘聚性不好。在测试过程中注意观察拌合物底部是否出现流浆现象,以评定其保水性。坍落度试验只适用于骨料最大粒径不大于40mm,坍落度值不小于10mm的新拌混凝土。根据坍落度大小可将混凝土拌合物分为四级,见表11-7。

混凝土坍落度分级　　　　　　　　　　　　　　　表11-7

名　称	坍落度(mm)	名　称	坍落度(mm)
低塑性混凝土	10～40	流动性混凝土	100～150
塑性混凝土	50～90	大流动性混凝土	≥160

2) 维勃稠度试验　对于坍落度小于10mm的新拌混凝土(即干硬性混凝于),可采用维勃稠度仪测定其工作性。

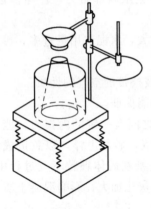

图11-4　维勃稠度试验示意图

操作方法是:将坍落筒放在直径240mm、高200mm的圆筒中,圆筒安装在专用的振动台上,按坍落度试验的方法将新拌混凝土装于坍落筒中,小心垂直提起坍落度筒,并在新拌混凝土顶上放一透明圆盘(直径230mm)。开动振动台并记录时间,从开始振动至透明圆盘被水泥浆布满的瞬间止所经历的时间,即为新拌混凝土的维勃稠度值,以s计,如图11-4所示。该法适用于骨料最大粒径不超过40mm,维勃稠度为5～30s之间的干硬性混凝土。

(3) 新拌混凝土工作性的选择

1) 公路桥涵用混凝土拌合物的工作性选择

选择新拌混凝土的坍落度,应根据构件断面尺寸、钢筋疏密和捣实方式来确定。当构件断面尺寸较小,钢筋较密或人工振捣时,应选择坍落度大一些,易于浇捣密实,以保证施工质量;反之,对于构件断面尺寸较大,钢筋配置稀疏,采用机械振捣时,尽可能选用较小的坍落度,以节约水泥。根据《公路桥涵施工技术规范》(JTJ—2000)规定,具体数值可参考表11-8。

混凝土灌注时的坍落度　　　　　　　　　　　表11-8

项次	结　构　种　类	坍落度(mm)	
		机械振捣	人工振捣
1	路面、机场跑道	0～20	20～30
2	基础、地坪及垫层	0～30	20～40
3	桥涵基础、墩台、挡土墙及大型制块等便于灌筑捣实的混凝土结构	0～20	20～40
4	上列桥涵墩台等工程中较不便施工处	10～30	30～50
5	普通配筋的钢筋混凝土结构,如钢筋混凝土板、梁、柱等	30～50	50～70
6	钢筋较密、断面较小的钢筋混凝土结构(梁、柱、墙等)	50～70	70～90
7	钢筋配制特密,断面高而狭小,极不便灌筑捣实的特殊结构部位	70～90	100～140

2) 道路混凝土拌合物的工作性选择

水泥混凝土路面用道路混凝土拌合物工作性的选择,按规范规定,坍落度宜为10～25mm;坍落度小于10mm时,采用维勃稠度仪测定维勃时间宜为10～30s。

（4）影响新拌混凝土工作性的主要因素

1）水泥浆的数量。在混凝土拌合物中，骨料是没有流动性的，拌合物的流动性主要来自于水泥浆，也就是说水泥浆除了粘结作用外，还起到润滑填充作用。因此一般来说，混凝土拌合物中水泥浆的数量越多，其流动性越大。在水灰比一定的条件下，水泥浆越多，流动性越大，但如果水泥浆过多，骨料则相对减少，即骨浆比小，将出现流浆现象，拌合物的稳定性变差，不仅浪费水泥，而且会使拌合物的强度和耐久性降低；若水泥浆用量过少，则无法很好包裹骨料表面及填充其空隙，拌合物会产生崩坍现象，失去稳定性。因此，拌合物中水泥浆的数量应以满足流动性为宜。

2）水泥浆的稠度（即水灰比）。水泥浆中水的用量与水泥用量的比值称为水灰比（用W/C表示）。在水泥浆数量一定的条件下，水灰比小，会使水泥浆变稠，拌合物流动性就小；若加大水灰比，可使水泥浆变稀，流动性就增大，但会使拌合物流浆离析，严重影响混凝土的强度，因此，应合理地选择水灰比。

3）单位用水量。在水泥浆数量一定的条件下，增加用水量，水泥浆变稀，拌合物流动性增大，但硬化后混凝土会产生较大的孔隙，从而降低了混凝土的强度和耐久性。另外，用水量过多，会使新拌混凝土产生分层、泌水现象，反而降低工作性。因此，在保证混凝土强度和耐久性的条件下，根据流动性要求来确定单位用水量。

4）骨浆比。在混凝土拌合物中，骨料的用量与水泥浆用量的比值称为骨浆比。

在水灰比一定的条件下，骨浆比小，相对水泥浆用量就多，易出现流浆现象，使拌合物的稳定性变差，不仅浪费水泥，而且会降低拌合物的强度和耐久性。因此骨浆比应适当。

5）砂率。是指混凝土中砂用量占砂石总用量的百分数。

砂率反映了粗细骨料的相对比例，它影响混凝土骨料的空隙和总表面积。当水泥浆用量一定时，砂率过大，则骨料的总表面积增大，包裹砂子的水泥浆层变薄，砂粒间的摩阻力加大，拌合物的流动性减少；砂率过小，虽然表面积减少，但由于砂浆量不足，使包裹石子表面的水泥砂浆层变薄，骨料间的摩阻力加大，拌合物的流动性变小，同时由于砂量不足，也易导致离析、泌水现象，影响工作性。因此需通过试验确定最佳砂率值。如图11-5所示。最佳砂率指在水泥浆用量一定时，能使新拌混凝土获得最大流动性，又不离析、不泌水的砂率值（也称合理砂率）。

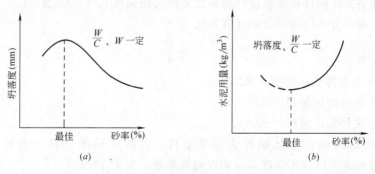

图11-5 最佳砂率值的确定

6）水泥的品种和骨料的性质。水泥品种不同时达到标准稠度的用水量也不同，所以不同品种水泥配制成的混凝土拌合物具有不同的工作性。通常使用普通水泥的混凝土拌合物的工作性好。矿渣水泥拌合物的流动性虽大，但粘聚性差，易泌水、离析；火山灰水泥流动性小，但粘聚性最好。

在相同用水量的条件下，若采用表面光滑、形状较圆、少棱角的卵石，所拌制的混合料流动性就好，而表面粗糙、有棱角的碎石配制的混凝土的流动性就低。

7）温度与搅拌时间。混凝土拌合物的流动性随着温度的升高而减小，一般温度升高10℃，坍落度大约减小20～40mm，夏季施工必须考虑温度的影响。另外，搅拌时间也会影响混凝土拌合物的工作性，若搅拌时间不足，拌合物的工作性就差，质量也不均匀。规范规定，根据搅拌机的类型和容量，规定最小搅拌时间为1～3min。

8）外加剂。在混凝土拌合物中加入少量的外加剂，可在不增加用水量和水泥用量的情况下，有效地改善混凝土拌合物的工作性。

(5) 改善新拌混凝土工作性的主要措施

为使新拌混凝土具有良好的工作性，以满足硬化后的强度和耐久性，可采用以下措施改善工作性。

1）选择适宜的水泥品种或级配良好的骨料。

2）调整材料组成，在保证混凝土强度、耐久性和经济性的前提下，适当调整混凝土组成配合比以提高工作性。

3）掺加各种外加剂（如减水剂），以提高混凝土拌合物的工作性。

1.2.2 硬化后混凝土的强度

硬化后的水泥混凝土在路面结构、桥梁构件以及建筑结构中，将受到复杂的应力作用，因此要求水泥混凝土材料必须具备各种力学强度，如抗压强度、抗拉强度、抗剪强度、抗折强度等，其中抗压强度最大，抗拉强度最小，因此混凝土主要用于承受压力的构件。

(1) 立方体抗压强度标准值和强度等级

钢筋混凝土和预应力混凝土桥梁结构设计时，混凝土材料的强度是用强度等级作为设计依据的。

1）立方体抗压强度 f_{cu}。根据国标《混凝土结构设计规范》（GB 50010—2002）规定：按标准方法制成边长为150mm的立方体试件，在标准养护条件（温度（20±2）℃，相对湿度95%以上）下，养护至28d龄期，按照标准的测定方法测定其抗压强度值，即为混凝土标准立方体试件抗压强度（简称立方体抗压强度），以 f_{cu} 表示。

混凝土标准立方体抗压强度的计算公式

$$f_{cu} = \frac{F}{A} \tag{11-1}$$

式中 f_{cu}——立方体抗压强度（MPa）；

F——试件破坏荷载（N）；

A——试件承压面积（mm^2）。

边长为150mm的正方体试件为标准试件，若按非标准试件（边长为100mm或200mm）测得的立方体抗压强度，应乘以换算系数，见表11-9。

试件尺寸换算系数表　　　　　表11-9

试件尺寸(mm)	100×100×100	150×150×150	200×200×200
换算系数	0.95	1.00	1.05

测试强度的试件尺寸是根据混凝土所选用的骨料粒径决定的,一般应符合表 11-10 的规定。

抗压强度试件尺寸表　　　　　　　　　　　　　　　　　表 11-10

骨料最大粒径(mm)	试件尺寸(mm×mm×mm)
30	100×100×100
40	150×150×150
60	200×200×200

2) 立方体抗压强度标准值 $f_{cu,k}$。混凝土立方体抗压强度标准值,是按照标准的方法制作和养护的边长为 150mm 的立方体试件,在 28d 龄期,用标准实验方法测得的具有 95% 保证率的抗压强度,以 MPa 计,混凝土立方体抗压强度标准值以 $f_{cu,k}$ 表示。

为了能说明混凝土实际达到的强度,常将混凝土试件放在与工程相同的条件下进行养护,然后再按所需要的龄期进行试验,测得立方体抗压强度值,作为工程混凝土质量控制和质量评定的主要依据。

3) 强度等级。混凝土强度等级是根据立方体抗压强度标准值来确定的,用符号 C 和立方体抗压强度标准值表示（单位为 MPa）。其中"C30"表示混凝土立方体抗压强度标准值 $f_{cu,k}=30MPa$,说明混凝土立方体抗压强度大于 30MPa 的概率为 95% 以上。

规范规定,普通混凝土按立方体抗压强度标准值划分为：C15、C20、C25、C30、C35、C40、C45、C50、C55、C60、C65、C70、C75、C80 等 14 个强度等级。应根据工程设计时的建筑部位及承受荷载的情况来选定混凝土的强度等级,详见表 11-11。

混凝土强度等级的选用　　　　　　　　　　　　　　　　　表 11-11

建筑部位及承受荷载的情况	混凝土强度等级
垫层基础地面及受力不大的结构	C15
梁、板、柱、楼梯和屋架等普通钢筋混凝土结构	C15、C20、C25、C30
大跨度结构、预应力混凝土结构、吊车梁及特种结构	大于 C30
采用钢丝、钢绞线、热处理钢筋作预应力钢筋时	不低于 C40

(2) 轴心抗压强度 f_{cp}

钢筋混凝土结构设计中,考虑到混凝土结构的实际受力状态,计算轴心受压构件时,常以轴心抗压强度作为依据。采用 150mm×150mm×300mm 的棱柱体作为测定轴心抗压强度的标准试件,标准养护 28 天所测得的抗压强度值为轴心抗压强度以 f_{cp} 表示,单位为 MPa。

一般混凝土轴心抗压强度与其立方体抗压强度之比为 0.7～0.8。

(3) 抗折强度 f_{cf}

道路路面或机场跑道用水泥混凝土,以抗折强度或抗弯强度为主要强度指标,抗压强度仅为参考强度指标。

道路水泥混凝土抗折强度是以标准操作方法制备成 150mm×150mm×550mm 的梁形试件,标准条件养护 28d 后,按三分点加荷方式（如图 11-6 所示）

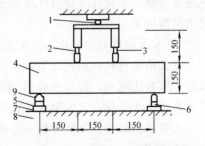

图 11-6 抗折试验装置图
1、2、6——一个钢球；3、5—两个钢球；
4—试件；7—活动支座；8—机台；
9—活动船形垫块

测定其抗折强度，以 f_{cf} 表示。

混凝土抗折强度的计算公式

$$f_{cf}=\frac{FL}{bh^2} \tag{11-2}$$

式中 f_{cf}——混凝土抗折强度（MPa）；
  F——试件破坏荷载（N）；
  L——支座间距（450mm）（mm）；
  b——试件宽度（mm）；
  h——试件高度（mm）。

一般道路水泥混凝土的抗折强度值与抗压强度值也存在一定关系，见表11-12。

道路水泥混凝土的抗折强度与抗压强度　　　　　表 11-12

抗折强度（MPa）	4.0	4.5	5.0	5.5
抗压强度（MPa）	25.0	30.0	35.5	40.0

（4）劈裂抗拉强度 f_{ts}

混凝土的抗拉强度只有抗压强度的 1/10～1/20，且随着混凝土强度等级的提高，比值有所降低。因此，在混凝土结构设计中一般不考虑抗拉强度，但抗拉强度对于混凝土开裂现象有重要作用，它是确定混凝土抗裂度的主要指标。

规定采用 150mm×150mm×150mm 的立方体作为标准试件，在立方体试件中心面内用圆弧为垫条施加两个方向相反、均匀分布的压应力，当压力增大至一定程度时，试件就沿此平面劈裂破坏，此时测得的强度为劈裂抗拉强度，以 f_{ts}（MPa）表示。

混凝土劈裂抗拉强度的计算公式

$$f_{ts}=\frac{2F}{\pi A}=0.637\frac{F}{A} \tag{11-3}$$

式中 f_{ts}——混凝土劈裂抗拉强度（MPa）；
  F——试件破坏荷载（N）；
  A——试件劈裂面面积（mm²）。

（5）影响混凝土强度的主要因素

混凝土的强度主要取决于水泥石强度及其与骨料表面的粘结强度，而粘结强度又与水泥强度等级、水灰比及骨料性质有密切关系。此外，混凝土强度还受施工质量、养护条件及龄期等因素的影响。

1）水泥强度和水灰比。水泥强度和水灰比是影响混凝土强度的最主要因素。

在其他条件相同的情况下，水泥强度等级越高，则混凝土强度也越高。当水泥强度相同时，水灰比越小，混凝土强度越高；反之，若水灰比大，用水量就大，在混凝土硬化后，多余的水分就会蒸发形成气孔，使混凝土的密实度和强度降低。

大量试验证明，在原材料一定的前提下，混凝土 28d 抗压强度与水灰比、水泥实际强度的关系式为：

$$f_{cu,28}=\alpha_a \cdot f_{ce} \cdot \left(\frac{C}{W}-\alpha_b\right) \tag{11-4}$$

式中 $f_{cu,28}$——混凝土 28d 的立方体抗压强度（MPa）；

f_{ce}——水泥实际强度（MPa）；

$\dfrac{C}{W}$——灰水比；

α_a、α_b——回归系数。α_a、α_b的大小与骨料的品种有关，其取值详见表11-13。

混凝土28d抗压强度公式中的回归系数　　　　表11-13

骨料的品种	回归系数	
	α_a	α_b
碎石	0.46	0.07
卵石	0.48	0.33

一般水泥厂为了保证出厂水泥的强度，其实际抗压强度往往比产品标注强度值要高一些，当无法取得水泥实际强度数值时，水泥实际强度f_{ce}可用下式求出。

$$f_{ce}=\gamma_c \cdot f_{ce,k} \tag{11-5}$$

式中　f_{ce}——水泥实际强度（MPa）；

　　　$f_{ce,k}$——水泥强度等级值（MPa）；

　　　γ_c——水泥强度的富余系数。可按实际统计资料确定，没有实际统计资料时，可采用1.00～1.13，一般取全国平均水平$\gamma_c=1.13$。

2）养护条件。混凝土的强度是在一定的温度和湿度条件下，通过水泥水化而逐步产生和发展的，因此为保证混凝土强度的提高，必须保证所需的温度和湿度条件。

一般情况下，水泥的水化和混凝土强度发展的速度是随环境温度的高低而增减，当环境温度较高时，水泥的水化反应加快，有利于水泥石的形成，则强度发展快。当温度降至零度时，混凝土中的水分大部分结冰，水泥几乎不再发生水化反应，混凝土强度不仅停止增长，严重时由于孔隙内水分结冰而引起膨胀，产生相当大的膨胀压力，特别当水化初期，混凝土强度较低时，遭遇严寒会引起混凝土的崩溃。

混凝土浇筑后，必须有较长时间在潮湿环境中养护，使水泥水化得以顺利进行，混凝土强度也才能逐步发展；如果湿度不够，混凝土会失水干燥，影响水泥水化的正常进行，甚至停止水化。这不仅严重降低混凝土的强度，而且因水泥水化作用未能完成，使混凝土结构疏松，渗水性增大，或形成干缩裂缝，从而影响混凝土的耐久性。

根据国标规定，混凝土浇筑完毕后的12h以内，应对混凝土进行覆盖，待具有一定强度后应注意浇水养护。对硅酸盐水泥、普通水泥、矿渣水泥配制的混凝土，浇水养护时间不得少于7昼夜；对火山灰水泥、粉煤灰水泥和添加缓凝型外加剂或有抗渗要求的混凝土，浇水养护时间不得少于14昼夜。

3）龄期。在正常养护条件下（保证一定温度和湿度），混凝土的强度随龄期的增长而提高，初期增长较快，后期增长较缓慢。一般28d可达到设计强度等级，此后强度增长缓慢。在标准养护条件下，混凝土强度与其龄期的对数大致成正比，如图11-7（b）所示。

4）粗骨料的品种。配制混凝土用粗骨料有碎石和卵石两种，由于碎石表面粗糙，多棱角，与水泥的粘结力强，因此在水泥强度、用量及水灰比等条件不变的情况下，用碎石配制的混凝土强度高于用卵石配制的混凝土强度。

此外，各种施工的因素，如配料、搅拌、运输和振捣等环节的进行都会影响混凝土试

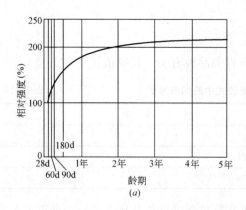 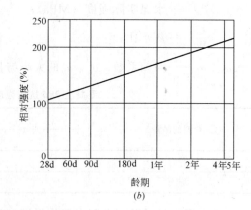

图 11-7　龄期对混凝土强度的影响
(a) 龄期为常坐标；(b) 龄期为半对数坐标

件的强度。

(6) 提高混凝土强度的措施

1) 采用高强度等级水泥和特种水泥。

2) 增加混凝土的密实度。

3) 蒸汽养护和蒸压养护。

4) 掺加外加剂。

1.2.3　硬化后混凝土的耐久性

混凝土的耐久性指混凝土在实际使用条件下抵抗各种破坏因素作用，长期保持强度和外观完整性的能力。耐久性是一个综合的技术指标，主要包括：抗冻性、抗渗性、耐磨性、耐蚀性和碱—骨料反应等。

(1) 抗冻性

抗冻性是评定道路与桥梁用水泥混凝土耐久性的重要指标。混凝土抗冻性一般以抗冻等级表示。混凝土的抗冻等级是以龄期 28d 的试件在吸水饱和后，承受反复冻融循环（300 次循环以下）后，当混凝土试件的质量损失率不超过 5%，同时强度损失率不超过 25% 时的最大循环次数来确定。混凝土的抗冻等级分为 F25、F50、F100、F150、F200、F300 等。提高混凝土抗冻性的有效方法有采用加气混凝土、密实混凝土或选择恰当的水灰比等。

(2) 抗渗性

混凝土的抗渗性是指混凝土抵抗水渗透的性能。一般采用抗渗等级表示混凝土的抗渗性，抗渗等级是根据混凝土 28d 龄期的标准试件，采用标准的试验方法测定的试件所能承受的最大水压力，混凝土的抗渗等级可分为 P4、P6、P8、P10、P12 等。提高混凝土的抗渗性的根本措施是增强混凝土的密实度。

(3) 耐磨性

耐磨性是路面和桥梁用混凝土的重要性能之一。作为高级路面的水泥混凝土，必须具有抵抗车辆轮胎磨耗和磨光的性能。作为大型桥梁的墩台用水泥混凝土也需要具有抵抗湍流空蚀的能力。混凝土耐磨性评价是以 150mm×150mm×150mm 立方体试件，养生至

28d龄期，在60℃烘干至恒重，然后在带有花轮磨头的混凝土磨耗试验机上，在200N负荷下磨削50转，则磨耗量为G。

磨耗量的计算公式

$$G=\frac{m_0-m_1}{0.0125} \tag{11-6}$$

式中　G——单位面积磨耗量（kg/m²）；
　　　m_0——试件的原始质量（kg）；
　　　m_1——试件磨损后的质量（kg）；
　　0.0125——试件磨损面积（m²）。

(4) 碱—骨料反应

当水泥混凝土中水泥的碱含量较高，而所采用的骨料中又含有某些活性成分时，在有水分存在的情况下，碱与骨料中的活性物质会发生化学反应，而引起混凝土产生膨胀、开裂，甚至破坏的现象，这种化学反应称为碱—骨料反应。含有这种碱活性矿物的骨料，称为碱活性骨料。碱—骨料反应会导致高速公路路面或大型桥梁墩台的开裂和破坏，并且这种破坏会继续下去，难以补救，因此，碱—骨料反应引起世界各国的普遍关注。

1) 碱—骨料反应有两种类型：

a. 碱—硅反应。是水泥中的碱性氧化物（主要 Na_2O 和 K_2O）水解后的氢氧化钠和氢氧化钾与骨料中活性二氧化硅发生化学反应，在骨料表面生成复杂的碱—硅酸凝胶，这种凝胶吸水后体积膨胀，使骨料与水泥石接口胀裂，粘结强度下降，引起混凝土结构破坏，简称 ASR。

b. 碱—碳酸盐反应。是指碱与骨料中活性碳酸盐反应，简称 ACR。

2) 防止碱—硅反应的措施有：

a. 应使用碱的质量分数小于0.6%的水泥或采用抑制碱—骨料反应的掺合料。

b. 不宜采用含有活性二氧化硅和碳酸盐的石料。

c. 在粗骨料中严禁混入煅烧过的白云石或石灰石块。

d. 当使用钾、钠离子的混凝土外加剂时，必须专门试验。

1.3　水泥混凝土的配合比设计

水泥混凝土的配合比设计是指根据材料的技术性能、工程要求、结构形式和施工条件等来确定混凝土中各组成材料用量之间的比例关系，即水与水泥用量的比例关系（水灰比）；砂与砂石用量之间的比例关系（砂率）；每立方米混凝土中水的用量（即单位用水量）。因此，水灰比、砂率和单位用水量是水泥混凝土配合比设计的三个重要参数。

混凝土配合比设计的目的，就普通水泥混凝土而言，主要是满足混凝土使用过程中的技术性质（包括强度、工作性和耐久性）和经济性的要求。

配合比常用的表示方法有两种：一种以每1m³混凝土中各种材料的用量（多以质量计）表示；另一种以水泥质量为基准，各材料用量与水泥用量的比来表示。

通常按下列四个步骤进行混凝土的配合比设计：

(1) 计算"初步配合比"。根据原始资料，按我国现行的配合比设计方法，计算"初步配合比"，即水泥：细骨料：粗骨料：水 $= m_{co} : m_{so} : m_{go} : m_{wo}$。

(2) 提出"基准配合比"。根据初步配合比,采用实际材料,进行试拌来测定混凝土拌合物的工作性,并进行材料用量的调整,提出一个满足工作性要求的"基准配合比",即 $m_{ca} : m_{sa} : m_{ga} : m_{wa}$。

(3) 确定"试验室配合比"。以基准配合比为基础,增加或减少水灰比,拟定三组适合工作性要求的配合比,通过制备试块来测定 28d 强度,从而确定既符合强度和工作性要求,又满足经济性要求的"试验室配合比",即 $m_{cb} : m_{sb} : m_{gb} : m_{wb}$。

(4) 换算"施工配合比"。根据工地现场材料的实际含水率,将试验室配合比换算为"施工配合比",即 $m_c : m_s : m_g = 1 : \dfrac{m_s}{m_c} : \dfrac{m_g}{m_c} \dfrac{W}{C} = \dfrac{m_w}{m_c}$。

1.3.1 普通混凝土配合比设计方法及具体步骤

配合比设计方法分为体积法和质量法两种。

(1) 计算初步配合比

1) 确定混凝土配制强度 $f_{cu,o}$。为使所配制的混凝土具有必要的强度保证率(即 $P=95\%$),混凝土的强度必须大于其标准值,即

$$f_{cu,o} = f_{cu,k} + 1.645\sigma \tag{11-7}$$

式中 $f_{cu,o}$——混凝土的配制强度 (MPa);

$f_{cu,k}$——混凝土设计要求的强度标准值 (MPa);

σ——由施工单位质量管理水平确定的混凝土强度标准差 (MPa)。

当施工单位具有近期的同一品种混凝土强度资料时,其混凝土强度标准差为:

$$\sigma = \sqrt{\dfrac{\sum_{i=1}^{n} f_{cu,i}^2 - n\mu_{cu}^2}{n-1}} \tag{11-8}$$

式中 $f_{cu,i}$——统计周期内第 i 组混凝土试件的立方体抗压强度值 (MPa);

μ_{cu}——统计周期内 n 组混凝土试件的立方体抗压强度平均值 (MPa);

n——统计周期内相同等级的混凝土试件组数,$n \geq 25$ 组。

对预拌混凝土厂和预制混凝土构件厂,其统计周期可取一个月;现场集中搅拌站的施工单位,其统计周期可视具体情况而定,但不宜超过三个月。

混凝土强度标准差 σ 取决于混凝土生产过程中的质量管理水平,当施工单位不具有近期的同一品种混凝土强度历史资料时,其强度标准差可根据要求的混凝土强度等级按表11-14 规定选用。

强度标准差 σ 的取值 表 11-14

混凝土强度等级	<C20	C20~C35	>C35
σ(MPa)	4.0	5.0	6.0

2) 计算水灰比 (W/C)

a. 按强度要求计算水灰比。混凝土强度等级小于 C60 时,可根据已确定的配制强度,采用公式 (11-9) 计算水灰比:

$$f_{cu,o} = \alpha_a \cdot f_{ce} \cdot \left(\dfrac{C}{W} - \alpha_b\right) \tag{11-9}$$

式中 $f_{cu,o}$——混凝土的配制强度（MPa）；

f_{ce}——水泥 28d 实测抗压强度（MPa），当无水泥 28d 抗压强度实测值时，可按式（11-5）计算；

$\dfrac{C}{W}$——灰水比；

α_a、α_b——回归系数。α_a、α_b 的大小与骨料的品种有关，其取值详见表 11-13。

b. 按耐久性校核水灰比。以上计算所得的水灰比是按强度要求计算得到的结果，在确定水灰比时，还应根据混凝土所处环境条件、耐久性要求的允许最大水灰比进行校核（见表 11-15）。当按强度计算得到的水灰比小于耐久性要求的水灰比时，可采用按强度计算的水灰比进行后面各项计算；反之，则采用耐久性要求的允许最大水灰比。

混凝土的最大水灰比和最小水泥用量　　表 11-15

环境条件		结构物类别	最大水灰比			最小水泥用量(kg)		
			素混凝土	钢筋混凝土	预应力混凝土	素混凝土	钢筋混凝土	预应力混凝土
干燥环境		正常的居住或办公用房屋	不作规定	0.65	0.60	200	260	300
潮湿环境	无冻害	高湿度的室内	0.70	0.60	0.60	225	280	300
		室外部件						
		在非侵蚀性土和水中的部件						
	有冻害	经受冻害的室外部件	0.55			250	280	300
		在非侵蚀性土和水中且经受冻害的部件						
		高湿度且经受冻害的室外部件						
有冻害和除冰剂的潮湿环境		经受冻害和除冰剂作用的室内和室外部件	0.50			300		

3) 确定单位用水量（m_{wo}）。应根据混凝土骨料的品种、最大粒径、施工要求的坍落度，参照表 11-16 选取单位用水量。若不知施工要求的混凝土的坍落度，则首先应根据结构物的类型、结构截面尺寸、钢筋的疏密以及施工的条件等，按表 11-8 选定出适宜的坍落度，然后再参照表 11-16 选取。

混凝土用水量选用表　　表 11-16

项 目	指 标	卵石最大粒径			碎石最大粒径		
		10	20	40	16	20	40
坍落度(mm)	10～30	190	170	150	200	185	165
	30～50	200	180	160	210	195	175
	50～70	210	190	170	220	205	185
	70～90	215	195	175	230	215	195
维勃稠度(S)	16～20	175	160	145	180	170	155
	11～15	180	165	150	185	175	160
	5～10	185	170	155	190	180	165

注：1. 本表用水量是采用中砂时的平均取值，如采用细砂，则每立方米混凝土用水量可增加 5～10kg；采用粗砂时，每立方米混凝土用水量可减少 5～10kg。
　　2. 掺用各种外加剂或掺和料时，用水量应进行适当的调整。
　　3. 本表资料不适用于水灰比小于 0.4 或大于 0.8 的混凝土及采用特殊成型工艺的混凝土。

4) 计算单位水泥用量（m_{co}）

a. 按强度要求计算单位水泥用量。每立方米混凝土拌合物的用水量（m_{wo}）选定后，再根据前面已确定的水灰比，即可计算出单位水泥用量。

$$m_{co} = \frac{C}{W} \times m_{wo} \tag{11-10}$$

式中 m_{co} ——混凝土的单位水泥用量（kg）；

m_{wo} ——混凝土的单位用水量（kg）；

$\frac{C}{W}$ ——灰水比。

b. 按耐久性要求校核单位水泥用量。为了保证混凝土的耐久性，由式（11-10）计算所得的水泥用量若小于表11-15的要求，则采用表11-15中规定的最小水泥用量。

5) 确定砂率（S_P）。确定砂率的原则应是砂的体积能填满粗骨料的空隙体积，并略有富余为好。由于砂率对混凝土拌合物的工作性有很大的影响，因此对于混凝土用量大的工程应通过试验确定出合理砂率，一般也可根据骨料的品种、粒径及混凝土的水灰比，按表11-17选取。

混凝土砂率选用表 表11-17

水灰比(W/C)	卵石最大粒径(mm)			碎石最大粒径(mm)		
	10	20	40	16	20	40
0.40	26～32	25～31	24～30	30～35	29～34	27～32
0.50	30～35	29～34	28～33	33～38	32～37	30～35
0.60	33～38	32～37	31～36	36～41	35～40	33～38
0.70	36～41	35～40	34～39	39～44	38～43	36～41

注：1. 本表数值是指中砂的选用砂率，对细砂或粗砂，可相应地减少或增大砂率。
2. 本表适用于坍落度为10～60mm的混凝土，坍落度如大于60mm或小于10mm时的混凝土，应相应的增加或减小砂率。
3. 只用一个单粒级粗骨料配制混凝土时，砂率应适当增大。
4. 对薄壁构件，砂率宜取大值。
5. 掺有各种外加剂或掺和料时，其合理砂率应参照其他有关规定或经试验确定。

6) 计算单位粗、细骨料用量（m_{go}、m_{so}）。在已知砂率的情况下，粗、细骨料用量可用体积法或质量法求得。

a. 体积法（也称绝对体积法）。即假定混凝土的体积等于各组成材料绝对体积的总和。其计算方法为：

$$\begin{cases} \dfrac{m_{co}}{\rho_c} + \dfrac{m_{so}}{\rho'_s} + \dfrac{m_{go}}{\rho'_g} + \dfrac{m_{wo}}{\rho_w} + 10\alpha = 1000 & (11\text{-}11) \\[2mm] \dfrac{m_{so}}{m_{so} + m_{go}} \times 100\% = S_P & (11\text{-}12) \end{cases}$$

式中 m_{co}、m_{so}、m_{go}、m_{wo} ——分别为每立方米混凝土中水泥、细骨料、粗骨料、水的用量（kg）；

ρ_c、ρ_w ——水泥、水的密度（g/cm³）；

ρ'_s、ρ'_g ——细骨料、粗骨料的表观密度（g/cm³）；

α——混凝土的含气量百分率（％）。在不使用引气型外加剂时，可取 1。对长期处于潮湿和严寒环境的混凝土，应掺入适量的引气剂；

S_P——砂率（％）。

b. 质量法（也称假定密度法）。该法是假定混凝土拌合物的毛体积密度为定值，混凝土拌合物各组成材料的单位用量之和即为该混凝土拌合物的毛体积密度。其计算方法为：

$$\begin{cases} m_{co}+m_{so}+m_{go}+m_{wo}=\rho_h & (11\text{-}13) \\ \dfrac{m_{so}}{m_{so}+m_{go}}\times 100\%=S_P & (11\text{-}14) \end{cases}$$

式中 m_{co}、m_{so}、m_{go}、m_{wo}——分别为每立方米混凝土中水泥、细骨料、粗骨料、水的用量（kg）；

S_P——砂率（％）；

ρ_h——每立方米混凝土拌合物的毛体积密度（kg/m³）。

ρ_h 可根据施工单位积累的试验资料确定，如缺乏资料时，可根据表 11-18 查出。

混凝土拌合物毛体积密度选用表　　　　　表 11-18

混凝土强度等级	C7.5～C15	C20～C30	≥C40
毛体积密度(kg/m³)	2300～2350	2350～2400	2450

7）确定初步配合比。根据以上的计算结果，确定"初步配合比"为

水泥∶细骨料∶粗骨料∶水＝$m_{co}∶m_{so}∶m_{go}∶m_{wo}$

（2）试拌调整，确定基准配合比

以上求出的初步配合比，是借助经验公式或图表计算求得的，能否满足设计要求，还应通过试验检验。

1）试拌

试拌时所需的混凝土数量，取决于骨料的最大粒径、混凝土的检验项目以及搅拌机的额定容量。骨料最大粒径不大于 31.5mm 时，一般制备约 15L 混凝土拌合物；粒径大于 30mm 但小于 40mm 时，一般应制备 30L 混凝土拌合物。如除强度外，还需进行耐久性检验，混凝土的制备还应适当增加。此外，还应注意用搅拌机拌制混凝土时，所搅拌的混凝土数量不应低于搅拌机额定搅拌量的 1/4。

2）工作性的检验与配合比的调整

混凝土按规定搅拌完毕后，即进行工作性检验，检验结果可能有以下几种情况：

a. 测得的坍落度值符合设计要求，且混凝土的粘聚性和保水性都很好，则此配合比即可定为供检验强度用的基准配合比，该盘混凝土可以用来制备检验强度或其他性能指标用的试块。

b. 如果测得的坍落度值符合设计要求，但混凝土的粘聚性及保水性不好，则应调整砂率，增加细骨料用量，重新称料，搅拌并检验混凝土工作性。

c. 如果测得的坍落度低于设计要求，即混凝土拌合物过干，则可把所有拌合物重新收集，在保持水灰比不变的条件下，增加水泥浆总量，重新搅拌后再检验其坍落度值。若一次添料后即能满足要求，则此调整后的配合比即可定为基准配合比。如果一次添料不能

满足要求，则该盘混凝土作废，此时保持水灰比不变，重新调整水泥浆总量，再称料、搅拌、直至检验合格为止。

d. 如果所测得的坍落度大于设计要求，即混凝土拌合物过稀，则可保持砂率不变，适当增加砂、石用量，重新称料、搅拌，进行测定。

经工作性检验并调整后的配合比称为"基准配合比"，即 $m_{ca}:m_{sa}:m_{ga}:m_{wa}$。

（3）检验强度以确定试验室配合比

1）试件的制作与强度的检验。确定基准配合比后即可进行强度检验。检验强度时，至少应采用三个不同的配合比，除基准配合比外，另外两个配合比的水灰比值较基准水灰比增加或减少 0.05。此时，每盘混凝土应该进行的检验。

a. 制作强度试块，以确定 28d 或者其他龄期时的混凝土强度。

b. 测定混凝土拌合物的毛体积密度，以供最后修正材料用量用。

c. 检验混凝土的坍落度、粘聚性和保水性。

制成的强度试块经 28d 标准养护后进行抗压，取得各盘混凝土的立方体强度值，用作图法把不同灰水比值的立方体强度标在纵坐标为强度、横坐标为灰水比的坐标上，就可以得到强度—灰水比值的线性关系。由该直线上相应于试配强度的灰水比值，即可定出所需要的设计水灰比值。

2）确定试验室配合比。根据强度检验结果和毛体积密度测定结果，经过两次修正后，即可定出试验室配合比，即 $m_{cb}:m_{sb}:m_{gb}:m_{wb}$。

a. 按强度检验结果修正配合比

（a）用水量 m_{wa}——取基准配合比中的用水量值，并根据制作强度试块时所测得的坍落度值加以适当调整。

（b）水泥用量 m'_{ca}——取用水量乘以由强度—灰水比关系直线上定出的为达到试配强度所必须的灰水比值。

（c）粗、细骨料用量 m'_{ga}、m'_{sa}——取基准配合比中的粗、细骨料用量，并按定出的水灰比值作适当调整。

b. 按实测的混凝土拌合物的毛体积密度值修正配合比

（a）先计算混凝土的理论密度 ρ_h。

混凝土的理论密度为

$$\rho_h = m'_{ca} + m'_{sa} + m'_{ga} + m'_{wa} \tag{11-15}$$

式中　　　　ρ_h——混凝土的理论计算密度（kg/m³）；

m'_{ca}、m'_{sa}、m'_{ga}、m'_{wa}——根据强度检验结果修正后，所定出的每立方米混凝土中水泥、细骨料、粗骨料及水的用量（kg）。

（b）计算修正系数 δ。

$$\delta = \frac{\rho'_h}{\rho_h} \tag{11-16}$$

式中　δ——密度修正系数；

ρ'_h——混凝土拌合物实测毛体积密度（kg/m³）；

ρ_h——混凝土的理论计算密度（kg/m³）。

(c) 将混凝土配合比中各项材料用量乘以修正系数，即得最终的试验室配合比。

因为
$$\begin{cases} m_{cb} = \delta m'_{ca} \\ m_{sb} = \delta m'_{sa} \\ m_{gb} = \delta m'_{ga} \\ m_{wb} = \delta m_{wa} \end{cases}$$

所以最终的试验室配合比为：$m_{cb} : m_{sb} : m_{gb} : m_{wb}$。

(4) 确定施工配合比

试验室配合比的确定，是按干燥骨料计算的，而施工现场砂、石材料均为露天堆放，有一定的含水率。因此，施工现场应根据现场砂石的实际含水率的变化，将试验室配合比换算为施工配合比。

设施工现场实测砂、石含水率分别为 $a\%$、$b\%$，则施工配合比的各种材料单位用量为：

$$\begin{cases} m_c = m_{cb} \\ m_s = m_{sb}(1+a\%) \\ m_g = m_{gb}(1+b\%) \\ m_w = m_{wb} - (m_{sb} \times a\% + m_{gb} \times b\%) \end{cases}$$

所以施工配合比为：$m_c : m_s : m_g = 1 : \dfrac{m_s}{m_c} : \dfrac{m_g}{m_c}$；$\dfrac{W}{C} = \dfrac{m_w}{m_c}$

水泥混凝土配合比设计例题

题目：试设计钢筋混凝土 T 形梁用混凝土配合比组成。

原始资料：

(1) 已知混凝土设计强度等级为 C30，无强度历史资料，要求混凝土拌合物坍落度为 30~50mm。桥梁所在地区属寒冷地区。

(2) 组成材料：可供应强度等级 32.5 硅酸盐水泥，密度 $\rho_c = 3.10 \text{g/cm}^3$，富余系数 1.13。砂为中砂，表观密度 $\rho'_s = 2.65 \text{g/cm}^3$，工地实测含水率 3%；碎石最大粒径 $d_{max} = 20\text{mm}$，表观密度 $\rho'_g = 2.70 \text{g/cm}^3$，工地实测含水率 1%。

设计要求：

(1) 计算初步配合比。

(2) 经试拌调整后，按初步配合比得出试验室配合比。

(3) 根据工地实测含水率，计算出施工配合比。

设计步骤：

(1) 计算初步配合比

1) 确定混凝土配制强度 $f_{cu,o}$

由于设计要求混凝土强度 $f_{cu,k} = 30\text{MPa}$，且无历史统计资料，按表 11-14 查出强度标准差 $\sigma = 5.0\text{MPa}$，

所以混凝土的配制强度 $\quad f_{cu,o} = f_{cu,k} + 1.645\sigma = 38.2\text{MPa}$

2) 计算水灰比 W/C

a. 按强度要求计算水灰比

(a) 计算水泥实际强度。采用强度等级 32.5 硅酸盐水泥，$f_{ce,k}=32.5\text{MPa}$；水泥富余系数 $\gamma=1.13$，所以水泥实际强度得：

$$f_{ce}=f_{ce,k}\cdot\gamma_c=36.7\text{MPa}$$

(b) 计算水灰比。根据查表 11-13，取碎石 $\alpha_a=0.46$，$\alpha_b=0.07$，

所以水灰比 $\quad W/C=\alpha_a f_{ce}/(f_{cu,o}+\alpha_a\alpha_b f_{ce})=0.43$

b. 按耐久性校核水灰比

由于混凝土所处环境条件属寒冷地区，查表 11-15，允许最大水灰比为 0.55，按强度计算的水灰比符合耐久性要求，采用水灰比 0.43。

3) 确定单位用水量 m_{wo}

要求混凝土拌合物坍落度为 30~50mm，碎石最大粒径为 20mm，查表 11-16 确定混凝土单位用水量为 $m_{wo}=195\text{kg/m}^3$。

4) 确定单位水泥用量 m_{co}

a. 按强度计算单位水泥用量

因为混凝土单位用水量 $m_{wo}=195\text{kg/m}^3$，水灰比 $W/C=0.43$，

所以混凝土单位用水泥量为 $\quad m_{co}=\dfrac{C}{W}\times m_{wo}=453\text{kg/m}^3$

b. 按耐久性校核单位水泥用量

根据混凝土所处环境条件属寒冷地区配筋混凝土，查表 11-15，得最小水泥用量为 280kg/m³，按强度计算单位水泥用量符合耐久性要求，所以采用水泥用量 453kg/m³。

5) 确定砂率 S_P

根据碎石最大粒径 20mm，水灰比为 0.43，查表 11-17，选定砂率为 $S_P=32.4\%$。

6) 计算粗、细骨料单位用量 m_{go}，m_{so}

a. 采用体积法

$$\begin{cases}\dfrac{m_{co}}{\rho_c}+\dfrac{m_{so}}{\rho_s}+\dfrac{m_{go}}{\rho_g}+\dfrac{m_{wo}}{\rho_w}+10\alpha=1000\\[4pt]\dfrac{m_{so}}{m_{so}+m_{go}}\times 100\%=S_P\end{cases}$$

$$\begin{cases}453/3.10+m_{so}/2.65+m_{go}/2.70+195/1+10=1000\\ [m_{so}/(m_{so}+m_{go})]\times 100=32.4\end{cases}$$

解得 $\quad m_{so}=567\text{kg/m}^3 \quad m_{go}=1185\text{kg/m}^3$

混凝土初步配合比：$m_{co}:m_{so}:m_{go}=1:1.25:2.62$；$W/C=0.43$

b. 采用质量法

$$\begin{cases}m_{co}+m_{so}+m_{go}+m_{wo}=\rho_h\\[4pt]\dfrac{m_{so}}{m_{so}+m_{go}}\times 100\%=S_P\end{cases}$$

根据表 11-18，选定混凝土毛体积密度 $\rho_h=2400\text{kg/m}^3$，则

$$\begin{cases}453+m_{so}+m_{go}+195=2400\\ [m_{so}/(m_{so}+m_{go})]\times 100=32.4\end{cases}$$

解得 $\quad m_{so}=567\text{kg/m}^3 \quad m_{go}=1185\text{kg/m}^3$

混凝土初步配合比：$m_{co} : m_{so} : m_{go} = 1 : 1.25 : 2.62$；$W/C = 0.43$

(2) 试拌调整，提出基准配合比

1) 计算试拌材料用量

按计算初步配合比（以体积法计算结果为例）试拌 15L 混凝土拌合物，各种材料用量：

$$\begin{cases} 水泥 & 453 \times 0.015 = 6.80 \text{kg} \\ 水 & 195 \times 0.015 = 2.93 \text{kg} \\ 砂 & 567 \times 0.015 = 8.51 \text{kg} \\ 碎石 & 1185 \times 0.015 = 17.78 \text{kg} \end{cases}$$

2) 调整工作性，提出基准配合比

按计算材料用量拌制混凝土拌合物，测定其坍落度为 60mm，未满足题给的施工和易性 30~50mm 的要求。为此，保持水灰比不变，减少 2% 水泥浆，重新拌合，测得坍落度为 45mm，且粘聚性和保水性亦良好，满足施工和易性要求。各材料实际用量：

$$\begin{cases} 水泥 & 6.80 \times (1-2\%) = 6.66 \text{kg} \\ 水 & 2.93 \times (1-2\%) = 2.87 \text{kg} \\ 砂 & 8.51 \text{kg} \\ 碎石 & 17.78 \text{kg} \end{cases}$$

基准配合比为 $m_{ca} : m_{sa} : m_{ga} = 1 : 1.28 : 2.67$；$W/C = 0.43$

(3) 检验强度 确定试验室配合比

1) 检验强度

采用水灰比分别为 0.38，0.43，0.48，拌制三组混凝土拌合物。其各组成材料称量为：砂、石用量不变，水用量不变，分别为 8.51kg，17.78kg，2.87kg。根据不同水灰比计算出水泥用量分别为 7.55kg，6.66kg，5.98kg。除基准配合比外，其他两组检验工作性均合格。由三组配合比制作试件，养护 28d 后测其抗压强度为：

$$\begin{cases} W/C = 0.38 \cdots\cdots 41 \text{MPa} \\ W/C = 0.43 \cdots\cdots 35 \text{MPa} \\ W/C = 0.48 \cdots\cdots 32 \text{MPa} \end{cases}$$

混凝土强度与灰水比关系曲线如图 11-8 所示。

由图 11-8 可知，相应与混凝土配制强度 38.2MPa 的灰水比值为 2.55，即水灰比为 0.39。

2) 确定试验室配合比

按强度修正后混凝土各材料用量为：

用水量

$m_{wb} = 195 \times (1-2\%) = 191 \text{kg/m}^3$

水泥用量

$m_{cb} = 191/0.39 = 490 \text{kg/m}^3$

砂、石用量按体积法计算

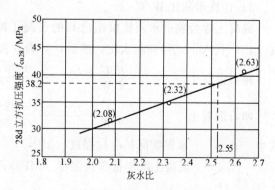

图 11-8 混凝土 28d 抗压强度与灰水比关系曲线

$$\begin{cases} 490/3.10 + m_{so}/2.65 + m_{go}/2.70 + 191/1 + 10 = 1000 \\ [m_{so}/(m_{so}+m_{go})] \times 100 = 32.4 \end{cases}$$

解得 $m_{so}=557\text{kg/m}^3$ $m_{go}=1162\text{kg/m}^3$

混凝土理论密度为 $\rho_h = (490+557+1162+191)\text{kg/m}^3 = 2400\text{kg/m}^3$

校正系数 $\delta = \rho'_h/\rho_h = 1.00$

修正后混凝土各材料用量不变。

$$\begin{cases} 水泥 & m_{cb}=490\text{kg/m}^3 \\ 水 & m_{wb}=191\text{kg/m}^3 \\ 砂 & m_{sb}=557\text{kg/m}^3 \\ 碎石 & m_{gb}=1162\text{kg/m}^3 \end{cases}$$

试验室配合比为：$m_{cb}:m_{sb}:m_{gb}:m_{wb} = 1:1.14:2.37:0.39$

(4) 换算施工配合比

试验室配合比由骨料干燥状态求出（计算过程中的公式、表格均以骨料干燥状态为准）。现根据砂石材料含水率，计算施工配合比：

水泥用量 $m_c = 490\text{kg/m}^3$

砂用量 $m_s = 557 \times (1+3\%) = 574\text{kg/m}^3$

碎石用量 $m_g = 1162 \times (1+1\%) = 1174\text{kg/m}^3$

水用量 $m_w = [191-(557\times 3\% + 1162\times 1\%)] = 163\text{kg/m}^3$

施工配合比为：$m_c:m_s:m_g = 1:1.17:2.40 \quad W/C=0.39$

1.3.2 路面混凝土配合比设计方法

路面水泥混凝土配合比设计，应满足施工工作性、抗弯拉强度、耐久性（包括耐磨性）和经济性的要求。

(1) 计算初步配合比

1) 确定配制强度 $f_{cf,o}$

$$f_{cf,o} = K f_{cf,k} \tag{11-17}$$

式中 $f_{cf,o}$——混凝土配制抗弯拉强度（MPa）；

$f_{cf,k}$——混凝土设计抗弯拉强度（MPa）；

K——系数，施工水平较好的单位取 $K=1.10$，施工水平一般的单位取 $K=1.15$。

2) 计算水灰比 W/C

混凝土拌合物的水灰比根据已知的混凝土配制抗弯拉强度 $f_{cf,o}$ 和水泥的实际弯拉强度 $f_{ce,f}$，代入下式得到灰水比，然后计算为水灰比。

碎石混凝土 $$\frac{C}{W} = \frac{f_{cf,o} + 1.0079 - 0.3485 f_{ce,f}}{1.5684} \tag{11-18}$$

卵石混凝土 $$\frac{C}{W} = \frac{f_{cf,o} + 1.5492 - 0.4565 f_{ce,f}}{1.2684} \tag{11-19}$$

式中 $f_{ce,f}$——水泥实际抗弯拉强度（MPa）；

$f_{cf,o}$——混凝土配制抗弯拉强度（MPa）；

$\dfrac{C}{W}$——灰水比，路面混凝土水灰比一般在 0.40~0.50 范围内。

3) 计算单位用水量 m_{wo}

混凝土拌合物每 $1m^3$ 的用水量，按下式确定：

$$碎石混凝土 \quad m_{wo}=104.97+3.09H+11.27\frac{C}{W}+0.61S_P \quad (11-20)$$

$$砾（卵）石混凝土 \quad m_{wo}=86.89+3.70H+11.24\frac{C}{W}+1.00S_P \quad (11-21)$$

式中 m_{wo}——单位用水量（m^3）；

H——混凝土拌合物坍落度（cm）；

S_P——砂率（%），见表 11-17。

按上式计算得的用水量是按骨料为饱和面干含水量计算的用水量。砂为粗砂或细砂时，用水量应酌情减少或增加 50kg。

4) 计算单位水泥用量 m_{co}

混凝土拌合物每 $1m^3$ 水泥用量为

$$m_{co}=m_{wo}\times\frac{C}{W} \quad (11-22)$$

路面混凝土单位水泥用量一般不小于 $300kg/m^3$，不大于 $360kg/m^3$。

5) 计算砂、石材料单位用量 m_{so}、m_{go}

砂石材料单位用量可按前述体积法确定

$$\frac{m_{co}}{\rho_c}+\frac{m_{so}}{\rho'_s}+\frac{m_{go}}{\rho'_g}+\frac{m_{wo}}{\rho_w}+10\alpha=1000 \quad (11-23)$$

$$\frac{m_{so}}{m_{so}+m_{go}}\times100\%=S_P \quad (11-24)$$

式中 m_{co}、m_{so}、m_{go}、m_{wo}——$1m^3$ 混凝土中水泥、砂、石、水的用量（kg）；

ρ_c、ρ_w——水泥、水的密度（g/cm^3）；

ρ'_s、ρ'_g——砂、石的饱和面干密度（g/cm^3）；

S_P——砂率（%）。

(2) 试拌调整并提出基准配合比

1) 试拌。取施工现场实际材料（考虑含水率增减与前同），配制 $0.03m^3$ 混凝土拌合物。

2) 测定工作性。测定坍落度（或维勃稠度），并观察粘聚性和保水性。

3) 调整配合比。如流动性不符合要求，应在水灰比不变情况下，增减水泥浆用量；如粘聚性和保水性不符合要求，应调整砂率。

4) 提出基准配合比。根据调整后的混凝土组成材料，提出一个流动性，粘聚性和保水性均符合要求的基准配合比。

(3) 强度测定，确定试验室配合比

1) 制备抗弯拉强度试件。按基准配合比，增加和减少水灰比 0.03，再计算两组配合比，用三组配合比制备抗弯拉强度试件。

2) 抗弯拉强度测定。三组试件经 28d 在标准条件下养护后，按标准方法测定其抗弯拉强度。

3) 确定试验室配合比。根据抗弯拉强度，确定符合工作性和强度要求，并且经济合理的试验室配合比。

(4) 换算施工配合比

根据施工现场材料性质,按砂石天然含水率及饱和面干含水率,对试验室配合比进行换算,最后得出施工配合比。换算施工配合比时按下式计算

$$\begin{cases} m_c = m_{cb} \\ m_s = m_{sb}[1+(\omega_s - \omega_{xs})] \\ m_g = m_{gb}[1+(\omega_g - \omega_{xg})] \\ m_w = m_{wb} - [m_{sb}(\omega_s - \omega_{xs}) + m_{gb}(\omega_g - \omega_{xg})] \end{cases}$$

式中 m_{cb}、m_{sb}、m_{gb}、m_{wb}——满足工作性、强度要求,并且经济合理的混凝土中水泥、砂、石、水的单位用量(kg/m³);

ω_s、ω_g——砂、石天然含水率(%);

ω_{xs}、ω_{xg}——砂、石饱和面干含水率(%)。

1.4 普通水泥混凝土的质量控制

1.4.1 混凝土质量的波动

混凝土是由水泥、水、细骨料和粗骨料组成的一种非匀质材料,其质量受到下列因素的影响而发生波动。

(1) 原材料的质量和配合比

混凝土组成材料中水泥的质量对混凝土的影响极为显著,如水泥实际强度的波动,将直接影响混凝土强度的波动。另外,施工现场骨料含水率的变化,以及现场骨料的混杂或泥土的混入均会引起混凝土质量的波动。

(2) 施工工艺

混凝土施工的各个环节如拌合方式(人工或机械)、运输时间、浇灌和振捣情况以及养护时间、湿度等,均对混凝土的质量波动有明显影响。

1.4.2 混凝土的质量评定

在道路与桥梁工程中,评定混凝土质量的强度,一般以标准条件下、养护28d后的立方体试件的抗压强度值来表示。为此必须有足够数量的混凝土试验值来反映混凝土总体的质量。为使抽取的混凝土试样更有代表性,规范规定:混凝土试样应在浇灌地点随机地抽取。当经试验证明搅拌机卸料口和浇筑地点混凝土的强度无显著差异时,混凝土试样也可在卸料口随机抽取。

规范还规定,混凝土强度应分批进行检验评定,一个验收批的混凝土应由强度等级相同、龄期相同,以及生产工艺条件和配合比基本相同的混凝土组成。对于施工现场骨料搅拌的混凝土,其强度检验评定按统计方法进行。对零星生产的预制构件中的混凝土或现场搅拌的批量不大的混凝土,不能获得统计方法所必需的试件组数时,可按非统计方法检验评定混凝土强度。

1.4.3 混凝土强度的评价方法

根据《混凝土强度检验评定标准》(GBJ 107—87)规定,混凝土的评定可分为统计方法和非统计方法两种。

(1) 统计方法(已知标准差方法)

当混凝土生产条件在较长时间内能保持一致，且同一品种混凝土的强度变异性能保持稳定时，应由连续的三组试件代表一个验收批。其强度应同时符合下式的要求。

$$\begin{cases} m_{fcu} \geqslant f_{cu,k} + 0.7\sigma_0 & (11-25) \\ f_{cu,min} \geqslant f_{cu,k} - 0.7\sigma_0 & (11-26) \end{cases}$$

当混凝土强度等级不高于 C20 时，其强度最小值应满足

$$f_{cu,min} \geqslant 0.85 f_{cu,k} \quad (11-27)$$

当混凝土强度等级高于 C20 时，其强度最小值应满足

$$f_{cu,min} \geqslant 0.90 f_{cu,k} \quad (11-28)$$

式中　m_{fcu}——同一验收批混凝土强度的平均值（MPa）；
　　　$f_{cu,k}$——设计的混凝土强度标准值（MPa）；
　　　$f_{cu,min}$——同一验收批混凝土强度的最小值（MPa）；
　　　σ_0——验收批混凝土强度的标准差（MPa）。

验收批混凝土强度标准差 σ_0，应根据前一个检验期（不超过三个月）内同一品种混凝土试件强度资料按下式确定。

$$\sigma_0 = \frac{0.59}{m} \sum_{i=1}^{m} \Delta f_{cu,i} \quad (11-29)$$

式中　$\Delta f_{cu,i}$——第 i 批试件立方体抗压强度最大值与最小值之差（MPa）；
　　　m——用以确定验收批混凝土立方体抗压强度标准差的资料总组数。

（2）统计方法（未知标准差方法）

当混凝土生产条件不能满足前述规定，或在一个检验期内的同一品种混凝土没有足够的资料用以确定验收批混凝土强度的标准差时，应由不少于 10 组的试件代表一个验收批，其强度应同时符合下式的要求。

$$\begin{cases} m_{fcu} - \lambda_1 S_{fcu} \geqslant 0.9 f_{cu,k} & (11-30) \\ f_{cu,min} \geqslant \lambda_2 f_{cu,k} & (11-31) \end{cases}$$

式中　λ_1、λ_2——合格判定系数，见表 11-19；
　　　S_{fcu}——验收混凝土强度的标准差（MPa）。

混凝土强度的合格判定系数　　　　　　　　　　　　　　　表 11-19

试件组数	10～14	15～21	≥25
λ_1	1.70	1.65	1.60
λ_2	0.90	0.85	0.85

当 S_{fcu} 的计算值小于 $0.06 f_{cu,k}$ 时，取 $S_{fcu} = 0.06 f_{cu,k}$。

验收批混凝土强度的标准差 $f_{cu,k}$ 可按下式计算。

$$S_{fcu} = \sqrt{\frac{\sum_{i=1}^{n} f_{cu,i}^2 - n m_{fcu}^2}{n-1}} \quad (11-32)$$

式中 $f_{cu,i}$——验收批第 i 组混凝土试件的强度值（MPa）；
n——验收批混凝土试件的总组数。

(3) 非统计方法

按非统计方法评定混凝土强度时，其所保留强度应同时满足下式要求：

$$\begin{cases} m_{fcu} \geqslant 1.15 f_{cu,k} & (11-33) \\ f_{cu,min} \geqslant 0.95 f_{cu,k} & (11-34) \end{cases}$$

课题2 其他功能混凝土

2.1 高强混凝土

强度等级不低于C50的混凝土称为高强混凝土，为了减轻自重、增大跨度，现代高架公路、立体交叉和大型桥梁等混凝土结构均采用高强混凝土。为了保证混凝土质量，达到应有的强度，通常采用下列几方面的综合措施：

(1) 选用优质高强的水泥，水泥矿物成分中 C_3S 和 C_2S 含量应较高，特别是 C_3S 含量要高。骨料应选用高强、有棱角、密致而无空隙和软弱夹杂物的材料，并且要求有最佳级配；高强混凝土均需采用减水剂及其他外加剂，应选用优质高效的减水剂来提高混凝土强度。

(2) 采用增加水泥中早强和高强的矿物成分含量，提高水泥的磨细度和采用压蒸养护的方法，来改善水泥的水化条件以达到高强度。

(3) 采用加压脱水成形法、超声高频振动以及掺减水剂的方法来提高混凝土的密实度，而使混凝土的强度得以提高。

(4) 掺加各种高聚物，增强骨料和水泥的粘附性，采用纤维增强等措施，也可提高混凝土强度，而得到高强混凝土。

2.2 轻骨料混凝土

用轻粗骨料、轻细骨料（或普通砂）和水泥配制的混凝土，其干表观密度不大于 $1900kg/cm^3$，称为轻骨料混凝土。

由于轻骨料种类较多，故轻骨料混凝土常以轻骨料的种类命名，如粉煤灰陶粒混凝土、黏土陶粒混凝土、浮石混凝土、页岩陶粒混凝土等。

2.2.1 轻骨料的种类和性质

(1) 轻骨料的种类

凡粒径在5mm以上，松装密度小于 $1000kg/m^3$ 者，称为轻粗骨料。粒径小于5mm，松装密度小于 $1100kg/m^3$ 者，称为轻细骨料（又称轻砂）。

轻骨料按原料分为三类。

1) 工业废渣轻骨料：以工业废渣为原料，经加工而成的轻质骨料，如粉煤灰陶粒、煤矸石陶粒、膨胀矿渣、煤渣等。

2) 天然轻骨料：以天然形成的多孔岩石经加工而成的轻质骨料，如浮石、火山渣等。

3）人工轻骨料：以地方材料为原料，经加工而成的轻质骨料，如页岩陶粒、黏土陶粒等。

（2）轻骨料技术性质

轻骨料混凝土的性质很大程度上取决于轻骨料的性质。

1）颗粒级配。轻骨料混凝土的粗骨料级配，按现行规范只控制最大、最小和中间粒径的含量及其空隙率。自然级配的空隙率应不大于50%。

2）筒压强度和强度标号。轻骨料混凝土破坏与普通混凝土不同，它不是沿着砂、石与水泥石结构面破坏，而是由于轻骨料本身强度较低首先破坏，因此轻骨料强度对混凝土强度有较大影响。

轻骨料强度的测定方法有两种：a. 筒压强度，筒压强度是将10~20mm粒级轻粗骨料按要求装入规定尺寸的承压筒中，当压头压入20mm深时的压力值，除以承压面积，用以表示颗粒的平均相对强度。轻粗骨料在圆筒内受力状态是点接触，多向挤压破坏，筒压强度只是相对强度，而不是轻粗骨料颗粒极限抗压强度，并不能反映轻骨料在混凝土中的真实强度。b. 强度标号，用测定规定配合比的轻砂混凝土和其砂浆组分的抗压强度的方法来求得混凝土中轻粗骨料的真实强度，并以"混凝土合理强度值"作为轻粗骨料强度标号。

3）吸水率。轻骨料的吸水率一般都比普通砂石大，并且1h吸水极快，24h后几乎不再吸水。国家标准对轻骨料1h吸水率的规定是：粉煤灰陶粒不大于22%；黏土陶粒和页岩陶粒不大于10%。

2.2.2 轻骨料混凝土的技术性质

（1）强度等级

轻骨料混凝土按立方体抗压强度划分为CL5.0、CL7.5、CL10、CL15、CL20、CL25、CL30、CL35、CL40、CL45和CL50等11个强度等级。桥梁结构用轻骨料混凝土，其强度等级为CL15以上的八个强度等级。

（2）弹性模量

轻骨料混凝土的应变值比普通混凝土大，弹性模量为同强度等级普通混凝土的50%~70%。

（3）徐变

轻骨料混凝土由于轻骨料的弹性模量较小，限制变形能力较低，水泥用量较大，因而其徐变变形较普通混凝土为大。

2.2.3 工程应用

轻骨料混凝土应用于桥梁工程，可减轻自重、增大跨度、节约工程投资，但是由于轻骨料混凝土的弹性模量较低和徐变较大等问题还需进一步研究，目前仅应用于中小型桥梁，大跨度桥梁应用较少。

2.3 流态混凝土

流态混凝土是在预拌的坍落度为80~120mm的基体混凝土拌合物中，加入高效减水剂（流化剂），经过一次搅拌，使基准混凝土拌合物的坍落度顿时增加至180~220mm，能自流填满模板或钢筋间隙的混凝土。

流态混凝土具有下列特点：

(1) 流动性大、浇筑性好。流态混凝土流动性好，坍落度在 200mm 以上，便于泵送。浇筑后，可以不振捣，因为它具有自密性。

(2) 减少用水量，提高混凝土性能。由于流化剂可大幅度减少用水量，如水泥用量不变，则可在保证流动性的前提下减少水灰比，因而可提高混凝土的强度和耐久性。

(3) 降低浆骨比、减少收缩。流态混凝土是依赖流化剂的流化效应来提高其流动性，如果保持水灰比不变，在减少用水量的同时，也节约了水泥用量，这样拌合物中水泥浆的体积减少后，则可减少混凝土硬化后的收缩率，避免收缩裂缝。

(4) 不产生离析和泌水。由于流化剂的作用，在用水量较小的情况下，而具有大的流动性，所以它不会像普通混凝土那样产生离析和泌水。

流态混凝土在道路与桥梁工程中应用日益广泛，斜拉桥的混凝土主塔，以及地铁的衬砌封顶等均须采用流态混凝土。但由于流态混凝土的耐磨性较基体混凝土稍差，作为路面混凝土应考虑提高耐磨性措施。

2.4 纤维增强混凝土

纤维增强混凝土是指在混凝土中掺入一些低碳钢、不锈钢或玻璃钢的纤维即成为一种均匀而多向配筋的混凝土。

钢纤维与混凝土组成复合材料后，可使混凝土的抗弯拉强度、抗裂强度、韧性和冲击强度等性能得到改善，所以钢纤维混凝土广泛应用于道路与桥隧工程中。如机场道面、高等级路面、桥梁桥面铺装和隧道衬砌等工程。

课题3　建筑砂浆

建筑砂浆是由胶凝材料、细骨料、水按比例配制而成的材料。根据用途建筑砂浆分为砌筑砂浆、抹面砂浆、装饰砂浆及特种砂浆。在道路和桥隧工程中，砂浆主要用于砌筑挡土墙等圬工砌体及砌块表面的抹面，因此下面主要介绍砌筑砂浆和抹面砂浆。

3.1 砌筑砂浆的组成材料

3.1.1 水泥

常用的各种水泥均可作为砂浆的结合料。但水泥的强度等级不宜大于 32.5MPa，若是水泥混合砂浆采用的水泥，其强度等级不宜大于 42.5MPa。

3.1.2 掺加料与塑化剂

为改善砂浆的和易性，砂浆中可加入各种掺加料（如石灰膏、黏土膏等）或有机塑化剂（如微沫剂、皂化松香等）。

3.1.3 砂

砌筑砂浆用砂一般为中砂，并对砂的最大粒径、含泥量等加以限制。

3.1.4 水

拌制砂浆用水与混凝土用水相同。

3.2 砌筑砂浆的技术性质

配制出来的砂浆应满足要求的和易性,满足砂浆品种和强度等级的要求,并应具有足够的粘结力。

3.2.1 和易性

和易性指砂浆的拌合物在施工中易于操作,又能保证砌筑质量的性质。包括稠度和保水性两方面内容。和易性好的砂浆,在运输和操作过程中,不会出现分层、离析和泌水的现象,同时容易在粗糙材料的地面上铺成均匀的薄层,使砌筑层灰缝饱满密实,能形成具有较高粘结强度的砌体。

(1) 稠度

稠度又称流动性,是指新拌砂浆在自重或外力作用下流动的性能,用沉入度表示。

砂浆稠度的大小是以砂浆稠度测定仪的圆锥沉入砂浆内深度的毫米(mm)数表示。圆锥沉入的深度越深,表明砂浆的流动性越大。砂浆的流动性不能过大,否则强度会下降,并且会出现分层、析水的现象;流动性过小,砂浆偏干,又不便于施工操作,灰缝不易填充,所以新拌的砂浆应具有要求的稠度,测定稠度时应使稠度仪的锥顶(锥顶角为30°,锥的质量为300g)与被测砂浆表面相接触,靠锥的自重,经过10s 的自由沉入时间所沉入砂浆的深度作为砂浆的稠度指标。

影响砂浆流动性的主要因素有:所用胶凝材料的品种与数量、掺合料的品种与数量、砂子的粗细与级配状况、用水量及搅拌时间等。当砂浆的原材料确定后,流动性的大小主要决定于用水量,因此,施工中常以用水量的多少来调整砂浆的稠度。

砌筑砂浆的稠度应根据砌体种类从表11-20中选定。

砌筑砂浆的稠度(JGJ 98—2000) 表11-20

砌体种类	砂浆稠度/mm	砌体种类	砂浆稠度/mm
烧结普通砖砌体	70~90	烧结普通砖平拱式过梁 空斗墙、筒拱 普通混凝土小型空心砌块砌体 加气混凝土砌块砌体	50~70
轻骨料混凝土小型空心砌块砌体	60~90		
烧结多孔砖、空心砖砌体	60~80	石砌体	30~50

(2) 保水性

砂浆的保水性是指砂浆能保存水分的能力。保水性不好的砂浆,在运输和放置过程中,容易泌水离析,失去流动性,不易铺成均匀的薄层,或水分易被砖很快地吸走,影响水泥正常硬化,降低砂浆与砖面的粘结力,导致砌体质量下降。

砂浆拌合物中的骨料因自重下沉时,水分相对要离析而上升,造成上下层稠度的差别,这种差别用分层度表示,它是表示砂浆保水性好坏的技术指标。

砂浆分层度可用砂浆分层度测筒进行测定。将新拌合的砂浆,装入用金属板做成的测筒中(筒内径为150mm,高 300mm,分上下两节,上下高 200mm,无底,下节高100mm,有底),按测稠度的方法测出沉入度后,静置 30min,去掉上节(连同上节内的砂浆),将下节筒中的砂浆重拌均匀,再测其沉入度,两次沉入度的差就是该砂浆的分层度。

《砌筑砂浆配合比设计规程》(JGJ 98—2000) 规定：砌筑砂浆的分层度应控制在 30mm 以内。分层度大于 30mm，砂浆容易产生泌水、分层或水分流失过快等现象而不便于施工操作；但分层度过小砂浆过于干稠，也影响操作和工程质量。

砌筑砂浆的保水性要求也随基底材料的种类（多孔的，或密实的）、施工条件和气候条件而变。提高砂浆的保水性常采取掺入适量的有机塑化剂或微沫剂的方法，不应采取提高水泥用量的途径解决。

3.2.2 强度

砂浆在砌体中的主要作用是传递压力，所以，硬化后的砂浆应具有足够的抗压强度，砂浆的强度等级就是根据其抗压强度来划分的。

砌筑砂浆的强度是以边长为 70.7mm 的立方体试件，一组 6 个，按规定的方法成型并经标准养护 28d 后，测得的抗压强度平均值来表示。根据《砌筑砂浆配合比设计规程》(JGJ 98—2000) 的规定，砌筑砂浆的强度可分为 M20、M15、M10、M7.5、M5.0 和 M2.5 六个强度等级，例如，M7.5 表示砂浆 28d 的抗压强度不低于 7.5MPa。

影响砌筑砂浆强度的因素很多，如水泥的强度、水泥用量、水灰比、砂子质量等，但最主要的影响因素是所砌筑的基层材料的吸水性，现将一般砌砖砂浆强度作如下分析。

砌砖砂浆是指摊铺在多孔吸水的基底上的砂浆。虽然砂浆具有一定的保水性，但因基底材料吸水能力强，砂浆中一部分水分被吸走，此时砂浆的强度主要决定于水泥的用量和水泥的强度，其强度计算公式如下：

$$f_{m,0} = \frac{\alpha \cdot f_{ce} Q_C}{1000} + \beta \tag{11-35}$$

式中 $f_{m,0}$——砂浆的试配强度（MPa）；

f_{ce}——水泥的实测强度（MPa）；

Q_C——每立方米砂浆的水泥用量（kg/m³）；

α, β——砂浆的特征系数，其中 $\alpha = 3.03$，$\beta = -15.09$。

上述 Q_C 是指 1m³ 干砂配制 1m³ 砂浆时的水泥用量。

若采用水泥混合砂浆时，掺入的混合料应按下式计算：

$$Q_D = Q_A - Q_C \tag{11-36}$$

式中 Q_D——每立方米砂浆掺入的混合料（kg/m³）；

Q_A——每立方米砂浆中胶凝材料和掺入的混合材料的总量（kg/m³）；

Q_C——每立方米砂浆的水泥用量（kg/m³）。

3.2.3 粘结力

砂浆与砌筑材料粘结力的大小，直接影响到砌体的强度、耐久性和抗震性能。一般情况下，砂浆的抗压强度越高，与砌筑材料的粘结力也越大。此外，砂浆与砌筑材料的粘结状况与砌筑材料表面的状态、洁净程度、湿润状况、砌筑操作水平以及养护条件等因素也有着直接关系。

3.3 砌筑砂浆配合比设计

设计时可查阅相关的技术资料或施工手册来选定相应的配合比，然后在进行试配、调整，最终确定出施工配合比。当无资料可查时，也可以根据工程上所需要的砂浆的强度等级进行配合比设计，其设计步骤如下：

3.3.1 初步配合比的确定

《砌筑砂浆配合比设计规程》（JGJ 98—2000）规定，水泥混合砂浆和水泥砂浆的初步配合比按不同的方法确定。

（1）水泥混合砂浆的初步配合比设计

1）计算砂浆的试配强度

$$f_{m,o} = f_2 + 0.645\sigma \tag{11-37}$$

式中 $f_{m,o}$——砂浆的试配强度，计算时精确至 0.1MPa；

f_2——砂浆的设计强度，精确至 0.1MPa；

σ——砌筑砂浆现场强度标准差，精确至 0.01MPa。

2）计算每立方米砂浆中水泥用量

$$Q_C = \frac{1000(f_{m,o} - \beta)}{\alpha f_{ce}} \tag{11-38}$$

式中 Q_C——每立方米砂浆的水泥用量（kg/m³）；

$f_{m,o}$——砂浆的试配强度，计算时精确至 0.1MPa；

f_{ce}——水泥的实测强度（MPa）；

α，β——砂浆的特征系数（$\alpha=3.03$、$\beta=-15.09$）。

砂浆强度标准差 σ 选用值　　　　　　　　　　　　表 11-21

施工水平 \ 强度等级	M2.5	M5	M7.5	M10	M15	M20
优良	0.5	1.00	1.50	2.00	3.00	4.00
一般	0.62	1.25	1.88	2.50	3.75	5.00
较差	0.75	1.50	2.25	3.00	4.50	6.00

3）计算掺加量用量

$$Q_D = Q_A - Q_C \tag{11-39}$$

式中 Q_D——每立方米砂浆中掺加料用量，精确至 1kg；

Q_A——每立方米砂浆中水泥和掺加料的总量，精确至 1kg，宜在 300～350kg 之间；

Q_C——每立方米砂浆中水泥用量，精确至 1kg。

4）确定砂子用量

$$Q_S = \rho'_{o,s} \times V_o \tag{11-40}$$

式中 Q_S——每立方米砂浆用砂量，精确至 1kg；

$\rho'_{o,s}$——砂子干燥状态（含水率小于 0.5%）的堆积密度值（kg/m³）；

V_o——每立方米砂浆所用砂子的堆积体积，当采用干砂时，V_0 取 1m³。

5）确定用水量 Q_W

根据砂浆的稠度，用水量可在 240～310kg 之间选用。

注：(a) 混合砂浆中的用水量，不包括石灰膏或黏土膏中的水；

(b) 当采用细砂或粗砂时，用水量分别取上限或下限；

(c) 稠度小于 70mm 时，用水量可小于下限；

(d) 施工现场气候炎热或干燥季节，可酌情增加用水量。

(2) 水泥砂浆初步配合比的确定

一般情况下，当水泥强度等级为32.5MPa时，砂浆中各材料用量可从表11-22中选定。

每立方米水泥砂浆材料用量 表11-22

砂浆强度等级	每立方米砂浆水泥用量(kg)	每立方米砂浆中砂子用量(kg)	每立方米砂浆用水量(kg)
M2.5~M5	200~230		
M7.5~M10	220~280	$1m^3$ 砂子的堆积密度值	270~330
M15	280~340		
M20	340~400		

3.3.2 配合比的试配与调整，以确定设计配合比
(1) 选取符合要求的材料和适当的搅拌方法；
(2) 按基准配合比和比基准配合比分别增减10%水泥用量的三个配合比，进行试拌；
(3) 在保证稠度和分层度的条件下，可调整用水量和掺加料数量，以使和易性更好；
(4) 制作标准试件，并经标准养护28d，测定砂浆的抗压强度，选用其中符合配制强度要求且水泥用量最少的那组砂浆配合比作为设计配合比。

3.4 抹面砂浆

抹面砂浆又称抹灰砂浆，是指抹于建筑物或构筑物表面上的砂浆。按其功能不同，又分为一般抹面砂浆和装饰抹面砂浆两大类。为了便于施工，保证工程质量，抹面砂浆主要应该具有较好的和易性及粘结力。

3.4.1 一般抹面砂浆

一般抹面砂浆的功用是保护建筑物不受风、雨、雪和大气中有害气体的侵蚀，提高砌体的耐久性并使建筑物保持光洁，增加美观。

抹面砂浆有外墙使用和内墙使用两种。为保证抹灰层表面平整，避免开裂与脱落，施工时通常分底层、中层和面层三个层次涂抹。

各层砂浆的稠度和砂子的最大粒径见表11-23。

抹面砂浆材料及稠度 表11-23

抹面砂浆层次	沉入度(mm)	砂的最大粒径(mm)
底层	100~120	2.5
中层	70~90	2.5
面层	70~80	1.2

底层砂浆主要起与基底材料粘结的作用。要根据所用基底材料的不同，选用不同种类的砂浆。如砖墙常用白灰砂浆，但当有防潮、防水要求时，则要选用水泥砂浆；对于混凝土基底，宜选用混合砂浆或水泥砂浆；板条、苇箔上的抹灰，多用掺麻刀的砂浆。中层砂浆主要起找平的作用，所使用的砂浆基本上与底层相同。面层砂浆主要起装饰作用并兼对墙体进行保护，通常要求使用较细的砂子，且要求施抹平整，色泽均匀。为了防止表面开裂，常往砂浆中掺入些麻刀，起到拉结作用。

抹面砂浆的配合比一般采用体积比，抹灰工程中常用的配合比见表11-24。

常用抹面砂浆配合比及应用　　　　　　　表 11-24

材　　料	配合比（体积比）	应　用　范　围
石灰：砂子	1：2～1：4	用于砖石墙的表面（檐口、勒脚、女儿墙以及潮湿房间的墙除外）
石灰：黏土：砂子	1：1：4～1：1：8	干燥环境的墙表面
石灰：石膏：砂子	1：0.4：2～1：1：3	用于不潮湿房间的木质表面
石灰：石膏：砂子	1：0.6：2～1：1.5：3	用于不潮湿的墙及天花板
石灰：石膏：砂子	1：2：2～1：2：4	用于不潮湿房间的踢脚线及其他装饰工程
石灰：水泥：砂子	1：0.5：4.5～1：1：6	用于檐口、勒脚、女儿墙外脚及比较潮湿的一切部位
水泥：砂子	1：3～1：2.5	用于浴室、潮湿车间墙裙、勒脚等或地面基层
水泥：砂子	1：2～1：1.5	用于地面、天棚或墙面面层
水泥：砂子	1：0.5～1：1	用于混凝土地面，随时压光
水泥：石膏：砂子：锯末	1：1：3：5	用于吸声粉刷
水泥：白石子	1：2～1：1	用于水磨石（打底用1：2.5水泥砂浆）
水泥：石灰：白石子	1：(0.5～1)：(1.5～2)	用于水刷石（打底用1：2～1：2.5水泥砂浆）
水泥：石子	1：1.5	用于剁假石（打底用1：2～1：2.5水泥砂浆）
水泥：麻刀	100：2.5（重量比）	用于木板条、天棚的底层
白灰膏：麻刀	100：1.3（重量比）	用于木板条天棚的面层（或100kg灰膏加3.8kg纸筋）

3.4.2 装饰抹面砂浆

装饰抹面砂浆是用于室内外装饰以增加建筑物美感为主要目的的砂浆，因而它应具有特殊的表面形式及不同的色泽与质感。

装饰抹面砂浆常以白水泥、石灰、石膏或普通水泥为胶结材料，以白色、浅色或彩色的天然砂、大理石及花岗石的石粒或特制的塑料色粒为骨料。为了进一步满足人们对建筑艺术的需求，还可以利用各种矿物颜料调制成多种色彩，但所加入的颜料应具有耐碱和不溶解等性质。

装饰砂浆的表面可以进行各种艺术性的处理，以形成不同形式的风格，达到不同的建筑艺术效果。如制成水磨石、水刷石、剁假石、麻点、干粘石、粘花、拉毛、拉条以及人造大理石等。但这些装饰工艺有它固有的缺点，如需要多层次湿作业、劳动强度大、效率低等，所以，近年来广泛以喷涂、弹涂或滚涂等新工艺来替代，效果较好。

复习思考题

1. 配制混凝土时水泥品种和强度等级的选用原则是什么？
2. 为何需确定混凝土中粗骨料的最大粒径？确定混凝土中粗骨料最大粒径时有些什么具体规定？
3. 普通水泥混凝土应具备哪些技术性质？并说明这些技术性质的含义。
4. 如何确定新拌混凝土的坍落度？若坍落度达不到施工要求时应采取哪些改进措施？
5. 什么是砂率？配混凝土时如何确定最佳砂率？

6. 混凝土试模尺寸的选择原则是什么？怎样进行非标准试件强度的折算？
7. 试述影响水泥混凝土强度的因素。
8. 什么是碱—骨料反应？说明这种反应有什么危害。如何控制这种反应的发生？
9. 水泥混凝土组成设计包括哪些内容？在设计时应如何满足要求？
10. 砌筑砂浆由哪些材料组成？与混凝土的组成有什么不同？
11. 砌筑砂浆的和易性包括哪些指标？为什么说和易性与砌体强度有直接关系？

习 题

1. 工程上使用矿渣 32.5MPa 的水泥、卵石、中砂、自来水配制 C20 混凝土时，其水灰比应该多大？

2. 混凝土配合比为 290∶683∶1267∶180，使用卵石、42.5MPa 普通水泥配制，试求：

(1) 混凝土所用水灰比和砂率各为多少？

(2) 如果在搅拌过程中搅拌机操作者错误地将每立方米混凝土多加入了 10kg 水，混凝土强度将会降低百分之几？

3. 已知混凝土初步计算的配合比为：水泥 300kg，砂子 600kg，石子 1200kg，水 180kg。按该配合比拌出的混凝土拌合物表观密度为 2508kg/m³。若施工现场砂子的含水率为 2%，石子的含水率为 1%，求拌制 500m³ 混凝土时各材料的用量？（单位为 t，精确到 1%）

4. 某混凝土试样经试拌调整后，各材料用量分别为：水泥 3.0kg，水 1.83kg，砂子 6.14kg，碎石 12.28kg，测得混凝土湿表观密度为 2450kg/m³，试求：

(1) 配制 1m³ 混凝土时各材料用量？

(2) 若施工现场砂子的含水率为 3.5%，石子的含水率为 0.6%，试计算出施工配合比。

5. 某混凝土的试验室配合比为 1∶2.18∶4.05∶0.61，用 42.5MPa 矿渣水泥，碎石配制，试求：

(1) 用两标准袋水泥、含水率为 4% 的中砂、含水率为 1.5% 的碎石拌制时各材料用量。

(2) 该混凝土浇模后若养护正常能达到 C20 的强度等级吗？

单元 12　沥青材料

知　识　点：本单元主要介绍有机胶凝材料沥青的组成、主要技术性质及其测试，简单介绍煤沥青、乳化沥青的组成及其技术性质。

教学目标：通过本单元的学习，要求学生掌握沥青材料的组成及结构、主要技术性质、技术要求，学会检验沥青材料技术性质的方法。

沥青材料是由一些极其复杂的高分子的碳氢化合物及其非金属（氧、硫、氮）的衍生物所组成的混合物。常温下呈固态、半固态或液态，颜色由黑色至黑褐色，能溶于多种有机溶剂，具有耐酸碱腐蚀，不吸水、不导电等性能。沥青与矿物材料有较强的粘结力，是广泛应用的一种建筑材料。

沥青材料按其在自然界中的获得方式可分为两大类：地沥青和焦油沥青。

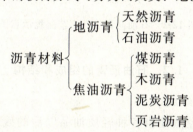

地沥青来源于石油系统，或天然存在，或经人工提炼而得到。地壳中的石油，在各种自然因素的作用下，经过轻质油分蒸发、氧化和缩聚作用，最后形成的天然产物，称"天然沥青"；石油经各种炼制工艺的加工而得到的沥青产品，称"石油沥青"。

焦油沥青为各种有机物（如煤、页岩、木材等）干馏加工得到的焦油，经再加工而得到的产品。焦油沥青按其焦油获得的有机物名称而命名，如煤干馏所得的煤焦油，经再加工得到的沥青称为煤沥青。其他还有木沥青、泥炭沥青、页岩沥青等。由于石油沥青产量高、价格低，而且具有良好的技术性质，毒性小，所以石油沥青是建筑工程上广泛使用的沥青品种。

课题 1　石 油 沥 青

1.1　石油沥青的生产工艺

石油沥青是石油经各种炼制工艺加工而得到的沥青产品，石油沥青的性质不仅与产源有关，而且与制造沥青的石油的基属及生产工艺有关。石油沥青按其原油可分为下列主要基属：石蜡基沥青、中间基沥青、环烷基沥青。石油经各种不同的炼制工艺，可得到不同品种的石油沥青。采用常规工艺获得的沥青有：直接蒸馏法获得的"直馏沥青"；吹入空气氧化获得的"氧化沥青";以及采用溶剂法得到的"溶剂沥青"。常规的石油生产工艺有:蒸馏法、氧化法、溶剂法。石油沥青生产工艺流程如图12-1所示。

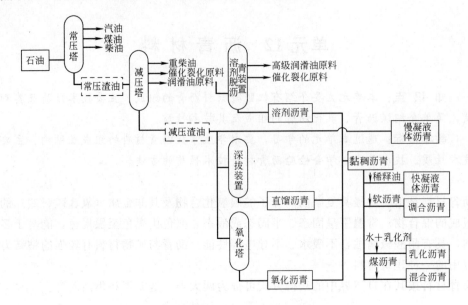

图 12-1　石油沥青生产工艺流程示意图

1.2　石油沥青的组成和结构

1.2.1　石油沥青的化学组成

石油沥青是由石油原油经蒸馏出各种轻质油品以后的残留物,经再加工而得到的产品。石油沥青是由多种极其复杂的碳氢化合物和这些碳氢化合物的非金属衍生物所组成的混合物。石油沥青化学组成比较复杂,通式为 $C_nH_{2n+a}O_bS_cN_d$,化学组成元素主要是碳(占80%～87%)和氢(占10%～15%),其次是一些非烃元素,如氧、硫、氮等,其质量分数<5%;此外还含有一些其他金属元素,如镍、矾、铁、铅等,但含量很少。

1.2.2　石油沥青的化学组分

(1) 化学组分的由来

沥青材料是由多种化合物组成的混合物,由于它的结构复杂,将其分离为纯粹的化合物单体,过于繁杂。为便于研究,将沥青分离为几个化学成分与物理性质相近,而且与其路用性质有一定联系的组,这些组就称为"化学组分"。

(2) 石油沥青的化学组分分析

我国现行标准中规定有三组分法和四组分法,现将四组分法(又称SARA分析)介绍如下:

该法是将沥青试样先用正庚烷沉淀"沥青质"(As),再将可溶分(即软沥青质)吸附于氧化铝谱柱上,先用正庚烷冲洗,所得的组分称为"饱和分"(S),继续用甲苯冲洗,所得的组分成为"芳香分"(Ar);最后用甲苯——乙醇冲洗,所得组分称为"胶质"(R)。对于含蜡沥青,可将所分离得到的饱和分与芳香分,以丁酮——苯为脱蜡溶剂,在-20℃下冷冻分离固态烷烃,以确定含蜡量。

(3) 组分对沥青性质的影响

沥青中各组分相对含量对其路用性能有着重要的影响。沥青质和胶质的含量高，其针入度值较小（稠度较高），软化点较高；饱和分含量高，其针入度值较大（稠度较低），软化点较低；芳香分含量，对针入度、软化点无影响，但极性芳香分含量高，对其粘附性有利；胶质分对其延度贡献较大。

石油沥青中的各组分是不稳定的，在外界温度、阳光、空气、水等因素作用下，沥青各组分之间会不断演变，产生"不可逆"的化学变化，导致路用性能劣化，这种现象称为沥青的老化。沥青老化后，在化学组分方面，表现为饱和分变化甚少，芳香分明显表现为胶质，而胶质又转变为沥青质，最终是胶质明显的减少，而沥青质显著增加；在物理力学性质方面，表现为针入度减少，延度降低，软化点升高，脆点降低等。

1.2.3 石油沥青的胶体结构

(1) 胶体结构的形成

通过研究认为沥青是一种胶体结构，沥青中沥青质是分散相，饱和分和芳香分是分散介质，但沥青质不能直接分散在饱和分和芳香分中。而胶质分作为一种"胶溶剂"，沥青吸附了胶质分形成胶团而后分散于芳香分和饱和分中，所以沥青的胶体结构是以沥青质为胶核，胶质分被吸附其表面，并逐渐向外扩散形成胶团，胶团再分散于芳香分和饱和分中。

(2) 胶体结构类型

沥青中由于各组分的化学组成和含量不同，可形成不同的胶体结构，通常按沥青的流变特性，可分为溶胶、溶—凝胶、凝胶三种结构，各结构如图 12-2 所示。

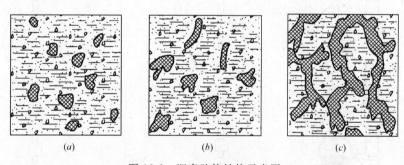

图 12-2 沥青胶体结构示意图
(a) 溶胶结构；(b) 溶—凝胶结构；(c) 凝胶结构

1) 溶胶结构

沥青中沥青质的含量很少，沥青胶团由于胶质分的胶溶作用，沥青质完全胶溶分散于芳香分和饱和分的介质中，胶团之间没有吸引力或者吸引力极小。液体沥青多属溶胶型沥青，在路用性质上具有较好的自愈性和低温变形能力，但温度感应性较差。

2) 溶—凝胶结构

沥青中沥青质含量适当，并有较多的胶质作为保护物质，它所组成的胶团之间有一定吸引力。大多数优质的路用沥青都属于溶—凝胶型沥青，这类路用沥青在高温时具有较低的感温性，低温时又有较好的变形能力。

3) 凝胶结构

沥青中沥青质含量很多,并有相应数量的胶质分,胶团相互接触而形成空间网络结构,这种沥青具有明显的弹性效应,氧化沥青多属于凝胶型沥青,在路用性质上,具有较低的温度感应性,但低温变形能力较差。

石油沥青的结构状态随温度不同而改变,当温度升高时,固态石油沥青中易溶成分逐渐转变为液体,使原来的凝胶结构状态转变为溶胶结构状态;但当温度降低时,它又可以恢复为原来的结构状态。

1.3 石油沥青的技术性质

由于石油沥青化学组成和结构的特点,使它具有一系列特点,而沥青的性质对沥青路面的使用有很大的影响,因此应该对它的基本性质进行研究。

1.3.1 粘结性

作为路面结合料的沥青材料,首要的技术性质是粘结性。粘结性是指沥青材料在外力作用下,沥青粒子产生相互位移时抵抗变形的性能。粘结性是沥青材料最重要的性质。沥青的黏度大,则其粘结性能好。半固态和固态沥青的粘结性用针入度表示,液态沥青用黏度表示。

(1) 针入度

沥青的针入度是在规定温度和时间内,附加一定重量的标准针垂直贯入试样的深度,以 0.1mm 表示,如图 12-3 所示。以 $P_{T,m,t}$ 表示 [T 为试验温度(℃);m 为标准针、针连杆与附加砝码的总质量(g);t 为贯入时间(s)]。

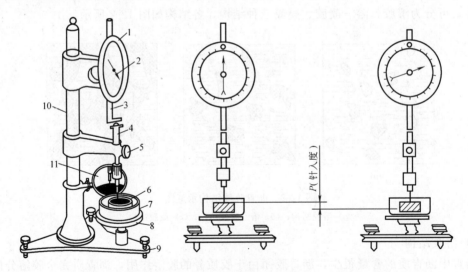

图 12-3 沥青的针入度测试
1—刻度盘;2—指针;3—齿杆;4—连杆;5—按钮;6—沥青试样;7—平底玻璃皿;
8—转盘;9—底脚螺丝;10—支撑杆;11—反光镜

我国现行试验方法规定:标准针、针连杆与附加砝码的总质量为 (100+0.1)g,试验温度为 25℃,针入度贯入时间为 5s。例如某沥青在上述条件时测得针入度为 65 (0.1mm),可表示为

$$P_{(25℃,100g,5s)} = 65 \ (0.1mm)$$

沥青的针入度值越大，则粘结性越小。针入度是划分沥青标号的重要依据。该方法适应于测定道路石油沥青、改性沥青针入度以及液体石油沥青蒸馏或乳化沥青蒸发后残留物的针入度。

(2) 黏度

本方法适用于测定液体石油沥青、煤沥青、乳化沥青等材料流动状态时的黏度，沥青的标准黏度（简称"黏度"）是指试样在规定温度下，自道路沥青标准黏度计规定直径的流孔流出 50mL 所需的时间，以 s 表示，如图 12-4 所示。

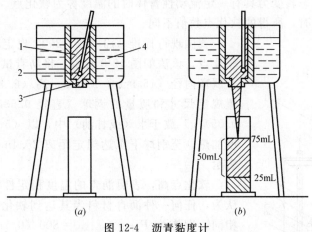

图 12-4 沥青黏度计
1—沥青试样；2—活动球杆；3—流孔；4—水

本法测定的黏度应注明温度及流孔孔径，以 $C_{t,d}$ 表示（t 为试验温度（℃）；d 为孔径（mm））。例如，某沥青在 60℃时，自 5mm 孔径流出 50mL 沥青所需时间为 100s，表示为 $C_{60℃,5mm}=100s$。

1.3.2 塑性

沥青材料在外力作用下发生变形而不破坏的性能称为塑性，以延度指标来表示。

沥青的延度指采用延度仪，用规定形状的试样在规定温度下，以一定速度受拉伸至断开时的长度，以 cm 表示，如图 12-5 所示。我国现行标准 JTJ 052—2000 规定，对重交通量道路石油沥青，规定试验温度为 $t=(15±0.5)℃$，拉伸速度为 $v=(5±0.25)cm/min$；对中、轻交通量道路石油沥青，试验温度为 $t=(25±0.5)℃$，拉伸速度 $v=(5±0.25)cm/min$。延度大表明其塑性强。

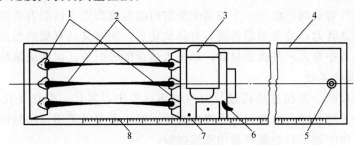

图 12-5 沥青延度测定
1—试模；2—试样；3—电机；4—水槽；5—泄水孔；6—开关柄；7—指针；8—标尺

沥青的低温抗裂性、耐久性与其延度密切相关。从这个角度出发，沥青的延度值越大对其越有利。

1.3.3 温度稳定性

沥青的温度稳定性是指沥青的黏度、塑性随着温度变化而改变的性质。这种变化程度越大，则沥青的温度稳定性越低，因此，温度稳定性是评价沥青质量的重要性质。温度稳定性通常用"软化点"表示。

（1）软化点

沥青材料由固态转变为具有一定流动性膏体时的温度称为软化点。同一种沥青材料采用不同的测定方法时，所得的软化点数值不同。

我国现行标准 JTJ 052—2000 规定，采用环球法测定软化点，该法如图 12-6 所示。将沥青试样注入规定尺寸的金属环内径（15.9±0.1）mm，高（6.4±0.1）mm 内，上置规定尺寸和质量的钢球（直径 9.53mm，质量（3.5±0.05）g）放于水（或甘油）中，以（5±0.5）℃/min 的速度加热，至钢球下沉达规定距离 25.4mm 时的温度，以 ℃ 表示。

软化点高，表明沥青的温度稳定性强。根据已有研究认为，任何一种沥青材料当其达到软化点温度时，其黏度相同，即皆为 $P_{(25℃,100g,5s)}=800$（0.1mm）。针入度是在规定温度下沥青的条件黏度，而软化点则是沥青达到规定条件黏度时的温度。软化点既是反映沥青材料感温性的一个指标，也是沥青黏度的一种量度。

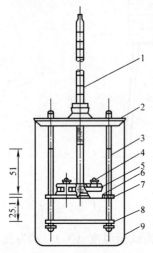

图 12-6 沥青软化点测定
1—温度计；2—上盖板；3—立杆；
4—钢球；5—钢球定位；6—金属环；
7—中层板；8—下底板；9—烧杯

以上所述针入度、延度、软化点是评价黏稠石油沥青路用性能最常用的经验指标，所以通称"三大指标"。

（2）脆点

沥青的脆点是涂于金属片的薄膜试样在特定条件下，因被冷却和弯曲而出现裂纹时的温度，以 ℃ 表示。我国现行标准 JTJ 052—2000 规定，采用弗拉斯法测定沥青的脆点。将（0.4±0.01）g 的沥青试样，按规定的方法涂于薄钢片上，室温下冷却至少 30min 后将其稍稍弯曲，装入弯曲器内，并置于大试管中。将该试管置于圆柱玻璃筒内，然后将干冰慢慢加到酒精中，控制温度下降的速度为 1℃/min。当温度到达预计的脆点以前 10℃ 时，开始以 60r/min 的速度转动摇把，即每分钟使薄钢片弯曲一次，当薄片弯曲时，出现一个或多个裂缝时的温度即作为该沥青的脆点。

在实际应用沥青时，总希望沥青既具有高软化点，同时又具有低的脆点，为达到这样的要求，常在沥青中掺入一些改性材料，如掺入适量的橡胶粉、树脂或填料。

1.3.4 加热稳定性

加热稳定性反映沥青在过热或过长时间加热过程中，氧化、裂化变化的程度。对于中、轻交通量用道路黏稠石油沥青蒸发损失试验；对于重交通量用道路黏稠石油沥青采用薄膜加热试验；对于液态石油沥青采用蒸馏试验。

（1）沥青的蒸发损失试验

将 50g 的沥青试样装入盛样皿（筒状，内径 55mm，深 35mm）内，置于烘箱中，在

(163±1)℃下保持受热时间5h,冷却后测定质量损失,并测定残留物的针入度。

沥青经加热损失试验后由于沥青中轻质馏分挥发,不稳定成分发生氧化、聚合等作用,导致残留物性能与原始材料性能有很大差别。表现为针入度减小、软化点升高和延度降低。

(2) 沥青薄膜加热试验

该法是将50g沥青试样盛于内径为(140±1)mm,深为9.5~10mm的铝皿中,使沥青成为厚约3.5mm的薄膜,沥青薄膜在163℃的标准薄膜加热烘箱中加热5h后,取出冷却,测其质量损失,并按规定的方法测定残留物的针入度、延度等技术指标。这种方法中沥青试样与空气接触面积较大,沥青膜较薄,沥青在薄膜烘箱加热试验后的性质与沥青在拌合机中加热后的性质有很好的相关性。所以此试验能表征沥青在工厂拌合机中150℃拌合1.5min后的性质变化及耐久性。

(3) 液体石油沥青蒸馏试验

该法是测定试样受热时,在规定温度范围内蒸出的馏分含量,以占试样体积百分率表示。除非特殊需要,各馏分蒸馏的标准切换温度为225℃、316℃、360℃。通过此试验可了解液体沥青含各温度范围内轻质挥发油的数量,并可根据残留物的性质测定预估液体沥青在道路路面中的性质。

为了提高沥青加热稳定性,工程中使用沥青时,应尽量降低加热温度和缩短加热时间,应确定合理的加热温度。

1.3.5　安全性

沥青材料在使用时必须加热,当加热至一定温度时,沥青中挥发的油分蒸气与周围空气组成混合气体,此混合气体遇火焰易发生闪火。若继续加热,油分蒸气的饱和度增加,由于此种蒸气与空气组成的混合气体遇火焰极易燃烧而引起火灾或导致沥青烧坏而损失。为此,必须测定沥青加热闪火和燃烧的温度,即所谓闪点和燃点,以保证沥青加热质量和施工的安全。

1.3.6　溶解度

沥青的溶解度指沥青试样在规定溶剂(如二硫化碳或三氯乙烯)中可溶部分的质量占全部质量的百分率。实际工作中除特殊目的外,通常不进行沥青的化学组分分析,一般仅测定其溶解度,沥青的溶解度是用来确定沥青中有害杂质含量的。

1.3.7　含水量

沥青含水量是沥青试样内含有水分的数量,以质量分数表示,沥青中含过量的水分会导致沥青在加热过程中出现溢锅现象,溢出泡沫除使材料损失外,还可能引起火灾,如采用微火加热。则沥青中水分挥发极慢,导致停工待料,故沥青中含水量不宜过多。

1.4　石油沥青的改性措施

为解决高等级路面的车辙和裂缝。对高等级沥青路面使用的沥青,提出了更高的要求,即必须具有抵抗高温变形和低温裂缝这两种相互矛盾的性能,因此要求对现有沥青的性能进行改性。

改性沥青是沥青与一种或数种掺加剂的混合物,通常这些掺加剂是天然的或人工合成的弹性体。沥青改性的目的是改善低温和高温时的性质,即达到改性沥青材料高温时具有较高的劲度以避免形成车辙,低温时具有较低的劲度以减少开裂。用于改善沥青性能的改性剂主要有:橡胶、塑料胶、纤维胶等。

表 12-1

重交通量道路石油沥青技术要求

序号	试验项目	AH-130	AH-110	AH-90	AH-70	AH-50	试验方法	
							JTJ 052—2000	GB—94
1	针入度 P(25℃,100g,5s)(1/10mm)	120~140	100~120	80~100	60~80	40~60	T0604	GB/T 4509
2	延度 D(15℃,5cm/min)(cm),大于	100	100	100	100	80	T0605	GB/T 4508
3	软化点 $T_{R&B}$,(℃)	40~150	41~51	42~52	44~54	45~55	T0606	GB/T 4507
4	闪点(OOC)Ti,(℃),不低于			230			T0611	GB/T 367
5	溶解度(溶剂:三氯乙烯)(%),大于			99.0			T0607	GB/T 11148
6	含蜡量 W(蒸馏法)(%),不大于			3			T0615	GB/T 0425
7	密度(15℃)(g/cm³)			实测记录			T0603	GB/T 8929
8	薄膜烘箱加热后针入度比(%),不小于	1.3	1.2	1.0	0.8	0.6	T0609	GB/T 5304
	加热后针入度比(%),不小于	45	48	50	55	58	T0609,T0604	GB/T 5304,GB/T 4508
	加热后延度(25℃)(cm),不小于	75	75	75	50	40	T0609,T0605	GB/T 5304,GB/T 4508
	加热后延度(15℃)(cm)			实测记录			T0609,T0605	GB/T 5308,GB/T 5308

表 12-2

中、轻交通量道路石油沥青技术要求

序号	试验项目	A-200	A-180	A-140	A-100甲	A-100乙	A-60甲	A-60乙	试验方法	
									JTJ 052—2000	SH 0522—92
1	针入度 P(25℃,100g,5s)(1/10mm)	201~300	161~200	121~160	81~120	81~120	41~80	41~80	T064	GB/T 4509
2	延度 D(15℃,5cm/min)(cm),大于	—	100	100	90	60	70	40	T065	GB/T 4508
3	软化点 $T_{R&B}$,(℃)	30~45	35~45	38~48	42~52	42~52	45~55	45~55	T0606	GB/T 4507
4	溶解度(三氯乙烯)(%),大于				99.0				T0607	GB/T 11148
5	蒸发损失试验(163℃,5h) 质量损失不大于(%)	50	60	60	65	65	70	70	T0608	GB/T 11964
	针入度比不小于(%)				1				T0608(T0604)	
6	闪点(OOC)Ti,(℃),不小于	180	200	230	230	230	230	230	T0611	GB/T 267

道路用液体石油沥青的技术标准

表 12-3

序号	试验项目		快凝		中凝						慢凝					试验方法 JTJ 052—2000
			AL(R)-1	AL(R)-2	AL(M)-1	AL(M)-2	AL(M)-3	AL(M)-4	AL(M)-5	AL(M)-6	AL(S)-1	AL(S)-2	AL(S)-3	AL(S)-4	AL(S)-5	AL(S)-6	
1	黏度(S)	$C_{25,5}$	<20	—	<20	—	—	—	—	—	<20	—	—	—	—	—	T0621
		$C_{60,5}$	—	5~15	—	5~15	16~25	26~40	41~100	101~200	—	5~15	16~25	26~40	41~100	101~180	
2	蒸馏(体积%)不大于	225℃前	>20	>15	<10	<7	<3	<2	0	0							T0632
		315℃前	>35	>30	<35	<25	<17	<14	<8	<5							
		360℃前	>45	>35	<50	<35	<30	<25	<20	<15	<40	<35	<25	<20	<15	<5	
	蒸馏后残留物性质	针入度(25℃, 100g, 5s)(1/10mm)	60~200	60~200				100~300									T0604
		延度25℃(cm), 不小于						60									T0605
		浮标度(50℃)(s)						—			<20	>20	>30	>40	>45	>45	
3	闪点(TOT)(℃), 不低于		30	30				65			70	70	100	100	120	120	T0631
4	含水量(%), 不大于							0.2									T0612

(1) 橡胶

包括天然橡胶乳液、丁苯橡胶、氯丁橡胶、再生橡胶等。橡胶改性沥青的特点是：低温变形的能力提高，韧性增大，高温施工时黏度增大。

(2) 塑料胶

包括聚乙烯、聚丙烯、聚氯乙烯等，塑料胶改性沥青的特点是：提高了沥青的黏度，改善高温稳定性，同时可增大沥青的韧性。

(3) 纤维类

包括石棉、聚丙烯纤维、聚酯纤维等，纤维类改性沥青的特点是：可显著地提高沥青的高温稳定性，同时可增加低温抗拉强度，但能否达到预期的效果，取决于纤维的性能和掺配工艺。

1.5 石油沥青的技术标准

为适应高等级公路建设的需要，道路用石油沥青技术要求按行业标准《公路沥青路面施工技术规范》（JTJ 032—1994），将道路用黏稠石油沥青分为"重交通量道路石油沥青技术要求"及"中、轻交通量道路石油沥青技术要求"两个等级。其具体技术要求分别见表 12-1 和表 12-2。

道路用液体石油沥青的技术要求，按液体沥青的凝固速度而分为快凝、中凝、慢凝三个等级，快凝的液体沥青分为三个标号，而中凝和慢凝的液体沥青按黏度各划分为六个标号，具体见表 12-3。

课题 2 煤 沥 青

煤沥青是炼焦厂和煤气厂在干馏烟煤制焦炭和制煤气等的副产品。将煤焦油再加工而获得的残渣为煤沥青。

2.1 煤沥青的化学组成和结构特点

煤沥青的组成主要是芳香族碳氢化合物及其氧、硫和氮的衍生物的混合物，其元素组成主要为 C、H、O、S 和 N，煤沥青与石油沥青在元素组成上的不同见表 12-4。

煤沥青与石油沥青的元素组成比较　　　　　　　　　　　表 12-4

沥青名称	元素组成(%)					碳氢元素比 (C/H)
	C	H	O	S	N	
石油沥青	86.7	9.7	1.0	2.0	0.6	0.8
煤沥青	93.0	4.5	1.0	0.6	0.9	1.7

2.1.1 化学组成及其性质

(1) 游离碳（又称自由碳）。高分子的有机化合物的固态碳质微粒，不溶于任何有机溶剂，加热不溶，但高温分解。在煤沥青中游离碳含量增加，能提高沥青的黏度和热稳定性，但低温脆性亦随之增加。

(2) 树脂。这是属于环心含氧的环状碳氢化合物。可分为以下两种。

1) 硬树脂：固态晶体结构，类似石油沥青中的沥青质。
2) 软树脂：赤褐色黏—塑性物质，溶于氯仿，类似石油沥青中的胶质。

(3) 中性油分。是液态的碳氢化合物，其结构较其他组分简单。

除上述基本组分外，煤沥青中性油分中还含有酚、萘、蒽等。在煤沥青中，当萘和蒽含量低于10%～15%时，它能溶解于油分中；当其含量高于上述界限且温度低于10℃时，则会呈固态晶体析出，影响煤沥青的低温变形能力。酚为苯环中含羟基物质，能溶于水、有毒且易氧化。

2.1.2 结构特点

煤沥青和石油沥青一样，也是复杂的胶体分散系，自由碳和固态树脂是分散相，油分是分散介质，黏塑性的树脂溶解于油分中吸附于固体分散微粒并赋予分散系稳定性。

2.2 煤沥青的技术性质和技术指标

2.2.1 煤沥青的技术性质

煤沥青与石油沥青相比，在技术性质上有一定差别，主要为：

(1) 煤沥青的温度稳定性较低，受热后易软化，因此加热温度和时间都要严格控制，更不能反复加热。

(2) 煤沥青与矿质骨料的粘附性较好，因煤沥青中含有较多的极性物质，它赋予煤沥青较高的表面活性，所以它与矿料的粘附性较好。

(3) 煤沥青的气候稳定性较差，老化进度较石油沥青快。

(4) 煤沥青中含有的有害成分多，刺激性气味多。

综上所述，煤沥青的性质与石油沥青有很大差别，工程上必须要加以鉴别，具体见表12-5。

煤沥青与石油沥青的简易鉴别　　　　表12-5

鉴别方法	石 油 沥 青	煤 沥 青
相对密度	1.0左右	近于1.25
脆性	韧性较好，脆性小，有弹性，声哑	韧性差，脆性大，声音脆
燃烧	烟无色，无刺激性气味	烟呈黄色，有刺激性臭味
溶液颜色	用30～50倍汽油或酒精溶化，用玻璃棒滴于滤纸上，斑点呈棕色	用30～50倍汽油或酒精溶化，用玻璃棒滴于滤纸上，斑点有两圈，外棕内黑

2.2.2 煤沥青的技术指标

(1) 黏度。指煤沥青的稠度。煤沥青组分中油分含量减少、固态树脂及游离碳含量增加时，则煤沥青的黏度增高。煤沥青的黏度测定方法与液体沥青相同，亦是用道路沥青标准黏度计测定。

(2) 蒸馏试验馏出量及残渣性质。煤沥青中含各沸点的油分，这些油分的蒸发将影响其性质。因而煤沥青的起始粘滞度并不能完全表达其在使用过程中粘结性的特征。为了预估煤沥青在路面中使用过程的性质变化，在测定其起始黏度的同时，还必须测定煤沥青在各馏程中所含馏分及其蒸馏后残渣的性质。

馏分含量的确定控制了煤沥青由于蒸发而老化的安全性，残渣性质试验保证了煤沥青残渣具有适宜的粘结性。

(3) 煤沥青焦油酸含量。煤沥青的焦油酸（亦称酚）含量是通过测定试样总的蒸馏馏分与苛性溶液作用形成水溶性酚钠物质的含量求得，以体积百分率表示。

焦油酸溶解于水，易导致路面强度降低，同时它有毒。因此对其在沥青中的含量必须加以限制。

(4) 含萘量。萘在低温时易结晶析出，使煤沥青产生假黏度而失去塑性，同时常温下易升华，并促使"老化"加速，同时萘也有毒，故必须控制其含量。

(5) 甲苯不溶物。煤沥青的甲苯不溶物含量，是试样在规定的甲苯溶剂中不溶物（游离碳）的含量，以质量分数表示。

(6) 水分。与石油沥青一样，在煤沥青中含有过量的水分会使煤沥青在施工加热时发生许多困难，甚至导致材料质量的劣化或造成火灾，煤沥青含水量的测定方法与石油沥青相同。

2.2.3 煤沥青的技术标准

煤沥青按其在工程中的应用要求不同，首先是按其稠度分为：软煤沥青（液体、半固体的）和硬煤沥青（固体的）两大类。道路工程主要是应用软煤沥青。

软煤沥青又按黏度和有关技术性质分为9个标号，见表12-6。

煤沥青的技术标准　　　　　　　　　表12-6

试验项目		T-1	T-2	T-3	T-4	T-5	T-6	T-7	T-8	T-9	试验方法
黏度(s)	$C_{30,5}$	5～25	26～70								T0621
	$C_{30,10}$			5～20	21～50	51～120	121～200				
	$C_{50,10}$							10～75	76～200		
	$C_{60,10}$									35～65	
蒸馏试验馏出量(%)	170℃	<3	<3	<3	<2	<1.5	<1.5	<1.0	<1.0	<1.0	T0641
	270℃	<20	<20	<20	<15	<15	<15	<10	<10	<10	
	300℃	15～35	15～35	<30	<30	<25	<25	<25	<20	<15	
环球法300蒸馏残渣软化点(℃)		30～45	30～45	35～65	35～65	35～65	35～65	40～70	40～70	40～70	T0641 T0606
水分(%)		<3.0	<3.0	<1.0	<1.0	<1.0	<0.5	<0.5	<0.5	<0.5	T0612
甲苯不溶物(%)		<20									T0646
含萘量(%)		<5	<5	<5	<4	<4	<3.5	<3	<2	<2	T0644 T0645
焦油酸含量(%)		<4	<4	<3	<3	<2.5	<2.5	<1.5	<1.5	<1.5	T0642

课题3　乳化沥青

乳化沥青是由石油沥青或煤沥青与水在乳化剂、稳定剂的作用下经乳化加工制得的均匀的沥青产品。

3.1　概　述

乳化沥青所以能够广泛得到应用，是由于其具有许多优越性，主要有以下几方面。

(1) 可冷态施工、节约能源

黏稠沥青通常要加热至160～180℃施工，而乳化沥青可以冷态施工，现场无需加热设备和能源消耗，扣除制备乳化沥青所消耗的能源后，仍然可以节约大量能源。

（2）施工便利、节约沥青

乳化沥青不仅与骨料有较好的粘结性，而且可以与潮湿骨料粘附。乳化沥青与骨料组成混合料时，因为乳化沥青黏度低，因而混合料中含有水分，施工和易性好，易于拌合，节约劳力。此外，由于乳化沥青混合料中沥青膜较薄，不仅提高沥青的粘聚力（由于沥青膜主要由结构沥青组成，较少自由沥青），而且可节约沥青用量约10%。

（3）保护环境、保障健康

乳化沥青施工无需砌炉、支锅、盘灶、热油等工作，因此不会污染环境；同时，还避免了对操作人员的烟熏、火烤以及受沥青挥发物的毒害。

3.2 乳化沥青的组成材料

（1）沥青

沥青是乳化沥青的主要组成材料，沥青用量范围一般在30%～70%之间，沥青的质量直接关系到乳化沥青的性能。在选择作为乳化沥青用的沥青时，首先要考虑它的易乳化性，一般认为沥青中活性组分较高者易乳化，含蜡量较高者难乳化，且乳化后储存稳定性不好。

（2）水

水是乳化沥青的另一主要组成部分，不可忽视水对乳化沥青性能的影响。水的pH值或含有的钙、镁离子等都可能影响某些乳化沥青的形成或引起乳化沥青的过早分裂。一般要求生产乳化沥青的水应相当纯净，不含其他杂质，也不应太硬。

（3）乳化剂

乳化剂是乳化沥青的重要组分，它的含量虽少（一般为千分之几），但却是乳化沥青形成的关键。沥青乳化剂是表面活性剂的一种类型，从化学结构上看，它是一种"两亲性"分子，分子的一部分具有亲水性质，而另一部分具有亲油性质。乳化剂的分类是根据其亲水基在水中能否电离而分为离子型和非离子型两大类，离子型按其离子电性又可分为三种。具体如下：

$$\text{乳化剂}\begin{cases}\text{离子型}\begin{cases}\text{阴离子型}\\\text{阳离子型}\\\text{两性离子型}\end{cases}\\\text{非离子型}\end{cases}$$

（4）稳定剂

为使乳液具有良好的贮存稳定性，以及在施工中喷洒或拌合的机械作用下的稳定性，必要时可加入适量的稳定剂，稳定剂可分为两类：有机稳定剂，无机稳定剂。

3.3 乳化沥青的技术要求及应用

乳化沥青用于修筑路面，不论是阳离子型乳化沥青（代号C），或阴离子型乳化沥青（代号A），都有两种施工方法。

（1）洒布法（代号P）：如透层、粘层、表面处治、贯入式沥青碎石路面。

（2）拌合法（代号B）：如沥青碎石或沥青混合料路面。

复习思考题

1. 说明石油沥青的化学组成与其路用性能的关系。
2. 说明我国现行规定的石油沥青组分的含义及其种类名称。
3. 写出石油沥青的三大技术指标及其测试方法。
4. 比较说明重交通量道路与中轻交通量道路石油沥青技术要求的不同点。
5. 简述乳化沥青的使用特点。
6. 说明石油沥青技术性质所包含的内容。
7. 什么是沥青的老化？并说明其危害。
8. 比较说明煤沥青与石油沥青在路用性能上的不同。

单元 13　沥青混合料

知　识　点：本单元重点介绍热拌热铺沥青混合料的组成结构和强度理论；混合料的技术性质和技术标准；并简单介绍混合料组成材料的要求及配合比设计。

教学目标：通过本单元的学习，要求学生了解沥青混合料的结构类型及影响强度的因素，掌握沥青混合料的技术性质与技术要求、组成材料的选择要求，并简单了解沥青混合料配合比设计的知识。

课题 1　沥青混合料的概论

近几十年来，随着公路等级的不断提高，简单的沥青表面处理已不能满足交通增长的需要，出现了以沥青为粘结料与适量矿料拌制的沥青混合料铺筑的路面。

1.1　沥青混合料的定义和分类

1.1.1　定义

沥青混合料是沥青混凝土混合料和沥青碎石混合料的总称。

（1）沥青混凝土混合料（简称 AC）

由沥青与适当比例的粗骨料、细骨料及填料在严格控制条件下拌合均匀的沥青混合料，称为沥青混凝土混合料。

（2）沥青碎石混合料（简称 AM）

由沥青与适当比例的粗骨料、细骨料及填料（或不加填料）拌合的沥青混合料，称为沥青碎石混合料。

1.1.2　沥青混合料的分类

（1）按结合料可分为

1）石油沥青混合料。以石油沥青为结合料的沥青混合料。包括稠石油沥青、乳化沥青及液体沥青。

2）煤沥青混合料。以煤沥青为结合料的沥青混合料。

（2）按骨料最大粒径可分为

1）粗粒式沥青混合料。骨料最大粒径等于或大于 26.5mm（圆孔筛 30mm）的沥青混合料称为粗粒式沥青混合料，多用于沥青面层的下层。

2）中粒式沥青混合料。骨料最大粒径为 16mm 或 19mm（圆孔筛 20mm 或 25mm）的沥青混合料称为中粒式沥青混合料，可用于面层下层或作为单层式沥青面层。

3）细粒式沥青混合料。骨料最大粒径为 9.5mm 或 13.2mm（圆孔筛 10mm 或 15mm）的沥青混合料称为细粒式沥青混合料，多用于沥青面层的上层。

4）砂粒式沥青混合料。骨料最大粒径等于或小于 4.75mm（圆孔筛 5mm）沥青混合料称为砂粒式沥青混合料，多用于沥青面层的上层。

沥青碎石混合料除了上述4类外，还有特粗式沥青碎石混合料，骨料最大粒径37.5mm（圆孔筛40mm）以上。

(3) 按矿质混合料级配类型可分为

1) 连续级配沥青混合料。沥青混合料中的矿料是按级配关系，从大到小各级粒径都有，按比例相互组成的沥青混合料。

2) 间断级配沥青混合料。沥青混合料中的矿料级配组成中大颗粒与小颗粒间存在较大的空档，形成不连续级配沥青混合料。

(4) 按混合料密实度可分为

1) 密级配沥青混凝土混合料。各种粒径的矿料颗粒级配连续、相互嵌压密实，再与沥青拌合而成，其剩余空隙率小于10%。密级配沥青混凝土混合料按其剩余空隙率又可分为：

Ⅰ型沥青混凝土混合料：剩余空隙率3%~6%。
Ⅱ型沥青混凝土混合料：剩余空隙率4%~10%。

2) 开级配沥青混凝土混合料。按级配原则设计的连续型级配混合料，但其粒径递减系数较大，其中细骨料较少，剩余空隙率大于15%。

3) 半开级配沥青混合料。将剩余空隙率介于密级配和开级配之间的（即剩余空隙率10%~15%）混合料称为半开级配沥青混合料。

(5) 按施工温度可分为

1) 热拌热铺沥青混合料。沥青与矿料在热态下拌合、热态下铺筑的沥青混合料。

2) 常温沥青混合料。采用乳化沥青或稀释沥青与矿料在常温状态下拌制、铺筑的沥青混合料。

1.2 沥青混合料的特点

沥青混合料具有强度高、整体性好、抵抗自然因素破坏作用的能力强的特点，它特别适用于交通量大的公路和城市道路，总结其特点如下。

(1) 沥青混凝土具有较高的强度，适用于交通量大的公路和城市道路。

(2) 沥青混合料是一种弹塑性黏性材料，它具有一定的高温稳定性和低温抗裂性，表面平整、坚实、无接缝、行车平稳而耐用。

(3) 沥青混合料路面有一定的粗糙度，雨天具有良好的抗滑性。

(4) 施工进度快，不需要较长的养护期，能及时开放交通。

(5) 沥青混合料路面可分期改造和再生利用，日后养护修理方便。

(6) 由于生产工厂化，混合料配合比能严格控制，质量有保证。

课题2 热拌沥青混合料

热拌沥青混合料的特点是在施工过程中，其混合料的拌制是在高温下进行的，这样沥青能更好地包裹在矿料表面，铺筑的路面密实性和耐久性更好。因此热拌沥青混合料可广泛应用于高等级公路中。

2.1 热拌沥青混合料的组成结构和强度理论

2.1.1 沥青混合料的组成结构

沥青混合料是由沥青、粗骨料、细骨料和矿粉按照一定比例拌合而成的多组分材料，它的结构取决于矿料骨架结构、沥青胶结料种类与数量、矿物与沥青相互作用的特点以及沥青混合料的密实度及其孔隙结构的特点。沥青混合料根据其粗、细骨料的比例不同其结构组成有三种形式。

(1) 悬浮密实结构

连续密级配的沥青混合料，由于细骨料的数量较多，粗骨料被细骨料挤开并以悬浮状态存在于细骨料之间，如图13-1（a）所示。这种结构的沥青混合料的密实度较高，但稳定性较差，对双层或三层结构的沥青路面，其中至少必须有一层Ⅰ型密级配沥青混合料，对于干燥地区的高等级公路，也可采用这种结构的沥青混合料做表层。

(2) 骨架空隙结构

连续开级配的沥青混合料，由于粗骨料的数量较多，细骨料的数量较少，不足以充分填充粗骨料之间的空隙，使混合料中形成的空隙较大，如图13-1（b）所示。在这种结构中，粗骨料之间内摩擦力与嵌挤力起着决定性作用。因此，这种沥青混合料受沥青材料的变化影响较小，稳定性较好，但内部空隙较大。

(3) 骨架密实结构

间断密级配的沥青混合料，是上面两种结构形式的有机结合。它既有一定数量的粗骨料形成骨架结构，又根据粗骨料骨架空隙的多少加入足够的细骨料填充到粗骨料之间的空隙中去，形成较大的密实度和较小的残余空隙率，如图13-1（c）所示。它兼备上述两种结构的特点，其密度、强度和稳定性都比较好，是一种理想的结构类型。

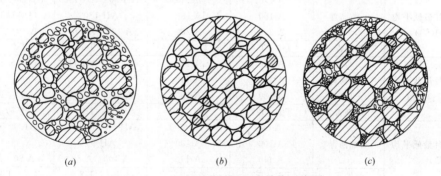

图 13-1 沥青混合料的组成结构示意图
(a) 悬浮密实结构；(b) 骨架空隙结构；(c) 骨架密实结构

2.1.2 沥青混合料的强度理论

用沥青混合料铺筑的路面产生破坏的主要原因是由于高温时的抗剪强度不足引起的，在高温条件下的强度由两部分组成，即矿料之间的嵌挤力与内摩阻力及沥青与矿料之间的粘聚力。

影响混合料内部嵌挤力与内摩阻力大小的因素有：矿质骨料的尺寸均匀度、颗粒形状及表面粗糙度、沥青的含量。一般选用较大的、均匀的或有棱角且表面粗糙的矿质骨料时，混合料具有较大的嵌挤力与内摩阻力；沥青的含量较少时，其在矿料表面所形成的膜越薄，因此摩阻力也就越大，反之则越小。

沥青混合料的粘聚力主要取决于沥青与矿料之间的相互作用、沥青材料本身的粘结力和沥青的用量。一般在其他因素固定的情况，沥青混合料的粘聚力随着沥青黏度的增高而增大。

提高沥青混合料的嵌挤力、内摩阻力和粘聚力，可采用下列措施。

（1）采用表面粗糙、形状方正且有棱角的骨料。
（2）合理选择混合料的级配和结构类型。
（3）增加矿粉的含量，以增加结构沥青量。
（4）采用稠度较高的沥青。
（5）改善沥青与矿料的物理——化学性质及其相互作用的过程。

2.2 沥青混合料的组成材料

2.2.1 沥青材料

沥青是沥青混合料结构的重要组成部分，它在很大程度上决定着混合料的性质，因此，沥青的各项技术指标应符合有关标准规定。在选择沥青材料的时候，要考虑到交通量、气候条件、施工方法、沥青面层类型、材料来源等各种情况，这样才能使拌制的沥青混合料具有较高的力学强度和较高的耐久性，详见表13-1。一般路面面层的上层宜用较稠的沥青，下层或连接层用较稀的沥青。

各种沥青路面选用的沥青标号　　　　　表 13-1

气候条件	沥青种类	沥青路面类型			
		沥青表面处治	沥青贯入式及上拌下贯式	沥青碎石	沥青混凝土
寒区（月最低平均气温＜-10℃）	石油沥青	A-140 A-180 A-200	A-140 A-180 A-200	AH-90　AH-110 AH-130 A-100　A-140	AH-90　AH-110 AH-130 A-100　A-140
	煤沥青	T-5　T-6	T-6　T-7	T-6　T-7	T-7　T-8
温区（月最低平均气温 0～-10℃）	石油沥青	A-100 A-140 A-180	A-100 A-140 A-180	AH-90　AH-110 A-100　A-140	AH-70　AH-90 A-60　A-100
	煤沥青	T-6　T-7	T-6　T-7	T-7　T-8	T-7　T-8
热区（月最低平均气温＞0℃）	石油沥青	A-60 A-100 A-140	A-60 A-100 A-140	AH-50　AH-70 AH-90 A-100　A-60	AH-50　AH-70 A-60　A-100
	煤沥青	T-6　T-7	T-7	T-7　T-8	T-7　T-8　T-9

2.2.2 矿质材料

沥青混合料的矿质材料包括粗骨料、细骨料和填料矿粉。沥青混合料的矿质材料必须具有良好的级配，这样，沥青混合料颗粒之间既能够比较紧密地排列起来，以达到足够的压实度，又能让颗粒之间有一定的空隙，使沥青混合料保持良好的稳定性。

（1）粗骨料。粗骨料是由各种岩石经过轧制而成的粒径大于 2.36mm 的碎石组成。沥青混合料的粗骨料要求洁净、干燥、无风化、无杂质，而且具有足够的强度和耐磨性，其质量要求见表13-2。

沥青混合料用粗骨料的技术质量要求 表 13-2

指 标	高速公路、一级公路、城市快速路和主干道	其他道路	指 标	高速公路、一级公路、城市快速路和主干道	其他道路
视密度(kg/m^3)	≥2.50	≥2.45	对沥青的粘附性	≥4级	≥3级
吸水率(%)	≤2.0	≤3.0	洛杉矶磨耗损失(%)	30	40
细长扁平颗粒的含量(%)	≤15	≤20	石料压碎值(%)	≤28	≤30
黏土含量(%)	≤1	≤1	石料磨光值(PSV)	≥42	—
软石含量(%)	≤5	≤5	道瑞磨耗值(AAV)	≤14	—
坚固性(%)	≤12	—	冲击值(LAV)	≤28	—

用于沥青混合料的粗骨料的形状要接近正方体，表面粗糙并带有一定的棱角，并具有一定的颗粒级配，其级配范围见表 13-3。

沥青面层用粗骨料规格和级配范围 表 13-3

规 格	公称粒径(mm)	通过下列方孔筛的质量百分率(%)								
		37.5mm	31.5mm	26.5mm	19mm	13.2mm	9.5mm	4.75mm	2.36mm	0.6mm
S6	15～30	100	90～100	—		0～15	—	0～5		
S7	10～30	100	90～100	—		—		0～15	0～5	
S8	15～25		100	95～100	—	0～15		0～5		
S9	10～20			100	95～100	—	0～15	0～5		
S10	10～15				100	95～100	0～15	0～5		
S11	5～15				100	95～100	40～70	0～15	0～5	
S12	5～10					100	95～100	0～10	0～5	
S13	3～10					100	95～100	40～70	0～15	0～5
S14	3～5						100	55～100	0～25	0～5

沥青混合料用粗骨料一般是用碱性石料加工制得的，应避免使用酸性石料。因酸性石料化学成分中以硅、铝等亲水增油的矿物为主，与沥青的粘结性差，易受水的影响而造成沥青膜的剥落，而碱性石料与沥青有良好的粘结性，从而提高了混合料的强度和抗水性。

（2）细骨料。一般采用粒径小于 2.36mm 的天然砂或人工砂，在缺少砂的地区，也可以用石屑代替。但对于高速公路的面层或抗滑表层，石屑的用量不应超过砂的用量。

在混合料中细骨料的作用主要是填充石料之间的空隙，使混合料具有一定的密实度，砂应具备一定的质量要求，见表 13-4，同时具有适当的级配，见表 13-5。

（3）填料。是指在沥青混合料中起填充作用的、粒径小于 0.075mm 的矿物质粉末（又称矿粉），一般采用石灰岩或岩浆岩中的强基性（憎水性）岩石磨制而成的，也可选用水泥、石灰或粉煤灰等磨细颗粒作为填料。

沥青面层用砂的质量要求 表 13-4

指 标	高速公路、一级公路	其他等级公路
视密度(kg/m^3)不小于	2.50	2.45
坚固性(%)不大于	12	—
砂当量(%)不小于	50	40

沥青面层天然砂的颗粒级配　　　　　　表13-5

方孔筛(mm)	圆孔筛(mm)	通过各筛孔的质量百分率(%)		
		粗　砂	中　砂	细　砂
9.5	10	100	100	100
4.75	5	90～100	90～100	90～100
2.36	2.5	65～95	75～100	85～100
1.18	1.25	35～65	50～90	75～100
0.6	0.63	15～29	30～59	60～84
0.3	0.315	5～20	8～30	15～45
0.15	0.16	0～10	0～10	0～10
0.075	0.075	0～5	0～5	0～5
细度模数 M_X		3.1～3.7	2.3～3.0	1.6～2.2

填料作为微粒与沥青形成结聚的分散体系，有利于沥青稠度的提高，具有稳定沥青的作用，它可以防止沥青的流淌，使沥青混合料具有较强的粘结力和热稳定性，同时可以提高沥青混合料的密度和抗水性。用于沥青混合料的矿粉应干燥、洁净，其质量应符合表13-6的要求。

沥青面层用矿粉的质量要求　　　　　　表13-6

指　标		高速公路、一级公路	其他等级公路
视密度(kg/m³)不大于		2.50	2.45
含水量(%)不大于		1	1
粒度范围	<0.6mm(%)	100	100
	<0.15mm(%)	90～100	90～100
	<0.075mm(%)	75～100	70～100
外　观		无团粒结块	

2.3　沥青混合料的技术性质

2.3.1　施工和易性

沥青混合料的施工和易性是指：沥青混合料在拌合、运输、摊铺和碾压等工序的施工中，易于操作的性能。影响混合料施工和易性的主要因素是矿料级配、沥青用量和施工温度。沥青混合料的施工和易性可凭目测评定。

2.3.2　高温稳定性

沥青混合料的高温稳定性是指混合料在高温情况下，承受外力不断作用，抵抗永久变形的能力。

影响沥青混合料高温稳定性的主要因素有沥青的用量，沥青的黏度，矿料的级配，矿料的尺寸、形状等。过量沥青不仅降低了沥青混合料的内摩阻力，而且在夏季容易产生泛油现象，因此适当减少沥青的用量，可以使矿料颗粒更多的以结构沥青的形式相连接，增加混合料粘聚力和内摩阻力，提高沥青的黏度，增加沥青混合料抗剪变形的能力。在矿料的选择上，应选择粒径大、有棱角的矿料颗粒，提高混合料的内摩擦角。另外，还可以加入一些外加剂来改善沥青混合料的性能。

沥青混合料高温稳定性的测定采用马歇尔试验。用马歇尔法所测得的稳定度（MS）和流值（FL）来反映沥青混合料高温稳定性。稳定度是指沥青混合料进行马歇尔试验时所能承受的最大荷载，以 kN 计。流值是评价沥青混合料抗塑性变形能力的指标，指由流值计及位移传感器装置读取的沥青混合料试件垂直变形,以 0.1mm 计。

马歇尔试验的测试方法是:先将沥青混合料按一定的比例混合并拌合均匀,采用人工或机械击实的方法制成圆柱型试件,再将试件置于(60±1)℃的水槽中保温30～40min,然后把试件置于马歇尔试验仪上,如图 13-2 所示,以(50±5)mm/min 的速度加荷,至试件所能承受的最大荷载,即为稳定度,以 kN 计。

随着近年来高等级公路的兴起,对路面稳定性提出了更高的要求,根据规范还可采用车辙试验来测定混合料的高温稳定性。在试验温度为60℃的条件下,用车辙试验机的试验轮对沥青混合料试件进行往返碾压至 1h 或最大变形达 25mm 为止,测定其在变形稳定期每增加变形 1mm 的碾压次数即为动稳定度。

2.3.3 低温抗裂性

沥青混合料随着温度的降低,变形能力下降,路面由于低温而收缩以及行车荷载的作用,在薄弱部位产生裂缝,从而影响道路的正常使用,因此,混合料应具有一定低温抗裂性。

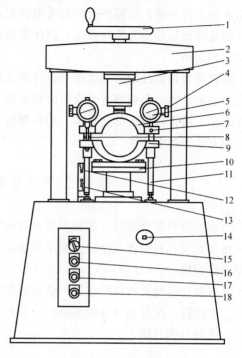

图 13-2 马歇尔稳定度仪
1—手摇装置;2—上载荷架;3—荷载控制传感器;4—千分表固定螺钉;5—千分表;6—上压头;7—固定螺钉;8—夹架;9—下压头;10—承压板;11—支柱;12—上微动螺钉;13—下微动螺钉;14—手轮轴;15—电源开关;16—上升开关;17—下降开关;18—停止开关

沥青混合料的低温裂缝是由混合料的低温脆化、低温缩裂和温度疲劳引起的。应选用含蜡量较低、稠度适宜的沥青,以减少低温缩裂现象。

2.3.4 抗滑性

当路面在潮湿状态时,路面的滑动摩擦阻力会降低,危及行车的安全,因此沥青混合料路面必须具备一定的抗滑性,即要求沥青混合料修筑的路面平整而粗糙,具有一定的纹理。所以,在进行沥青混合料配合比设计时,应尽量选用硬质有棱角而且磨光值高的骨料。

2.3.5 耐久性

沥青混合料的耐久性是指其在外界各种因素(如阳光、空气、水、车辆荷载等)的长期作用下,仍能基本保持原有的性能。作为高级和次高级路面,在使用条件下所具有的耐久性是衡量路面技术性能的重要指标之一。

影响耐久性的主要因素有:沥青与骨料的性质、沥青的用量、沥青混合料的压实度与空隙率等。沥青混凝土的老化速度与它的空隙率有关,空隙率小的沥青混合料可以防止水的渗入和紫外线对沥青的老化作用,但空隙率也不宜过小,因为在夏季高温下沥青会受热膨胀。因此一般应残留 3%～6% 的空隙率。

目前,一般采用马歇尔试验来评定沥青混合料的耐久性。

空隙率是评价沥青混合料压实程度的指标。沥青混合料的空隙率是指空隙体积占混合料总体积的百分率。空隙率大的沥青混合料，抗滑性和高温稳定性比较好，但抗渗性和耐久性明显降低，甚至会影响强度。因此应根据所设计路面的等级、层次不同，通过计算确定空隙率大小。

沥青混合料试件的饱和度指沥青体积占矿料空隙体积的百分率。饱和度太小，沥青难以完全包裹矿料，影响沥青混合料的粘聚性，降低沥青混合料的耐久性，而饱和度过大，不仅减少了沥青混凝土的空隙率，引起路面泛油，同时降低其高温稳定性，因此，沥青混合料要有适当的饱和度。

课题3 沥青混合料的配合比

沥青混合料配合比设计的任务是通过确定粗骨料、细骨料、矿粉和沥青之间的比例关系，使沥青混合料的各项指标达到工程要求，让沥青混合料的强度、稳定性、耐久性等各项要求达到统一。

沥青混合料配合比设计包括：试验室配合比设计；生产配合比设计；试拌试铺配合比设计三个阶段。配合比设计的重点，一是矿质混合料的组成设计，另一是最佳沥青用量的确定。下面分别介绍。

3.1 矿质混合料的组成设计

矿质混合料的组成设计分为以下几步。

(1) 确定沥青混合料类型。

确定沥青路面各层所适用的沥青混合料类型见表13-7。

沥青路面各层适用的沥青混合料类型　　　　表 13-7

筛孔系列	结构层次	高速公路、一级公路		其他等级公路	
		三层式沥青混凝土路面	两层式沥青混凝土路面	沥青混凝土路面	沥青碎石路面
方孔筛系列	上面层	AC-13 AC-16 AC-20	AC-13 AC-16	AC-13 AC-16	AM-13
	中面层	AC-20 AC-25			
	下面层	AC-25 AC-30	AC-20 AC-25 AC-30	AC-20 AC-25 AC-30 AM-25 AM-30	AM-25 AM-30
圆孔筛系列	上面层	LH-15 LH-20 LH-25	LH-15 LH-20	LH-15 LH-20	LS-15
	中面层	LH-25 LH-30			
	下面层	LH-30 LH-35 LH-40	LH-30 LH-35 LH-40	LH-25 LH-30 LH-35 AM-30 AM-35	LS-30 LS-35 LS-40

沥青混合料矿料级配及沥青用量范围

表 13-8

级配类型		通过下列筛孔的质量百分率(%)													沥青用量(%)
	方孔筛孔径	53.0	37.5	31.5	26.5	19.0	16.0	13.2	9.5	4.75	2.36	1.18	0.6	0.3	0.15	0.075	
沥青混凝土	粗粒 AC-30 I	100		90~100	79~92	66~82	59~77	52~72	43~63	32~52	25~42	18~32	13~25	8~18	5~13	3~7	4.0~6.0
	II		100	90~100	65~85	52~70	45~65	38~58	30~50	18~38	12~28	8~20	4~14	3~11	2~7	1~5	3.0~5.0
	AC-25 I		100		95~100	75~90	62~80	53~73	43~63	32~52	25~42	18~32	13~25	8~18	6~13	3~7	4.0~6.0
	II			100	90~100	65~85	52~70	42~62	32~52	20~40	13~30	9~23	6~16	4~12	3~8	2~5	3.0~5.0
	中粒 AC-20 I				100	95~100	75~90	62~80	52~72	38~58	28~46	20~34	15~27	10~20	4~14	4~8	4.0~6.0
	II				100	90~100	65~85	52~70	40~60	26~45	16~33	11~25	7~18	4~13	3~9	2~5	3.5~5.5
	AC-16 I					100	95~100	75~90	58~78	42~63	32~50	22~37	16~28	11~21	7~15	4~8	4.0~6.0
	II					100	90~100	65~85	50~70	30~50	18~35	12~26	7~19	4~14	3~9	2~5	3.5~5.5
	细粒 AC-13 I						100	95~100	70~88	48~68	36~53	24~41	18~30	12~22	8~16	4~8	4.5~6.5
	II						100	90~100	60~80	34~52	22~38	14~28	8~20	5~14	3~10	2~6	4.0~6.0
	AC-10 I							100	95~100	55~75	38~58	26~43	17~33	10~24	6~16	4~9	5.0~7.0
	II							100	90~100	40~60	24~42	15~30	9~22	6~15	4~10	2~6	4.5~6.5
	砂粒 AC-5 I								100	95~100	55~75	35~55	20~40	12~28	7~18	5~10	6.0~8.0
沥青碎石	特粗 AM-40	100	90~100	50~80	40~65	30~54	25~30	20~45	13~38	5~25	2~15	0~10	0~8	0~6	0~5	0~4	2.5~4.0
	粗粒 AM-30		100	90~100	50~80	38~65	32~57	25~50	17~42	8~30	2~20	0~15	0~8	0~8	0~5	0~4	2.5~4.0
	AM-25			100	90~100	50~80	43~73	38~65	25~55	10~32	2~20	0~14	0~10	0~8	0~6	0~5	3.0~4.5
	中粒 AM-20				100	90~100	60~85	50~70	40~65	15~40	5~22	2~16	1~12	0~10	0~8	0~5	3.0~4.5
	AM-16					100	90~100	60~85	45~68	18~42	6~25	3~18	1~14	0~10	0~8	0~5	3.0~4.5
	细粒 AM-13						100	90~100	50~80	20~45	8~28	4~20	2~16	0~12	0~8	0~6	3.0~4.5
	AM-10							100	85~100	35~65	10~35	5~22	2~16	0~12	0~9	0~6	3.0~4.5
抗滑表层	AK-13A						100	90~100	60~80	30~53	20~40	15~30	10~23	7~18	5~12	4~8	
	AK-13B						100	85~100	50~70	18~40	10~30	8~22	5~15	3~12	3~9	2~6	3.5~5.5
	AK-16					100	90~100	60~82	45~70	25~45	15~35	10~25	8~18	6~13	4~10	3~7	

(2) 确定矿料的最大粒径。

(3) 确定矿质混合料的级配范围。

根据确定下来的沥青混合料类型,参照表13-8以确定矿质混合料的级配范围。

(4) 测出矿质骨料的密度、吸水率、筛分情况及沥青的密度。

(5) 采用图解法中的"修正平衡面积"法,求出粗骨料、细骨料和矿粉之间的比例关系。可参考单元1部分内容。

3.2 沥青最佳用量的确定

目前,我国采用马歇尔试验来确定沥青最佳用量,其方法是:

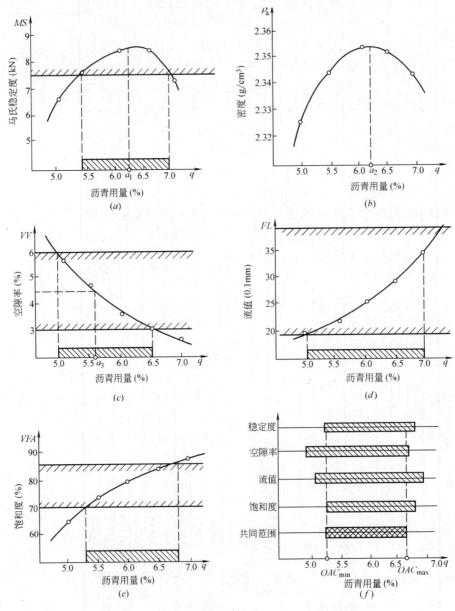

图 13-3　马歇尔试验各项指标与沥青用量的关系图

(1) 按所设计的矿料配合比配制五组矿质混合料,制成马歇尔试件。

(2) 测出试件的实测密度,并计算出理论密度、空隙率、沥青饱和度等指标。

(3) 以沥青用量为横坐标,分别以实测密度、空隙率、饱和度、稳定度和流值为纵坐标,绘制出关系曲线,如图13-3所示。

从图中找出相应于密度最大值的沥青用量 a_1,相应于稳定度最大值的沥青用量 a_2,相应于空隙率范围中值的沥青用量 a_3,以三者平均值作为最佳沥青用量的初始值 OAC_1。

$$OAC_1 = \frac{a_1 + a_2 + a_3}{3} \tag{13-1}$$

确定各关系曲线上的沥青用量范围,取各沥青用量范围的共同部分,即为沥青最佳用量范围 $OAC_{\min} \sim OAC_{\max}$,求其中值 OAC_2。

$$OAC_2 = \frac{OAC_{\min} + OAC_{\max}}{2} \tag{13-2}$$

按最佳沥青用量的初始值 OAC_1,在图13-3中取相应的各项指标,当各项指标值均符合表13-9规定时,由 OAC_1 和 OAC_2 确定最佳沥青用量,如不符合表中规定时,应重新进行级配调整和计算,直至各项指标均符合要求。

热拌沥青混合料马歇尔试验技术指标 表13-9

项目		沥青混合料类型	高级公路、一级公路、城市快速路、主干道	其他等级公路及城市道路	行人道路
击实次数(次)		沥青混凝土	两面各75	两面各50	两面各35
		Ⅱ型沥青碎石、抗滑表层	两面各50	两面各50	两面各35
技术指标	稳定度 MS(kN)	Ⅰ型沥青混凝土	>7.5	>5.0	>3.0
		Ⅱ型沥青混凝土、抗滑表层	>5.0	>4.0	—
	流值 FL(0.1mm)	Ⅰ型沥青混凝土	20~40	20~45	20~50
		Ⅱ型沥青混凝土、抗滑表层	20~40		—
	空隙率 VV(%)	Ⅰ型沥青混凝土	3~6	3~6	2~5
		Ⅱ型沥青混凝土、抗滑表层	4~10	4~10	—
		沥青碎石	>10	>10	
	沥青饱和度 VFA(%)	Ⅰ型沥青混凝土	70~85	70~85	75~90
		Ⅱ型沥青混凝土、抗滑表层	60~75	60~75	
	残留饱和度 MS'(%)	Ⅰ型沥青混凝土	>75	>75	>75
		Ⅱ型沥青混凝土、抗滑表层	>70	>70	

复习思考题

1. 什么是沥青混合料?说明它的三种结构类型及其特点。
2. 沥青混合料的组成材料有哪些?对它们各有什么样的要求?
3. 说明在沥青混合料中添加填料的作用。
4. 论述沥青混合料的主要技术性质及评定方法。
5. 什么是沥青混合料的高温稳定性?分析说明影响高温稳定性的因素。
6. 马歇尔试验可测出沥青混合料的哪几项技术指标?并说明这些指标各反应混合料的什么性质?

单元14 建筑钢材

知识点：建筑钢材是一种重要的建筑材料，本单元重点讲解路桥工程常用建筑钢材的技术性质与技术要求，介绍化学成分对钢材性能的影响。

教学目标：通过本单元的学习，要求学生掌握建筑钢材的主要技术性质与技术要求，掌握钢材的选用方法。

课题1 钢材的分类及其技术性质

建筑钢材指在建筑工程中用于钢结构的型材、钢材和用于钢筋混凝土结构的钢筋、钢丝等，是建筑工程中应用最广泛的金属材料，特别在当代的桥梁建造中更是主要的原材料。在钢结构和钢筋混凝土结构中，都要应用钢材，因此说建筑钢材是一种重要的建筑材料。

1.1 钢的分类

钢的种类繁多，其分类方法也很多，一般分为：

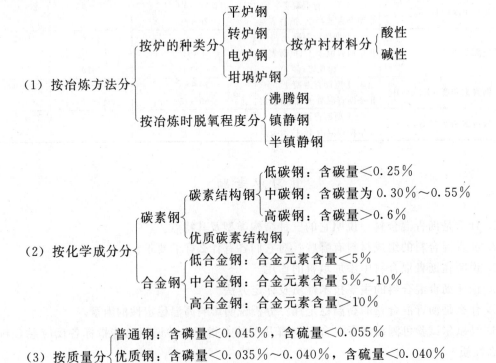

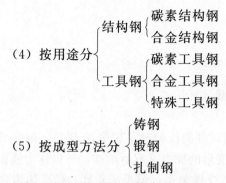

$$(4)\ 按用途分 \begin{cases} 结构钢 \begin{cases} 碳素结构钢 \\ 合金结构钢 \end{cases} \\ 工具钢 \begin{cases} 碳素工具钢 \\ 合金工具钢 \\ 特殊工具钢 \end{cases} \end{cases}$$

$$(5)\ 按成型方法分 \begin{cases} 铸钢 \\ 锻钢 \\ 扎制钢 \end{cases}$$

桥梁用钢材需要具有较高的强度、良好的塑性、韧性和可焊性，因此，桥梁建筑用钢和钢筋混凝土用钢筋，就其用途分类来说，均属于结构钢；就其质量分类来说，都属于普通钢；按其含碳量分类来说，属于低碳钢。所以说桥梁建筑用钢和混凝土用钢筋都属于碳素结构钢或低合金结构钢。

1.2 钢材的技术性质

钢材的技术性质是衡量钢材质量、并作为设计和制作各种构件的重要的技术依据，可分为两类：一为使用性能（指钢材在使用过程中所反应出来的性能），另一为工艺性能（指钢材在被加工制造过程中所表现的性能）。只有掌握钢材的性能，才能做到正确、经济、合理地选用钢材。

1.2.1 抗拉强度

钢材在受拉力作用时产生拉伸变形，受力的不同阶段有其不同的变形特征。以低碳钢为例，拉伸试件如图 14-1 所示，拉伸试验各阶段应力—应变关系如图 14-2 所示。

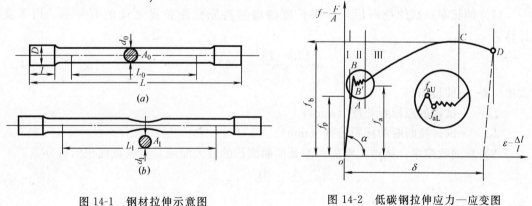

图 14-1 钢材拉伸示意图　　　　　　图 14-2 低碳钢拉伸应力—应变图
（a）拉伸前；（b）拉伸后

（1）弹性阶段。如图 14-2 所示的 OA 段。应变随应力按比例增长，两者呈正比，卸去荷载后变形消失，试件可恢复到原来的长度，这种可恢复的变形称为弹性变形。A 点对应的应力称为比例极限。

（2）屈服阶段。如图 14-2 所示的 AB' 段。应力与应变失去比例关系，应变的增长大于应力的增长，到达 B 点后，钢材开始暂时失去抵抗变形的能力，应力不增加而应变继续增加。B' 点称为屈服点，其对应的应力称为屈服极限 σ_S（又称屈服强度），计算公式如下：

$$\sigma_S = \frac{F_S}{A_0} \tag{14-1}$$

式中　σ_S——屈服强度（MPa）；
　　　F_S——试件在外力作用下达到 B' 点时的荷载（N）；
　　　A_0——试件的受力截面面积（mm^2）。

（3）强化阶段。如图 14-2 所示的 $B'C$ 段。当试件的拉伸过了屈服点 B' 后，继续增加外力，应力曲线则会上升，显示出钢材抵抗塑性变形的能力又有所增加，所以称为强化阶段。此时应力与应变虽恢复了线性关系，但不成正比。C 点称为强化点，其对应的应力为强度极限 σ_b（又称抗拉强度）。

图 14-3　颈缩现象示意图

屈服强度和抗拉强度是衡量钢材强度的两个重要指标，两者之比（σ_S/σ_b）称为屈强比。在工程中，总是希望钢材不仅具有高的 σ_S，而且具有一定的屈强比（σ_S/σ_b）。在相同抗拉强度条件下，屈强比小，则钢材的有效利用率低，安全可靠性高，但会造成钢材的浪费；屈强比大，则钢材的有效利用率高，但安全可靠性降低，因此，选用钢材时应两者兼顾。一般合理的屈强比为 0.6~0.75 之间。

（4）颈缩阶段。如图 14-2 所示的 CD 段。过强化点 C 后，钢材试件在外力的作用下，塑性变形迅速增加，产生局部颈缩现象（如图 14-3 所示），此时变形迅速增加应力却随之下降，直至试件断裂。

1.2.2　塑性

钢材在受力破坏前可以经受永久变形的能力，称为塑性。反映塑性的指标有伸长率和断面收缩率。

（1）伸长率：试件拉断后，标距长度的增量与原标距长度之比的百分率。用下式计算：

$$\delta = \frac{L_1 - L_0}{L_0} \times 100\% \tag{14-2}$$

式中　δ——伸长率；
　　　L_0——试件的原标距长度（mm）；
　　　L_1——试件拉断时的标距长度（mm）。

（2）断面收缩率：试件拉断后颈缩处横断面积的最大缩减量占横截面积的百分率。

$$\Psi = \frac{A_0 - A_1}{A_0} \times 100\% \tag{14-3}$$

式中　Ψ——断面收缩率；
　　　A_0——试件的原横截面积（mm^2）；
　　　A_1——试件拉断处的横截面积（mm^2）。

收缩率 Ψ 与伸长率 δ 都能反映钢材的变形能力。δ 与 Ψ 越大，表明钢材的塑性越好。通常把 $\delta > 2\% \sim 5\%$ 的称为塑性材料，如钢、铁等。塑性好的钢材能较好地承受各种加工工艺，容易保证质量，一般选择 $\delta \geq 5\%$，$\Psi \geq 10\%$ 的为好。

1.2.3　冲击韧性

钢材抵抗瞬间冲击荷载而不破坏的能力称为冲击韧性。以试件冲断时缺口处单位截面面积上所消耗的冲击功（J/cm²）来表示，该值大的称为韧性材料。试验时将试件放在固定支座上，然后把由于被抬高而具有一定位能的摆锤释放，使试样承受冲击弯曲以致断裂，如图14-4所示。

1.2.4 冷弯性能

冷弯性能是指钢材在常温下承受弯曲变形的能力，它是钢材的重要工艺性能。冷弯是将钢材试件以规定的弯心进行试验，检验在弯曲处外面及侧面有无裂纹、裂缝、断裂等情况。冷弯性能一般用弯曲角度、弯曲直径和对应的钢材厚度的比值来表示，如图14-5所示。钢材的冷弯指标不仅是加工性能的要求，而且也是评定钢材塑性和保证焊接接头质量的依据。一般钢材的塑性好，其冷弯性能必然好。

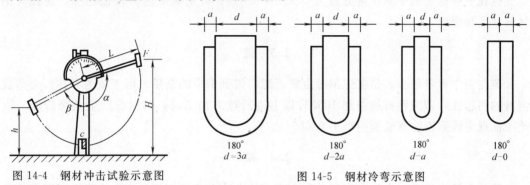

图 14-4　钢材冲击试验示意图　　　图 14-5　钢材冷弯示意图

1.2.5 硬度

硬度是指钢材抵抗其他硬度较高的物体压入的能力。常用硬度试验方法有布氏硬度、洛氏硬度和维氏硬度三种。布氏硬度试验示意图如图14-6所示。

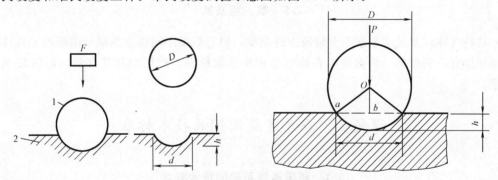

图 14-6　布氏硬度试验示意图

课题 2　化学成分对钢材性能的影响

钢材的性能主要取决于其中的化学成分，钢的化学成分主要是铁（Fe）和碳（C），此外还有少量硅（Si）、锰（Mn）、磷（P）、硫（S）、氧（O）、氮（N）等杂质元素，其中碳的影响最大。现将化学成分对钢材性能的影响分述如下。

2.1　碳

碳是钢中除铁之外含量最多的元素，因此钢中碳含量对钢材的性能影响最大。一般来说，钢材的硬度和强度随碳含量的增加而增强。钢材的塑性、韧性和冷弯性能随碳含量的增加而下降，且不宜进行冷加工。当碳的质量分数增至0.8%时，强度最大，但当碳的质量分数超过0.8%以后，强度反而下降。

2.2 锰和硅

锰在一般碳素钢中的质量分数为0.25%~0.8%。在炼钢过程中锰能起到脱氧去硫的作用，因而可降低钢的脆性，提高钢的强度和韧性，但钢中含锰量小于0.8%时，锰对钢的性能影响不显著。

硅在一般碳素钢中的质量分数为0.1%~0.4%。硅的脱氧能力较锰还强，能提高钢材的硬度和强度。

2.3 硫

硫在钢中含量很少，是在炼钢时由矿石燃料带到钢中的杂质。由于硫的存在，会造成钢材的热脆性，即当钢材加温到1000℃以上进行热力加工时，钢材会产生破裂现象。因此国标规定碳素钢的含硫量应小于0.055%。

2.4 磷

磷的含量也很少，也是在炼钢过程中带进的杂质。磷可使钢材产生冷脆性，即在低温条件下使钢材的塑性和韧性显著降低，使钢材产生脆断的现象，所以含磷的钢材不宜在低温条件下工作。一般国标规定碳素钢的含磷量应小于0.045%。

2.5 氧、氮及氢

这些气体元素是碳素钢中含量极少的杂质，但它们都不同程度的对钢的塑性、韧性及焊接性能有不利影响，因而要求在炼钢过程中采取措施，严格控制其含量，以保证钢的质量。

课题3 桥梁建筑用钢的技术标准

3.1 桥梁建筑用钢的技术要求

桥梁建筑用钢材，可分为钢结构用钢材和钢筋混凝土用钢筋两大类。根据工程使用条件和特点，这类钢材应具备下列技术要求。

(1) 良好的综合力学性能。桥梁结构在使用中承受复杂的交通荷载，同时在无遮盖的条件下经受大气条件的严酷环境考验，必须具有良好的综合力学性能。除具有较高的屈服点与抗拉强度外，还应具有良好的塑性、冷弯、冲击韧度和抵抗振动应力的疲劳强度以及低温（－40℃）的冲击韧度。

(2) 良好的焊接性。由于近代焊接技术的发展，桥梁结构趋向于采用焊接结构代替铆接结构，以加快施工速度和节约钢材。桥梁在焊接后不易整体热处理，因此要求钢材具有良好的焊接性，亦即焊接的连接部分应强而韧，其强度与韧性应不低于焊件本身，以防止产生硬化脆裂的内应力过大等现象。

(3) 良好的抗蚀性。桥梁长期暴露于大气中,所以要求桥梁用钢具有良好的抵抗大气腐蚀的性能。

3.2 桥梁建筑用主要钢材

目前,我国在桥梁工程中使用的主要钢种有碳素结构钢,优质碳素结构钢和普通低合金结构钢,应根据结构的性质、荷载特征、连接方式、工作温度等情况选择牌号和材质。

3.2.1 普通碳素结构钢

(1) 钢牌号表示方法。由代表屈服强度的字母、屈服强度数值、质量等级符号、脱氧方法符号等四个部分组成。具体见表14-1。

普通碳素结构钢牌号表示方法　　　　　　　　　表 14-1

名　称	表 示 方 法	
	汉　字	符　号
屈服强度	屈	Q
质量等级		A,B,C,D
沸腾钢	沸	F
半镇静钢	半	b
镇静钢	镇	Z
特种镇静钢	特镇	TZ

例如:Q235AF 表示屈服强度为 235MPa,质量等级为 A 级的沸腾钢。

(2) 碳素结构钢的性能　碳素结构钢按其力学性能和化学成分可分为 Q195、Q215、Q235、Q255、Q275 共五个牌号,其力学性能见表14-2。随着牌号的增加,表明钢中含碳量越高,其强度、硬度越高,脆性越大,塑性和冲击韧性越低。

普通碳素结构钢力学性质　　　　　　　　　表 14-2

牌号	等级	拉 伸 试 验												冲击试验	
		屈服强度 σ_s(MPa)						抗拉强度 σ_b/MPa	伸长率 δ(%)						温度 ℃	V形纵向冲击功(J)
		钢材厚度(直径)(mm)							钢材厚度(直径)(mm)							
		≤16	>16～40	>40～60	>60～100	>100～150	>150		≤16	>16～40	>40～60	>60～100	>100～150	>150		
		不小于(≥)							不小于(≥)							≥
Q195	—	195	185	—	—	—	—	315～395	33	32	—	—	—	—	—	—
Q215	A	215	205	195	185	175	165	335～410	31	30	29	28	27	26	—	—
	B														20	27
Q235	A	235	225	215	205	195	185	375～460	26	25	24	23	22	21	—	—
	B														20	27
	C														0	27
	D														−20	27
Q255	A	255	245	235	225	215	205	410～510	24	23	22	21	20	19	—	—
	B														20	27
Q275	—	275	265	255	245	235	225	490～610	20	19	18	17	16	15	—	—

(3) 碳素结构钢的应用

1) Q195、Q215号钢塑性高,易于冷弯和焊接,但强度较低,故多用于受荷载较小及焊接的构件。

2) Q235号钢具有较高的强度和良好的塑性、韧性,易于焊接,且经焊接及气割后力学性能仍稳定,有利于冷热加工,故广泛地用于桥梁构件及钢筋混凝土结构中的钢筋等,是目前应用最广泛的钢种。

3) Q255、Q275号钢的屈服强度较高,但塑性、韧性和可焊性较差,可用于钢筋混凝土结构中配筋及钢结构的构件和螺栓。

3.2.2 优质碳素结构钢

优质碳素结构钢简称优质碳钢,这类钢材基本上都为镇静钢,同普通碳钢相比,质量、性能都好。

优质碳素结构钢的钢号是根据其含碳量多少来划分的,用两位阿拉伯数字表示,数字代表含碳量的万分数,如45号钢,表示该钢材为优质碳钢,含碳量为万分之45(即0.45%)。在钢号后面有"F"的表示该钢为沸腾钢;有"Mn"的表示为高锰钢。

3.2.3 普通低合金结构钢

在碳素结构钢的基础上,加入少量或微量的合金元素,可大大改善其性能,从而获得高强度,高韧性和良好可焊性的低合金钢。一般合金元素的总量不超过3%,加入的合金元素主要有锰(Mn)、硅(Si)、钡(Ba)、钛(Ti)、钒(V)及稀土元素。

低合金结构钢的牌号由代表屈服强度的汉语拼音字母(Q)、屈服强度数值、质量等级号(A、B、C、D、E)三部分组成。

同普通碳素结构钢相比,低合金结构钢不但具有较高的强度,而且有良好的塑性、冲击韧性、可焊性、耐低温和抗腐蚀性能,是一种综合性能比较理想的建筑钢材,尤其适用于大跨度、承受冲击荷载或动荷载的结构。

3.3 钢筋混凝土和预应力混凝土结构用钢材

钢筋混凝土和预应力混凝土结构用钢材有钢筋、钢丝(直径小于5mm)、钢绞丝(多股钢丝绞捻在一起)等。

在混凝土结构中钢筋作为其中的骨架,故钢筋必须具有较高的屈服强度及抗拉强度,并且有较好的焊接及冷弯性能。钢筋的外形有光圆的和螺纹的两种。

按加工方法不同,混凝土结构用钢筋有热轧钢筋、热处理钢筋和冷拉钢筋等。

3.3.1 热轧钢筋

热轧钢筋主要包括用普通碳素结构钢Q235轧制的光圆钢筋和用低合金结构钢轧制的带肋钢筋两大类,力学性能见表14-3。

热轧钢筋力学性能 表14-3

种类	牌号	公称直径(mm)	屈服强度(MPa)	抗拉强度(MPa)	伸长率(%)
光圆钢筋	HPB235	8～20	≥235	≥370	≥25
带肋钢筋	HRB335	6～20	≥335	≥490	≥16
		28～50			
	HRB400	6～25	≥400	≥570	≥14
		28～50			
	HRB500	6～20	≥500	≥630	≥12
		28～50			

3.3.2 冷拉钢筋和冷拔钢丝

(1) 冷拉钢筋。是钢筋在常温下,受外力拉伸超过屈服点,以提高钢筋的屈服强度、强度极限和疲劳极限的一种加工工艺。但经冷拉后会降低钢筋延伸率、断面收缩率、冷弯性能和冲击韧性。经冷拉后,其强度继续随时间的延长而提高,即称为时效,如图14-7所示。

冷拉钢筋可分为四级,Ⅰ级钢筋适用于钢筋混凝土结构中的受拉钢筋;Ⅱ、Ⅲ、Ⅳ级钢筋可用作预应力混凝土结构的预应力筋。但对承受冲击和振动荷载的结构及吊钩等不允许使用冷拉钢筋。

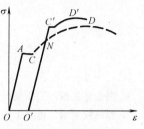

图 14-7 钢筋冷拉曲线

(2) 冷拔钢丝。冷拔钢丝是用碳素结构钢冷拔而制得,其力学性能见表14-4。

冷拔钢丝力学性能　　　　　　　　　　　表 14-4

直径(mm)	抗拉强度(MPa) 不小于		伸长率(%) 不小于	180°反复弯曲次数
	Ⅰ组	Ⅱ组		
4	700	650	2.5	4
5	650	600	3.0	

3.3.3 钢绞线

预应力钢绞线一般是由7根3～5mm的高强碳素钢丝绞捻而成。其特点是强度高,柔性好,且与混凝土粘结性好,在结构中排列布置方便,易于锚固,主要用于大跨度、大承载量的预应力结构中。使用钢绞线是预应力混凝土的发展方向,其主要技术性质见表14-5。

预应力钢绞线的力学性质　　　　　　　表 14-5

钢绞线公称直径(mm)	强度等级（MPa）	整根钢绞线破坏荷载(kN)	屈服负荷(kN)	伸长率(%)	1000h松弛值(%)不大于			
					Ⅰ级松弛		Ⅱ级松弛	
					初始负荷			
		不大于			70%破断负荷	80%破断负荷	70%破断负荷	80%破断负荷
9.0	1670	83.89	71.30	3.5	8.0	12	2.5	4.5
	1770	88.79	75.46					
12.0	1570	140.24	119.17					
	1670	149.06	126.71					
15.0	1470	205.80	174.93					
	1570	219.52	186.59					

复习思考题

1. 说明桥梁建筑用钢的技术要求有哪些?
2. 低碳钢在拉伸过程中可分成几个阶段?各阶段的特点如何?并写出提供的塑性和强度指标名称。
3. 说明硫、磷对建筑钢材技术性能的影响。
4. 普通碳素结构钢有几个钢号?其含义如何?试举例说明。
5. 低合金钢具有哪些优点?它的使用对桥梁建筑的发展有何实际意义?
6. 说明冷拉钢筋的加工工艺及其应用。

主要参考文献

1. 颜金樵主编．工程制图．北京：高等教育出版社，1992
2. 郑国权主编．道路工程制图．北京：人民交通出版社，1991
3. 臧金玲主编．工程制图．北京：中国建筑工业出版社，1998
4. 殷青英主编．工程制图．北京：人民交通出版社，2003
5. 陈飞主编．城市道路工程．北京：中国建筑工业出版社，1998
6. 沈伦序主编．建筑力学．北京：高等教育出版社，1990
7. 宋小壮主编．土木工程力学．北京：高等教育出版社，2001
8. 郭仁俊主编．建筑力学．北京：中国建筑工业出版社，1999
9. 马玫主编．钢筋工．北京：中国城市出版社，2003
10. 张明君主编．城市桥梁工程．北京：中国建筑工业出版社，1998